山东出版传媒股份有限公司
重点图书

中国世界遗产全记录丛书
COMPLETE RECORDS OF CHINA'S WORLD HERITAGE SERIES

中国
国际重要湿地
全记录

Complete Records of China's Wetlands of
International Importance

左 平/编著

齐鲁书社
·济南·

图书在版编目（CIP）数据

中国国际重要湿地全记录 / 左平编著. -- 济南：
齐鲁书社, 2023.1
（中国世界遗产全记录丛书）
ISBN 978-7-5333-4628-7

Ⅰ.①中… Ⅱ.①左… Ⅲ.①沼泽化地 – 介绍 – 中国
Ⅳ.①P942.078

中国版本图书馆CIP数据核字(2022)第187102号

策划编辑　傅光中
责任编辑　赵自环　王其宝
装帧设计　刘羽珂

中国国际重要湿地全记录

ZHONGGUO GUOJI ZHONGYAO SHIDI QUANJILU

左平　编著

主管单位	山东出版传媒股份有限公司
出版发行	*齐鲁书社*
社　　址	济南市市中区舜耕路517号
邮　　编	250003
网　　址	www.qlss.com.cn
电子邮箱	qilupress@126.com
营销中心	（0531）82098521　82098519　82098517
印　　刷	山东临沂新华印刷物流集团有限责任公司
开　　本	720mm×1020mm　1/16
印　　张	26.5
插　　页	3
字　　数	392千
版　　次	2023年1月第1版
印　　次	2023年1月第1次印刷
标准书号	ISBN 978-7-5333-4628-7
定　　价	88.00元

前　言

　　流水成河，聚水为沼。沼泽湿地是一个神奇的地方。我国的黄河、长江文明，埃及的尼罗河文明，西亚的底格里斯河和幼发拉底河文明，印度的印度河文明以及欧洲的地中海文明均产生于河流低地或海岸地区，即所谓的湿地。湿地往往植被茂盛，生物密集，虽然仅占陆地总面积的6.4%，却为全球40%的动植物提供了栖息场所。湿地是陆地上的天然蓄水池，也是众多野生动植物，特别是珍稀水禽的繁殖地和越冬地。其在抵御洪水、调节径流、减轻污染、调节气候、美化环境等方面起到重要积极作用，具有不可替代的生态服务功能。另外，湿地还可以直接给人类提供水源和食物。湿地与人类息息相关，是人类拥有的宝贵资源，因此又被称为"生命的摇篮""地球之肾""天然物种基因库""鸟类的乐园"等。

　　但是，受全球气候变化、人类挤占等影响，地球上的湿地面积在持续减少。据《全球湿地展望：2021年特刊》报道，自1970年以来，我们损失了35%的天然湿地，它们的消失速度是森林的三倍，四分之一以上的湿地物种面临灭绝的危险。我国湿地所面临的威胁主要来自四个方面：一、湿地仍在遭受人类开垦、开发等活动的蚕食；二、湿地环境污染、质量恶化的趋势仍未得到根本控制；三、湿地生物多样性及生物资源保护形势依旧不容乐观；四、森林、草原等植被的破坏，导致泥沙淤积、水土流失，给江河、湖泊湿地带来巨大压力。湿地作为水陆两栖地带，生态脆弱，一旦遭到破坏，不仅损失难以估计，想要恢复更是困难。因此，相关湿地的保护工作刻不容缓。

湿地保护始于认识与了解湿地。因此,介绍湿地,展示湿地不同于一般山川美景的特质,挖掘湿地在自然界中扮演的独特角色,很有必要。近年来,有关湿地的研究和报道繁多,经典之作频现。而本书着重介绍的是我国的国际重要湿地。为了更好展示各个湿地的地理位置、地质地貌、水系特征、土壤/沉积物形成、生物多样性、保护目标及国际地位等,本书根据我国各区域的气候、地形、地貌进行简单分区,引出分区湿地的共性内容,然后分别阐述各个湿地的基本特征和相关情况。本书的主要读者对象为湿地工作者和爱好湿地、乐于到湿地观鸟赏兽,认知湿地并关心和支持湿地生物多样性的社会公众。人们可以从自己感兴趣的知识点入手,去了解相关湿地。

历经千般呼吁、万般关注,《中华人民共和国湿地保护法》在2022年6月1日正式实施。这是我国首次专门针对湿地生态系统进行立法保护,将引领我国湿地保护工作全面进入法治化轨道,开启湿地保护工作的新篇章。《湿地保护法》第十三条明确规定,国家实行湿地面积总量管控制度,将湿地面积总量管控目标纳入湿地保护目标责任制。这将在很大程度上使我国的湿地面积得到保障,进而保护湿地的生态服务功能和生物多样性。

本书的成稿,首先要感谢齐鲁书社的傅光中先生和赵自环女士。本书稿的内容框架及编写大纲,多次得到傅光中总编辑的悉心指导,其最终成稿与傅先生卓有成效的建议及督促密不可分;本书责编赵自环女士对待书稿认真负责、勤奋敬业,克服家庭等重重困难,主动与作者和出版社其他环节沟通交流,加班加点地核对引文、查找问题、规范内容,千方百计地推进书稿进度,为本书在保证质量的前提下及早出版付出大量心血,做出了重要贡献。其次,还要特别感谢书中图片的提供者,你们的热情帮助和无私支持,亦是本书成稿的关键!王培法、戴子熠、梁嘉慧、高滢、季龙、杨文海参与了本书部分内容的撰写、绘图或润色,廖丽蓉、武明月协助查阅了部分资料。因本书涉及内容繁多，难免存在偏颇或错漏之处，敬请方家不吝赐教。另外，书中有个别照片来自网络，由于种种原因无法及时联系到图片作者，请有关作者见到本书后，主动联系作者或出版社。

左 平

2022年6月

目　录 CONTENTS

国际重要湿地概况

认识湿地"真面目"

湿地、森林和海洋并列为地球的三大生态系统，其健康状况与地球生物圈直接相关。而湿地是地球上生产力最高的生态系统之一，被誉为"地球之肾""生命的摇篮""天然物种基因库"，有维护生物多样性、涵养水源、调节气候、改善环境等众多生态服务功能，与人类福祉密切相关。

自然湿地与人工湿地并存之景观（李东明 摄）

湿地：表层有水的地方

湿地可简单地理解为多水之地。这个多水之地要求水深小于6米。由于成因、结构与功能的复杂性，类型的多样性，分布范围的广泛性和不平衡性，以及人们认识水平、研究目的不同等原因，在湿地研究和保护中，人们对于"什么是湿地""如何判别湿地"等基本问题，还存在诸多分歧。迄今为止，国际上对湿地尚无统一的定义。目前，为学术界所认可的湿地定义有近百种。这些定义又分为广义的和狭义的两大类。其广义定义是把地球上除了海洋的所有水体都当作湿地，狭义定义则认为湿地仅指陆地与水域之间的过渡地带。

不同学科领域可以有不同的湿地定义。在确定湿地定义时，水文学家、地质学家、地理学家、土壤学家、植物学家、动物学家、生态学家等，可能因其具体目的和专业背景不同而各有侧重。例如，动力地貌学研究者认为，湿地是区别于其他地貌系统的具有不断起伏的水位和缓慢水流的浅水地貌系统；生态学研究者认为，湿地是陆地与水体生态系统之间的过渡地带，其地表被浅水所覆盖或者其水位在地表附近。

各国的研究部门和管理部门给出了湿地的许多不同定义，其中在学术界影响较大的湿地定义有近百种。湿地科学家关注和考虑的湿地定义，是科学、合理、便于理论研究和实践应用，有利于对其进行分类、调查和研究。为了阻止或控制湿地的人为改变，合理、有效地保护、利用湿地，湿地管理者更关心湿地管理条例的制定，以及准确而有法律效力的湿地定义。

1979年，美国鱼类及野生动物保护协会给出的湿地定义较为综合，也被许多科学家所采纳。其定义为：湿地是处于陆地生态系统和水生生态系统之间的转换区，通常其地下水位达到或接近地表，或者处于浅水淹覆状态。湿地至少应具有以下三个特点之一：

（一）水文学属性，洪涝或土壤饱和度；

（二）植物生长属性，适于在水、土壤或氧气偶尔充足的介质中生长的植物；

（三）土壤属性，植物生长期土壤上层特别是植物根围区（水生土壤）产生缺氧条件的长期饱和土壤。

W. J. 米施（William J. Mitsch）和J. G. 戈斯林克（James G. Gosselink）在《湿地》（原书第五版）中明确定义湿地为：介于纯陆地生态系统与纯水生生态系统之间的一种过渡生态系统，它既不同于相邻的陆地与水体环境，又高度依赖相邻的陆地与水体环境。本质上，湿地属于生态过渡带，湿地的水文条件变化范围可以很大，但是至少有一段时间湿地的土壤处于水饱和状态。

湿地的另一个被广泛接受的定义是《湿地公约》中提出的，即湿地为天然或人工、长久或暂时之沼泽地、湿原、泥炭地或水域地带，带有静止或流动、淡水、半咸水或咸水水体，包括低潮时水深不超过6米的水域。这是一个广义的湿地定义。湿地包括多种类型，珊瑚礁、滩涂、红树林、湖泊、河流、河口、沼泽、水库、池塘、水稻田等都属于湿地范畴。它们共同的特点是其表面常年或季节性地覆盖着水或充满了水，是介于陆地和水体之间的过渡地带。

湿地的价值与生态服务功能

人类很早就对湿地有所认识并对其开发利用。一些保存于原始社会遗址中的碳化稻谷说明，这一利用已有数千年甚至上万年的历史。中国春秋战国时期，生活于陆地上的人们已经开始围垦开发湖泊，活跃在海边的居民也已发现滩涂湿地具有"鱼盐之利"，为"富国之本"。《周易·说卦》描述了中国古人对于湿地的认识："说（悦）万物者，莫说（悦）乎泽；润万物者，莫润乎水。"可见，我们祖先很早就形成了与生物和谐共存的朴素思想。《吕氏春秋·孝行览》中记载："竭泽而渔，岂不获得，而明年无鱼；焚薮而田，岂不获得，而明年无兽。诈伪之道，虽今偷可，后将无复，非长术也。"从环保的角度看，这段文字主张保护湿地生态系统、保护湿地的动植物资源，不夭其生，不绝其长，才可以使湿地资源得到可持续利用。可见，保护湿地的理念在我国由来已久，源远流长。

湿地生态系统独特且功能多样，是自然界最富生物多样性的生态景观，也是人类社会赖以生存和发展的重要自然资源。湿地不仅向人类提供了大量的食物、生产生活原料和水资源，而且在维持生态平衡、保护生物多样性和珍稀物种资源、涵养水源、蓄洪、防旱、降解污染物、净化水质和提供旅游资源等方面，也具有重要作用。

我国的五类湿地（来自国家林业和草原局网站）

4. 沼泽湿地
藓类沼泽
草本沼泽
灌丛沼泽
森林沼泽
内陆盐沼
季节性成水沼泽
沼泽化草甸
地热湿地
淡水泉/绿洲湿地

5. 人工湿地
库塘
运河输水河
水产养殖场
稻田/冬水田
盐田

3. 湖泊湿地
永久性淡水湖
永久性成水湖
季节性淡水湖
季节性成水湖

中国湿地类型
5类/34型

1 近海与海岸湿地
浅海水域
潮下水生层
珊瑚礁
岩石海岸
沙石海滩
淤泥质海滩
潮间盐水沼泽
红树林
河口水域
三角洲沙洲沙岛
海岸性成水湖
海岸性淡水湖

2. 河流湿地
永久性河流
季节性或间歇性河流
洪泛平原湿地
喀斯特溶洞湿地

近海与海岸湿地 579.59 万公顷
河流湿地 1055.21 万公顷
湖泊湿地 859.38 万公顷
沼泽湿地 2173.29 万公顷
人工湿地 674.59 万公顷

　　湿地生态系统拥有复杂的食物链和食物网，被看作是"生物超市"和"生物家园"。诸多微生物、大型藻类、植物、底栖动物、两栖动物、爬行动物、鸟类、哺乳动物等，要么终生栖息于此，要么周期性地到此饮水觅食。湿地"地球之肾"的别称得益于其能够降解去除水中悬浮物、化学物质和其他污染物。湿地因其能够控制洪水、保护海岸免受侵蚀和风暴破坏，又被称为"自然界的土木工程师"。

　　据初步统计，全世界的湿地总面积大约为8.65亿公顷，约占地球表面总面积510亿公顷的1.7%。我国是亚洲湿地类型最全的国家，共有5类34型。我国湿地的类型包括沼泽、泥炭地、湖泊、河流、河口湾、海岸滩涂、盐沼、水库、池塘、稻田等各种自然和人工湿地，几乎拥有《湿地公约》中划分的除了苔原湿地的所有湿地类型，并拥有独特的青藏高原高寒湿地。

　　一般认为，湿地是具有巨大的经济、文化、科学及旅游价值的资源，一旦遭受毁坏，修复极为困难。湿地是很多珍稀鸟类的生境，鸟类在迁徙中可能跨越国界，因此应视湿地为国际性资源。湿地的价值主要体现在供给、支持、服务、支撑四大功能方面，具体又可以分为如下几点：

　　（一）提供水源：湿地常常作为居民生活用水、工业生产用水和农业灌溉用水的水源。溪流、河流、池塘、湖泊中都有可以直接利用的水。其他湿地，如泥炭地、沼泽、森林可以成为浅水水井的水源。

　　（二）补充地下水：我们平时所用的水有很多是从地下开采出来的，而湿地可以为地下蓄水层补充水源。从湿地到蓄水层的水，可以成为地下水系统的一部分，又可以为周围地区的工农业生产提供水源。湿地如果受到破坏或消失，就无法为地下蓄水层供水，地下水资源就会减少。

　　（三）调节流量，控制洪水：湿地是一个巨大的蓄水库，可以在暴雨和河流涨水期储存过量的降水，以减弱危害下游的洪水。因此，保护湿地就是保护天然储水系统。

（四）保护堤岸、防风：湿地中生长着多种多样的植物，这些湿地植被可以抵御海浪、台风和风暴的冲击，防止其对海岸的侵蚀，同时它们的根系可以固定、稳定堤岸和海岸，保护沿海工农业生产。

（五）清除和转化毒物和杂质：湿地有助于减缓水流的速度，含有毒物和杂质（农药、生活污水和工业排放物）的流水经过湿地时流速减慢，有利于毒物和杂质的沉淀和排除。此外，一些湿地植物如芦苇、菖蒲，还能有效地吸收有毒物质。在现实生活中，不少湿地被用作改善水质的小型生活污水处理地，有益于人们的生活和生产。

（六）保留营养物质：流水流经湿地时，其中所含的营养成分被湿地植被吸收，或者积累在湿地泥层之中，净化了下游水源。湿地中的营养物质养育了鱼虾、树林、野生动物和湿地农作物。

（七）防止盐水入侵：沼泽、河流、小溪等湿地向外流出的淡水，限制了海水的回灌，沿岸植被也有助于防止潮水流入河流。但如果过多抽取湿地水源或排干湿地，破坏植被，其淡水流量就会减少，导致海水大量入侵河流，这将减少人们生活、生产及生态系统的淡水供应。

（八）提供可利用的资源：湿地可以给人类提供多种多样的产物，包括木材、药材、动物皮革、肉蛋、鱼虾、牧草、水果、芦苇等，还可以提供水电、泥炭、薪柴等多种能源。

（九）保持小气候：湿地可以影响小气候。湿地水分通过蒸发成为水蒸气，然后又以降水的形式落回周围地区，从而保持当地的湿度和降雨量，影响当地人们的生活和生产。

（十）野生动物的栖息地：湿地是鸟类、鱼类、两栖动物的繁殖、栖息、迁徙、越冬的场所，是许多珍稀、濒危物种的重要生境。

（十一）航运：湿地的开阔水域为航运提供了条件，具有重要的航运价值，成为沿海沿江地区经济迅速发展的重要条件之一。

（十二）旅游休闲：湿地具有自然观光、旅游、娱乐等美学方面的功能，蕴涵着丰富秀丽的自然风光，成为人们观光旅游的目的地。

（十三）教育和科研价值：复杂的湿地生态系统、丰富的动植物群落、珍贵的濒危物种等，对科学研究和自然教育都具有十分重要的价值。

（引文资料来自国家林业和草原局网站，略有编辑改动）

参考文献

[1]吕不韦.吕氏春秋（全2册）[M].陆玖译注.北京：中华书局，2011.

[2]W.J.米施，J.G.戈斯林克.湿地（原书第五版）[M].吕铭志译.北京：科学出版社，2021.

[3]任宪宝.易经[M].北京：中国言实出版社，2017.

[4]叶思源，谢柳娟，何磊.湿地：地球之肾 生命之舟[M].北京：科学出版社，2021.

国际《湿地公约》与世界湿地日

为保护湿地与水禽，1962年11月12日，卢克·霍夫曼（Luc Hoffmann）博士在法国海滨古城圣玛利召开了湿地／盐沼国际会议。这是多国政府、非政府组织与湿地专家一起，首次向全球号召制定国际湿地公约并设立《国际重要湿地名录》。20世纪60年代后期，伊朗前环境部长伊斯坎德尔·菲鲁（Eskandar Firouz）、法国卡马格瓦拉特之旅研究站的卢克·霍夫曼和塞文野禽基金会的杰弗里·马修斯（Geoffrey Matthews）共同起草了《关于特别是作为水禽栖息地的国际重要湿地公约》。1971年2月2日，来自18个国家的代表在伊朗南部海滨小城拉姆萨尔（Ramsar）共同签署了这一公约，因此该公约又称《拉姆萨尔公约》，简称《湿地公约》。这是全球首个政府与非政府组织共同拟定的环境保护类协定，具有划时代的意义。该公约生效于1975年12月，修订于1982年12月。

截至目前，全球共有172个缔约国签署该条约，2439个湿地列入《国际重要湿地名录》，保护面积254657646公顷（2022年数据）。其中有内陆湿地1976个，海岸海洋湿地996个，人工湿地855个（因个别湿地的复合属性，统计有重复）。签订《湿地公约》的初衷是保护水禽，主要通过各缔约方共同努力保护水禽栖息地。现在该条约的保护对象，已经逐步拓展到整个湿地生态系统。这个演变，体现在历届缔约方大会通过的决议上。1993年以前的大会决议，是以水禽作为衡量国际重要湿地的标准。1996年，缔约方大会增加了把鱼类作为衡量国际重要湿地的标准，并决定加强对泥炭地、珊瑚礁、海岸带、喀斯特地貌等湿地类型的重点保护。随后，湿地水文、水资源管理、流域综合管理、湿地文化等，也逐渐成为缔约方大会的政策关注点。

《湿地公约》是全球第一个政府间的多边环保公约，也是全球最早针对单一生态系统保护的国际公约。《湿地公约》确定的国际重要湿地，是在生态学、植物学、动物学、湖沼学或水文学方面具有独特的国际意义的湿地。公约的任务是通过地方、区域、国家的保护措施及国际合作保护和合理利用湿地，服务于全球可持续发展。为提高社会公众的湿地保护意识，《湿地公约》常务委员会第19次会议决定，自1997年起，将每年的2月2日定为"世界湿地日"，并且每年的世界湿地日都议定一个主题。2022年2月2日是第26个世界湿地日，其主题是"珍爱湿地 人与自然和谐共生"。

《湿地公约》缔约方约定：要通过国家、地区政府的行动和国际间的合

2022年世界湿地日宣传海报：价值·管理·修复·爱

作，促进全球湿地生态系统保护与合理利用，并致力于人类的可持续发展。公约的宗旨和宣言，意在呼吁人们行动起来，通过保护湿地，保护生物多样性，珍爱生命，最终守护人类的今天和未来。这是国际社会的约定，也是人与自然之约。可以说，湿地不仅是有关国家的资源，也是他国甚至全球所共享的资源。澳大利亚的鸻鹬类候鸟在上海崇明东滩、盐城湿地、黄河口湿地停息，西伯利亚的白鹤每年都来我国鄱阳湖越冬。一只迁徙候鸟的生命历程需要在相隔几千千米的多个湿地完成，其中任何一块湿地的丧失，都有可能导致物种濒危或灭绝；一个国家湿地的生境退化，会影响另一个甚至多个国家湿地质量的变化。因此，湿地保护是超越国界的，需要全球范围的国际合作。

国际重要湿地在全球各大洲分布数量不等，湿地面积也相差悬殊。欧洲拥有的国际重要湿地数量最多，其次为非洲和亚洲。全球最小的国际重要湿地是澳大利亚的霍斯尼泉湿地，其面积不足1公顷；面积最大的，则为地处刚果民主共和国的600多万公顷的恩吉利—通巴—曼多比湿地。从各大洲国际重要湿地总面积来看，非洲的湿地面积最大，大洋洲的最小。根据研究人员对国际重要湿地在各生态区的分布情况调查统计，各生态区内国际重要湿地的分布并不均匀。国际重要湿地主要位于温带海洋性森林、温带大陆性森林、亚热带干旱森林、热带季雨林、热带雨林等区域。北方苔原林地、温带荒漠区域的国际重要湿地数量较少。

国际重要湿地的认定标准有：

A组标准：区域内包含典型性、稀有或独一无二的湿地类型。

标准1：如果一块湿地包含在一个适当的生物地理区域内且称得上典型，属于稀有或独一无二的自然或近自然的湿地类型，那么就应该考虑其国际重要性。

B组标准：根据在物种多样性保护方面的国际重要性，又分为物种和生态群落、水禽、鱼类以及其他种类的特殊标准几大类。

（一）基于物种和生态群落的标准

标准2：如果一块湿地支持着易受攻击、易危、濒危物种或者受威胁的生态群落，那么就应该考虑其国际重要性。

标准3：如果一块湿地支持着对于维持一个特定生物地理区域物种多样性有重要意义的动植物种群，那么就应该考虑其国际重要性。

标准4：如果一块湿地支持着某些动植物物种生活史的一个重要阶段，或者可以为它们处在恶劣生存条件下时提供庇护场所，那么就应该考虑其国际重要性。

（二）基于水禽的标准

标准5：如果一块湿地规律性地支持着20000只或更多的水禽的生存，那么就应该考虑其国际重要性。

标准6：如果一块湿地规律性地支持着一个水禽物种或亚种种群的1%的个体的生存，那么就应该考虑其国际重要性。

（三）基于鱼类的标准

标准7：如果一块湿地支持着很大比例的当地鱼类属、种或亚种的生活史阶段、种间相互作用或者因支持着能够体现湿地效益或价值的典型的鱼类种群而有利于全球生物多样性，那么就应该考虑其国际重要性。

标准8：如果一块湿地是某些鱼类重要的觅食场所、产卵场、保育场或者为了繁殖目的的迁徙途径（无论这些鱼是否生活在这块湿地里），那么就应该考虑其国际重要性。

（四）基于其他种类的特殊标准

标准9：如果一块湿地规律性地支持着一个非鸟类湿地动物物种或亚种种群1%的个体的生存，那么就应该考虑其国际重要性。

有关国际《湿地公约》的详细内容，请参见国家林业和草原局网站上的有关中文版本。

我国的国际重要湿地

  在我国历史上，不同时代、地域、类型的湿地其名称亦不同。譬如，称常年积水、湖滨和浅湖地带为"沮泽""泽薮"，称地表临时积水或过湿的地带为"沮洳""卑湿""泽国"，称滨海滩涂和沼泽为"斥泽""斥卤""泻卤"，称森林或迹地①的过湿地带为"窝集""沃沮"。

  湿地的论述亦频现于我国古代文献典籍，如"前麓皆水草沮洳"②、"荆州……其泽薮曰云梦"③、"山中林木蓊蔚，水泽沮洳之区，号窝集"④、"濒海斥卤，地形沮洳"⑤。沼泽是典型的湿地类型之一，我国于20世纪20年代就出现了"沼泽"这一概念，从那时起就开展了大规模的沼泽研究，并取得了丰硕成果。中国科学院东北地理与农业生态研究所，在这方面的研究卓有成就。但直到20世纪80年代中期，"湿地"这一概念才得到广泛流传并被学术界所接受。

  我国是世界上湿地生物多样性最丰富的国家之一，也是亚洲湿地类型最齐全、数量最多、面积最大的国家。我国于1992年成为《湿地公约》缔约方。自此，国内具有生态系统典型性和独特性的湿地陆续被认定为国际重要湿地。截至2020年9月，我国被列入《国际重要湿地名录》的湿地共

---

  ① 迹地，林业上指森林采伐、火烧后，还没重新种树的土地。

  ② 《徐霞客游记·黔游日记》。

  ③ 《逸周书·职方解》。

  ④ 《黑龙江外纪》。

  ⑤ 《宋史·兵志》。

有64处，总面积约733万公顷。其中，内陆湿地47个，近海与海岸湿地17个（包括香港米埔沼泽和内后海湾湿地）。

中国的自然地理区划，把我国国土划分为华东、华北、华中、华南、西南、西北、东北七个片区。其划分片区的基本依据，一是中国自然地理区划方面多年的科研成果，二是学界长期以来形成的共识。本书结合自然地理分区体系，把我国的湿地划分为青藏高原区、云贵川区、甘蒙新区、东北平原区、大东部平原区、东部滨海区、东部河口区共7个大区，如下表所示。

我国的国际重要湿地分区表

分区	国际重要湿地	所在省份	数目
青藏高原区（7个）	鸟岛、鄂陵湖、扎陵湖	青海	3
	麦地卡、色林错、玛旁雍错、扎日南木错	西藏	4
云贵川区（6个）	若尔盖、长沙贡玛	四川	2
	碧塔海、大山包、拉市海、纳帕海	云南	4
甘蒙新区（8个）	尕海、张掖黑河、盐池湾、黄河首曲	甘肃	4
	达赉湖、鄂尔多斯、大兴安岭汗马、毕拉河	内蒙古	4
东北平原区（13个）	扎龙、洪河、三江、兴凯湖、南瓮河、七星河、珍宝岛、东方红、友好、哈东沿江	黑龙江	10
	向海、莫莫格、哈泥	吉林	3
大东部平原区（13个）	民权黄河故道	河南	1
	洪湖、沉湖、大九湖、网湖	湖北	4
	东洞庭湖、南洞庭湖、西洞庭湖	湖南	3
	升金湖	安徽	1
	鄱阳湖、鄱阳湖南矶	江西	2
	南四湖	山东	1
	西溪	浙江	1

（续表）

分区	国际重要湿地	所在省份	数目
东部滨海区（11个）	北大港	天津	1
	盐城、大丰	江苏	2
	大连斑海豹	辽宁	1
	惠东港口海龟、海丰、湛江红树林、南澎列岛	广东	4
	山口红树林	广西	1
	东寨港	海南	1
	米埔沼泽和内后海湾	香港	1
东部河口区（6个）	双台河口	辽宁	1
	漳江口红树林	福建	1
	黄河三角洲	山东	1
	崇明东滩、长江口中华鲟	上海	2
	北仑河口	广西	1

自2018年起，中国国际湿地公约履约办公室开始对我国境内国际重要湿地的生态状况开展连续性的全覆盖监测。监测内容包括国际重要湿地的分布、面积、水源补给、水质、水体富营养化、湿地植物、湿地鸟类、生物入侵、湿地修复和利用、湿地的主要威胁等方面。国家林业和草原局亦每年发布《中国国际重要湿地生态状况》白皮书，公布我国国际重要湿地的生态状况。2021年底，《中华人民共和国湿地保护法》获得通过，2022年6月1日生效。湿地保护被纳入地方政府综合绩效评价内容。领导干部自然资源资产离任审计，也要考量其任职期间对任职地区湿地的保护、修复和管理情况。这意味着我国的湿地保护逐步走向法治化进程。

参考文献

[1]崔丽娟，王义飞.中国的国际重要湿地[M].北京：中国林业出版社，2008.

[2]胡洵瑀，钱逸凡，朱勇强等.世界主要国家国际重要湿地信息公开及湿地名录建立[J].湿地科学与管理，2019（03）.

[3]黄秉维.中国综合自然区划的初步草案[J].地理学报，1958（04）.

[4]任美锷.中国自然地理纲要（修订第三版）[M].北京：商务印书馆，1992.

[5]赵德祥.我国历史上沼泽的名称、分类及描述[J].地理科学，1982（01）.

青藏高原区

　　青藏高原素有"世界屋脊"之称,分布有世界上最多的高原湿地和山地冰川资源。山地冰川又被称为固体水库,是高原湿地重要的水源提供者。我国的冰川主要分布在西藏和新疆,共有46298条,占世界山地冰川面积的14.5%、亚洲冰川面积的47.6%。海拔4000米以上的高原湖泊、沼泽和沼泽化草甸、河流湿地共有7.47万公顷,大部分分布在西藏和青海。

　　青藏高原又有"雪域高原"之称,既是世界上最大的"水塔"、高原生物多样性的维持基地、世界山地生物物种的重要起源地和分化中心,也是世界级旅游观光的目的地、世界文化整体性的一个重要组成部分。作为诸多江河源头的青藏高原,亦是我国重要的湿地分布区。1990年,其湿地面积约为13.45万平方千米,多为高寒沼泽、高寒沼泽化草甸和高寒湖泊,有生态蓄水、水源补给、气候调节等重要生态功能。青藏高原湿地类型主要有草丛湿地、森林湿地、河流湿地和湖泊湿地四种。

鸟类繁衍生息的理想家园

——鸟岛湿地

　　青海湖位于青藏高原东北部和祁连山系南麓，地跨二州三县，总面积约为4625平方千米。青海湖，藏语名为"错温布"，意为"青色的海"，是我国最大的内陆湖。青海湖国家级自然保护区的范围，包括青海湖整个水域及鸟类繁殖栖息的岛屿、滩涂、草原和湖岸湿地，主要保护对象有两类：一是青海湖湖体及环湖湿地等脆弱的高原湖泊湿地生态系统，二是在青海湖栖息繁衍的野生动物，如珍稀濒危动物普氏原羚、黑颈鹤、

位于青海湖支流倒淌河的文成公主雕像（公保才旦　摄）

大天鹅等。青海湖鸟岛湿地于1992年被列入《国际重要湿地名录》，成为我国第一批入选该名录的国际重要湿地。

青海湖的形成

在祁连山脉的大通山、日月山与青海南山之间，因断层陷落形成了青海湖。初生的青海湖是一个淡水湖，雨雪交融汇聚成的河流从四面缓缓流入湖中，溢出的湖水又通过湖泊东南部的河流流入古黄河。环湖的河谷与盆地气候温润、水草丰美，是黄河流域远古人类最早的活动区域之一。大约13万年前，平地而起的日月山堵塞了原来注入黄河的倒淌河，倒淌河由东向西流入青海湖，由此出现了尕海、洱海，后又分离出海晏湖、沙岛湖等子湖。

青海湖流域属于山间内陆盆地，面积为29610平方千米，平均海拔在3000米以上。受地形及湖泊水体的影响，这里的降水分布不均匀，流域平均降水量在300~400毫米之间；多年平均水面蒸发量为930毫米，蒸发量远大于降水量。当湖泊的水量收支达到动态平衡时，湖面海拔高度渐渐稳定。后因日月山隆起，出湖口水流倒灌，河水只进不出，青海湖由外流湖变成内陆湖。由于河水中所携带的盐分只进不出，青海湖又逐渐由淡水湖演化成咸水湖。

湖泊是有生命的。一个内陆湖的发展如同人的一生，有幼年期、青年期、中年期和老年期。学者用每升湖水的含盐量来划分湖泊的属性，含盐小于1克的为淡水湖，即幼年期；含盐在1~35克的称为微咸水湖，相当于青年期；含盐在35~50克之间的是咸水湖，相当于中年期；含盐大于50克的则是步入老年期的盐湖了。从湖水盐度来说，青海湖每升湖水的含盐量在12.5克左右，属于微咸水湖，尚处于演化阶段的青年期，似一个朝气蓬勃的青年。而青海茶卡盐湖的盐度已经超过300克/升。死海作为世界上最有名的盐湖之一，从表层到深层，盐度在230~300克/升。

青海湖的湖面约有4625平方千米。虽然身处高原，青海的湖泊面积却占中国湖泊总面积的15.8%。青海湖面积基本相当于100个杭州西湖、2个太湖。青海湖不仅是我国第一大湖泊，更是我国第一大咸水湖，青海省之名更是由此而来。青海湖长约105千米，最宽处约为63千米，最大水深为32.8米，蓄水量达1050亿立方米，看上去就像大海一样壮观。在一些文献记载中，青海湖被认定为我国的"西海"。

鸟岛

青海湖的鸟岛，因岛上栖息着数以十万计的候鸟而得名。这些岛各有名字，西边小岛叫海西山，又叫小西山，也叫蛋岛；东边的大岛叫海西皮。驼峰状的海西山，是斑头雁、鱼鸥、棕头鸥的领地。每年春天，斑头雁、鱼鸥、棕头鸥等鸟类相继而来，在岛上各占一方，筑巢垒窝，孵化下一代。产卵时节，鸟巢密布，鸟蛋一窝连一窝，散布在岛屿各处。所以，鸟岛的称呼实至名归。

形状如跳板的海西皮，东高西低，面积比海西山大4倍多，约4.6平方千米。岛上地势较为平坦，生长着茂密的豆科、禾本科植物。缓步到岛屿东部，首先映入眼帘的是波光粼粼的湖面，忽然顿在一道悬崖峭壁之前，往下是垂直而立的绝巘与攀附而上的怪草。再往前，一块巨石突兀嶙峋，矗立湖中。清风徐来，波光岚影，蔚为壮观。步转西边，一缓坡与海西山紧密相连。海西皮是鸬鹚的王国，栖息于此的鸬鹚数以万计，它们在岩崖上筑有大大小小的窝巢。尤其是在岛前的那块巨石上，鸬鹚窝一个接一个地垒砌成片，俨然一座鸟儿的城堡。

鸟岛之所以成为鸟类繁衍生息的理想家园，与这里独特的地理条件和优越的自然环境密不可分。三面环水的鸟岛地势平坦，气候温和，环境幽静，水草格外茂盛，湖中的鱼类成群结队地在水中游弋。那些独具慧眼的鸟儿，在此筑巢栖息。

鸟岛的鸟，大都是候鸟。每到春天，随着印度洋上的暖流北上的，不仅有清新的空气，还有侨居南亚诸岛的鸟禽，一路上，它们越过白雪皑皑的喜马

由海西皮和海西山组成的鸟岛（杨涛 摄）

拉雅山，日夜兼程地向北迁徙。有的停在青藏高原的江河湖泊，有的飞过沙漠去往更远的地方，其中一部分来到青海湖鸟岛栖息。刚踏上鸟岛，来不及洗去羽毛上的征尘，它们便忙忙碌碌地衔草运枝，建造新居。彼时的鸟岛，一片繁忙与欢腾。数十万只鸟儿在岛上云集，早出晚归地忙碌，似早收晓雨、晚丈星辰的农人一般。天上地下，岛上岛下，全是鸟儿们忙碌的身影。每年到4、5月份，鸟儿们便到此产卵育幼；6、7月份，岛上的幼鸟羽翼渐丰，亲鸟们开始传授幼鸟生存之道。鸟儿们有的到附近的高山平湖去消夏，有的到清澈幽静的山溪去觅食，有的到环湖周围的河汊去嬉戏。这时，岛上栖息的鸟儿越来越少，鸟儿们建造的繁华热闹的家园，开始变得寂静起来；9、10月份，幼鸟们长大了，翅膀也变硬了，随着西伯利亚的寒流渐渐南侵，岛上的鸟儿们又纷纷离开这儿向南迁徙，到印度、尼泊尔、泰国、新加坡等地避寒。因此，青海湖鸟岛称得上是一个庞大的候鸟驿站。

青海湖裸鲤

青海湖裸鲤，又称湟鱼，属于鲤科、裂腹鱼亚科、裸鲤属，分布在我国的青海湖及湖周河流支流，是青海湖唯一的经济鱼类，为全国五大名

鱼之一。青海湖裸鲤在青海湖"鱼鸟共生"的生态系统中，发挥着重要作用。青海湖裸鲤是一种耐寒、耐盐碱的高原低温盐碱性水域经济鱼类，其最大特点就是体表裸露无鳞，仅在鳃后、肛门和臀鳍两侧有少量鳞片。青海湖水域环境特殊，地势高水温低，导致青海湖裸鲤生长速度缓慢，达到500克重的个体生长需要10年以上时间。它们一整年都忙着觅食，每年只长1两肉。无论从经济价值，还是从维持青海湖"水—鱼—鸟—草地"生态系统的稳定性来说，青海湖裸鲤的保护都具有重要意义。

作为青藏高原特有的经济类物种，青海湖裸鲤受到人们的广泛关注，对其生活史的研究也日益清晰。研究发现，其初次性成熟年龄，雌性为6龄，雄性为5龄。青海湖裸鲤的世代生物量在16龄之前，呈逐渐上升的趋势；在16龄以后，世代生物量有所下降。整个世代生物量在11～16龄达到最大。研究表明，鱼类的临界年龄与拐点年龄是一致的，为15.67龄。青海湖裸鲤属于非常典型的K繁殖模式鱼类，建议青海湖裸鲤的最小捕捞年龄为12龄。

20世纪90年代以前，由于人们的过度捕捞，青海湖裸鲤数量已经越来越少，被列为世界濒危物种。1994年青海省人民政府在青海湖实施封湖育鱼政策，2003年将青海湖裸鲤列入《青海省重点保护水生野生动物名录》（第一批）。自2001年以来，相关单位每年坚持向青海湖投放裸鲤原种，之后青海湖裸鲤呈现缓慢恢复趋势。至2011年已是第五次对青海湖实施封湖育鱼，此次封湖育鱼为期10年，直至2020年12月31日结束。有研究表明，最近几年，青藏高原气候暖湿化趋势明显，青海湖湖区生态环境持续向好。在多年封湖禁渔政策的影响下，青海湖裸鲤资源得到有效恢复。

价值、意义与保护现状

青海湖区内主要以温带草原、温带荒漠草原和高寒沼泽化草甸为主，有六大自然植被类型——灌丛、草原、荒漠、草甸、沼泽和水生植被。在中国植物区系划分上，青海湖区属于泛北极植物区内的青藏高原植物亚区的唐古特地区。该湖区有种子植物52科、174属、455种，优势植物有矮嵩草、小嵩草、珠芽蓼、针茅、高山唐松草等。阴面山坡、河道有低矮的灌丛。青海湖中有53种浮游植物，其中以硅藻为主，另外还有浮游动物29种，底栖动物22种。青海湖流域有鱼类8种，两栖爬行类5种，鸟类189种，哺乳类41种。

青海湖是世界七大著名湿地之一，是候鸟的集中繁殖地和迁徙中转站，也是水禽的集中栖息地和繁殖育雏场所，是全球九条候鸟迁徙路径中"中亚—印度"路线的重要组成部分。青海湖是维系青藏高原东北部生态安全的重要水体，是阻挡西部荒漠化向东蔓延的天然屏障，是青藏高原生物多样性的宝库，同时也是极度濒危动物普氏原羚的重要栖息地。研究青海湖候鸟的生活习性、栖息环境、繁殖行为和迁徙路径，对加强青海湖生态环境的治理和全球防控禽流感工作有着积极的指导意义。

青海湖是青海省第一个5A级景区。在这里，高原的湖水与候鸟演绎着水天胜景（青海湖鸟岛景区），与滚滚黄沙共同塑造着壮丽山河（青海湖沙岛景区），与新中国的国防事业同呼吸、共命运（我国第一个鱼雷发射实验基地——151基地，位于青海湖二郎剑景区）。这里还有文成公主和亲的唐蕃古道遗址。在藏族同胞心目中，青海湖是一座拥有神力

青海湖畔的普氏原羚（杨涛　摄）

的圣湖，既庇护苍生，也惩罚亵渎者。2005年10月25日，在中国国家地理杂志社与全国34家媒体联合举办的"中国最美的地方"评选活动中，青海湖被评为"中国最美的五大湖"之首。青海湖的最佳旅游时间为每年6~9月。

参考文献

[1]白军红.中国高原湿地[M].北京：中国林业出版社，2008.

[2]梁健，陈雪妍，卫唯等.青海湖裸鲤TOB1和TOB2基因的克隆与表达分析[J].西北农林科技大学学报（自然科学版），2020（05）.

[3]刘军.青海湖裸鲤生活史类型的研究[J].四川动物，2005（04）.

[4]青海省青海湖景区保护利用管理局[EB/OL]. https://qhh.qinghai.gov.cn/zjqhh.html.

[5]史建全，祁洪芳，杨建新.青海湖自然概况及渔业资源现状[J].淡水渔业，2004（05）.

[6]王天慈，卢丽华，刘国祥等.青海湖湖滨湿地演变与驱动因素分析[J].中国水利水电科学研究院学报，2020（04）.

黄河源头的高原淡水湖湿地
——扎陵湖湿地

　　扎陵湖和鄂陵湖是黄河源头两大高原淡水湖，素有黄河源头"姊妹湖"之称。扎陵湖又称"查灵海"，藏语意为"白色长湖"，是黄河源头的淡水湖。它位于青藏高原玛多县西部构造凹地内，居鄂陵湖西侧。扎陵湖湖面海拔为4292米，东西长35千米，南北宽21.6千米。扎陵湖面积约有526

扎陵湖（何有福 摄）

平方千米，水深平均在8.9米，最深处在湖心偏东北一侧，蓄水量为46亿立方米。

扎陵湖呈不对称的菱形，酷似一只美丽的大贝壳镶嵌在黄河源头上。卡日曲与约古宗列曲汇成黄河源头最初的河道——玛曲，自西南一隅流入扎陵湖，然后从其东南流出，湖心偏南为黄河主流线，它看上去仿佛是一条宽宽的乳黄色带子，一头将"大贝壳"捆绑在水中，另一头则连着高原的千万生灵。扎陵湖左右分色明显，一半绿中泛黄，一半微微发白，所以人们称其为"白色的长湖"。

鄂陵湖与扎陵湖由一天然堤相隔，形似蝴蝶。两个湖如同蝴蝶的两翼，在阳光照耀下熠熠生辉。风来，翅膀挥动，便如精灵般飞舞在高原之上。扎陵湖湿地于2004年被列入《国际重要湿地名录》。

黄河源头——星宿海

唐贞观九年（635），侯君集与李道宗奉命征讨吐谷浑，兵次星宿川（即星宿海），达柏海（即扎陵湖），望积石山，观览河源。至元十七年（1280），元政府正式派官员勘查河源，历时4个月，查明了两大湖（即扎陵湖与鄂陵湖）的位置——黄河自火敦（译作星宿）脑儿"群流奔辏，近五七里，汇二巨泽，名阿剌脑儿"[1]。之后，元朝绘出黄河源地区最早的地图。

一年又一年，巴颜喀拉山的冰雪积聚又消融，消融再积聚。夏天一来，水汽升腾，滴滴融水慢慢向彼此靠近，汇集成涓涓细流，给这里的盆地源源不断地注入新的水源。流水日积月累，日夜不息，于此形成了一个水流密布的浅湖区即星宿海。这就是中国古籍中所描述的黄河源头。

黄河之水行进至此，流水平铺而卧，河面骤然变宽，流速也变缓。四处流淌的河水，在这里形成大片沼泽和湖泊。在这个不大的盆地里，数以

---

① 《元史·地理志》。

百计的大小不一、形状各异的湖泊星罗棋布，大的有几百平方米，小的仅几平方米，星星点点地布满盆地。登高远眺，这些湖泊在阳光的照耀下熠熠闪光，宛如夜空中闪烁的星星，"星宿海"之名由此而来。藏族同胞则把黄河源头称作玛曲，玛曲意即孔雀河，之所以将此地称作孔雀河，大概是因为这里有无数湖沼在阳光照耀下光彩夺目，宛如孔雀开屏的景象吧。

但是，星宿海之上，黄河的真正源头又在哪里呢？地理学上判断某支流是否为河流源头的依据主要是长度、流量与是否干涸。在这三个依据中，首先不能干涸；其次，在流量和长度中优先考虑长度。历史上黄河源头一直没有定论，曾有三源之说，一为扎曲，二为约古宗列曲，三为卡日曲。直到2008年，三江源头科学考察队在历次考证的基础上，再次经实地考察后认为，扎曲经常断流，卡日曲比约古宗列曲长36.54千米，流量也比后者多出两倍，所以最终确定卡日曲为黄河源头。

黄河流过星宿海，跟着流水一路向东20多千米，便进入黄河上游最大的湖泊——扎陵湖。扎陵湖湖区多年平均气温为-4℃，冬季漫长而寒冷，每年10月至翌年4月的月平均气温都在0℃以下，最冷的1月份平均气温为-16.5℃；1978年1月2日曾测得-48.1℃的最低气温。夏季短而凉爽，最热的7、8月份，月平均气温只有8℃，最高气温也只有22.9℃。两湖于每年10月中旬出现岸冰，岸冰最大冰厚可达1米。11月下旬或12月上旬全湖封冻，冰冻期在半年以上。翌年3月以后，湖冰开始消融，直到5月初湖冰才消融殆尽。

扎陵湖中多浮游植物，鱼类资源丰富，与鄂陵湖同为青海水产捕捞基地之一。但扎陵湖鱼类区系组成比较单纯，考察所见的鱼类仅有9种。构成两湖鱼类资源的只有极边扁咽齿鱼和花斑裸鲤两种，个体重量多在1斤左右，大者2~3斤。藏族游牧区人口稀少，他们视鱼为神，素有不吃鱼的传统，所以在漫长的历史时期，两湖无渔业可言。但扎陵湖中的鱼允许捕捞后，又存在过度捕捞的问题，因此合理管理高寒湖泊区的生物资源尤为重要。

牛头纪念碑

　　来到玛多县境内海拔4610米的措日尕则山顶峰，就可看到一对黑色大角直入云霄，那便是牛头纪念碑。纪念碑于1988年9月修建完成，其位于扎陵湖和鄂陵湖之间，是黄河源头的一个重要地标。该纪念碑碑体总重5.1吨，碑身高3米，碑座高2米，均用铜版铸模镶嵌，碑式别致，字体雄浑，象征着中华民族历经沧桑的悠久历史和勤劳朴实的品格。纪念碑选择了原始图腾和神圣崇拜物——牛，其粗犷、坚韧、有力的造型，体现了中华民族伟大而坚韧的民族精神。纪念碑被称为"华夏之魂河源牛头碑"，纪念碑上有藏汉文"黄河源头"的字样。

黄河源头的牛头碑（张怡梅 摄）

　　措日尕则山是扎陵湖、鄂陵湖、卓让湖之间的最高峰，也是观赏三湖胜景的绝佳位置。在牛头碑附近，还有两块由港澳同胞亲手建立的纪念碑。它们就像两个漂流在外的游子，终于回到中华母亲的怀抱。

　　依偎在古朴、雄

浑、粗犷的牛头纪念碑旁，翘首眺望，可以看见那披银挂甲的巴颜喀拉山高耸入云，绵延无尽。在皑皑的雪山下，草原广袤辽阔，碧绿如洗。怡然自得的牛羊散布在山冈、湖畔，在觅食中缓缓移动。黑白相间的帐篷点缀在绿绒毯般的草滩上，星罗棋布，如散落的蘑菇，俨然一幅天上人间的世外美景。

保护现状与监测

扎陵湖的主要保护对象为高原湖泊及黄河源头植被。扎陵湖、鄂陵湖是黄河源头地区的两个大湖，涵养了黄河源头的水源，但本区地处青藏高原腹地，环境恶劣，生态脆弱，一旦遭到破坏就很难恢复。自1999年6月以来，扎陵湖、鄂陵湖中间多次出现断流，时间最长达半年。高寒、缺氧、干旱的气候条件，给该区的生态环境带来了先天的脆弱性——生态系统易损性高、难以再生、恢复性差，对自然和人类活动反应敏感。在全球环境变化具有极大不确定性的大背景下，黄河源头脆弱的生态系统更容易受到环境变化的影响。湿地生态环境日益恶化，表现为草地退化，荒漠化加剧，湖泊和湿地面积萎缩，黄河断流的时间拉长，野生动植物资源减少，一些濒危物种灭绝。因环境变化的影响，其源头极有可能是在不断变化之中。近年来黄河源头出现了水量增加的情况，可能与环境变化有关。

为了切实有效地保护扎陵湖、鄂陵湖的国际重要湿地资源，玛多县农牧林业科技局于2003年成立了扎陵湖—鄂陵湖湿地监测站，组织人员对湿地资源进行巡查巡护和监测。自2008年以来，由青海省三江源国家级自然保护区管理局与中国科学院西北高原生物研究所共同对该区域进行监测，目前已在扎陵湖、鄂陵湖周边区域设置湿地监测区、鸟类监测区、野生动物监测区，以及多处野生植物监测样地等。监测站可以获得调查区域内的湿地水位、野生动物数量、植物生长量、气象因子等相关指标。监测结果显示，扎陵湖、鄂陵湖在水源补给、野生动物数量、植物生长量等方面，都呈增强趋势。

参考文献

[1] 邴龙飞，邵全琴，刘纪远.近30年黄河源头土地覆被变化特征分析[J].地球信息科学学报，2011（03）.

[2] 韩建恩，邵兆刚，朱大岗等.黄河源区河流阶地特征及源区黄河的形成[J].中国地质，2013（05）.

[3] 李万寿，冯玲，孙胜利.扎陵湖、鄂陵湖对黄河源头年径流的影响[J].地理学报，2001（01）.

[4] 钮仲勋.黄河河源考察和认识的历史研究[J].中国历史地理论丛，1988（04）.

[5] 温广平，肖志坚.黄河源头的姐妹湖[J].地球，1998（06）.

黄河上游的天然大水库
——鄂陵湖湿地

鄂陵湖，又称鄂灵海，古称柏海，其藏语名字为"错鄂朗"，意为"蓝色的长湖"。鄂陵湖位于青海省果洛藏族自治州玛多县西部的凹地内，东西窄、南北长，形如金钟，西距扎陵湖15千米。鄂陵湖与扎陵湖并称为"黄河源头的姊妹湖"。黄河流经两湖间的巴颜朗玛山时，形成一个长约300米的峡谷。峡谷以东至湖滨有广阔的沼泽。湖面海拔约4268米，南北长约32.3千米，东西宽约31.6千米，面积610平方千米，属于高原淡水湖泊沼泽湿地。平均水深17.6米，湖心偏北处最深达30.7米，蓄水量107亿立方米。黄河上游水源自西南一隅流入，从东北一隅流出，因进湖泥沙少，湖水呈青蓝色。

扎陵湖、鄂陵湖作为黄河上游巨大的天然水库，其存在对于黄河中下游的径流量有天然的调节作用，具有滞留沉积物、净化水质、防洪蓄水、维持生态平衡和保护生态安全的重要功能。历史上，鄂陵湖是松赞干布迎娶文成公主的地方。因此，它还具有重要的文化价值。

"小西湖""鱼餐厅"

鄂陵湖坐落于扎陵湖之东。黄河在扎陵湖一番闹腾之后，在巴颜朗玛山南面进入一条300多米宽的长河谷，在拥挤的扎陵湖里漫步太久，河

鄂陵湖畔的黄河水文站（小木 摄）

水从这里撒欢奔跑，分列九道疾步而行，穿过峡谷，终又在鄂陵湖相会。鄂陵湖与扎陵湖的形状恰好相反，鄂陵湖东西窄、南北长，犹如宝葫芦。湖区面积比扎陵湖大近100平方千米，蓄水量比扎陵湖多一倍。两湖湖滨多为亚高山草甸，为重要牧场。鄂陵湖水质极为清澈，呈深绿色。风和日丽时，天上的云彩、周围的山岭倒映在水中，清晰可见，因此它又被叫作"蓝色的长湖"。

距黄河入湖口不远处，在扎陵湖西部，有3个面积为1～2平方千米的小岛。十分有趣的是，扎陵湖是供鸟类栖息的岛屿，而鄂陵湖有一个专供鸟儿们会餐的天然场所，人称"小西湖"，又称"鱼餐厅"。春天伊始，冰雪消融，河水上涨，戏水的鱼儿跟着扎陵湖的水漫过一道堤岸流入鄂陵湖。待到冰雪化尽、水源枯竭时，湖水断流，湖面水汽升腾，微风吹拂，水位迅速下降，鱼儿被风浪推挤着陈列在岸滩上，此时岸滩便成了鸟儿们的自助餐厅。每年春天，数以万计的大雁、鱼鸥等鸟类从印度半岛飞到这里觅食。鸟儿最多的时候，遮天蔽日，"嘎嘎"的鸣叫声，很远处都能听到。

黄河源区重要湿地也是高原多种珍稀鱼类和水禽的理想栖息场所，湖区沼泽、环湖半岛以及邻近水域是鸥类、雁鸭类和黑颈鹤等涉水禽类的重要栖息地。作为名副其实的高原湖泊，这里地势高寒、潮湿；同时，这里地域辽阔，牧草丰美，自然景观奇妙，是难得的旅游观光胜地。盛夏季节，碧空如洗，苍穹无垠，玻璃般的天幕下，蓝天、白云、青山组成一幅瑰丽的画卷。蓝天白云之下，连绵起伏的青山和熠熠生辉的碧波交相辉映，分外妖娆。数以万计的天鹅、大雁、野鸭、鱼鸥等在平如明镜的湖面上嬉戏飞翔，数不清的牛羊像点点珍珠在翡翠般的湖畔游动。

神话传说及历史故事

鄂陵湖里有一座岛屿，这座岛屿虽然也吸引了很多鸟儿来这里"休闲度假"，但它不叫鸟岛，而是被当地藏族同胞称为"然玛芝翔"，藏语意为"一头山羊拖着一条大船"。相传当年邻国的霍尔国趁格萨尔王北征时，抓走了格萨尔王的王妃珠牡，格萨尔王的弟兄们穷追不舍。来到鄂陵湖时，大家没了箭矢。王妃暗中作法，变出一头大肥羊拖着一条装满弓箭的船朝湖边走去。没想到大家都误解了王妃的意思，于是也作法将大船连同这只倒霉的大肥羊变成了石头。这些石头堆积的地方，就形成了"然玛芝翔"。

有趣的神话历来被人们津津乐道，美丽的爱情故事更加令人神往。相传唐朝的文成公主与吐蕃英主松赞干布，便在此处举行了那场盛大的婚礼。松赞干布向唐朝求亲，唐太宗李世民为了唐蕃关系大局，嫁文成公主去吐蕃成亲。唐贞观十五年（641）初春，文成公主不远千里，跋山涉水，一路向西，到一个她再也回不到家乡的地方。松赞干布，则亲自从国都逻些城（今拉萨）北上至鄂陵湖畔，迎娶文成公主。松赞干布和文成公主向世人承诺：唐与吐蕃，亲为一

鄂陵湖畔的经幡（闫太平 摄）

松赞干布迎娶文成公主的迎亲滩远眺（杨月云 摄）

家。时至今日，鄂陵湖畔还有松赞干布柏海行宫的遗迹留存。

鄂陵湖烟波浩渺，波澜壮阔。上午，湖面风平浪静，纹丝不动；下午则大风骤起，平静的湖面上波涛汹涌，浪花拍岸。有时，湖区还会出现天昏地暗的景象，像连片的黑色藏帐，有时又旌旗猎猎，似人声鼎沸，据说这就是当年松赞干布在此迎娶文成公主时的场面。

生态系统脆弱性与保护管理

扎陵湖和鄂陵湖海拔都在4000米以上，比青海湖高出1000多米。这里天空高远，湖水澄澈，鄂陵湖与扎陵湖犹如一对明珠镶嵌在黄河上游。云朵在触手可及的低空游荡，与羊群相亲，同生灵共舞。阳光洒落，湖面波光粼粼，云戏水里，鱼游云间。一种与世隔绝的安静，身边仅有呼吸可感，微风袭来，渗进每一个毛孔，使人全身从里到外都经历一次洗涤。

两湖周围散落着很多小湖，湖里生活有9种无鳞鱼，其生长缓慢，10多年才长1斤肉。在温度尚低的冬春季节，湖底突然干涸，被迫暴露在空气中的鱼儿就变成了鱼干。这对生活在水中的鱼儿来说是灭顶之灾，但对从印度洋迁徙过来的鸟儿来说，这里无疑是一个天然的大食堂。温文尔雅的斑头雁、飞扬跋扈的棕头鸥，均会在这里驻足停留，繁衍后代。就连一贯马马虎虎的鸬鹚，在这个季节也会认真干活，垒窝孵蛋，捕捉食物，喂养幼鸟。这里已经成为自然演化与生物适应相结合的绝佳研究场所。

但是，高寒地区物种多样性简单，生态系统脆弱，人类的微小干扰就有可能造成连锁效应，导致生态系统崩溃。可喜的是，三江源国家公园体制试点建设已取得巨大成就，破解了多年的"九龙治水"和自然资源监管执法碎片化问题，摸清了草地、湿地、野生动物等资源的家底，并将所有自然资源统一管理、统一执法，还建立了全域牧户参与生态管护制度，生态环境保护的网格化管理已经展开。对三江源来说，生态环境保护是所有工作的第一要务，必须把生态文明建设放在突出位置，尊重自然，顺应自然，保护自然，筑牢国家生态安全屏障，确保"一江清水向东流"。

参考文献

[1]韩建恩，邵兆刚，朱大岗等.黄河源区河流阶地特征及源区黄河的形成[J].中国地质，2013（05）.

[2]李万寿，冯玲，孙胜利.扎陵湖、鄂陵湖对黄河源头年径流的影响[J].地理学报，2001（01）.

[3]蒲阳，韩悦，张虎才等.鄂陵湖晚全新世沉积物记录的黄河源区气候环境变化[J].第四纪研究，2021（04）.

[4]沈德福，李世杰，陈炜等.黄河源区鄂陵湖现代湖盆形态研究[J].地理科学，2011（10）.

[5]温广平，肖志坚.黄河源头的姐妹湖[J].地球，1998（06）.

冰川造就的中国平均海拔最高的国际重要湿地

——麦地卡湿地

麦地卡湿地位于西藏那曲市东南部，在唐古拉山与念青唐古拉山之间。麦地卡，藏语意为"像马蹄印的地方"。这片位于藏北高原的原始湿地，被当地藏族同胞认为是块难以抵达之地。其水源来自念青唐古拉山脉的雪山融水，麦地卡湿地面积43496公顷，平均海拔4900米，是藏北地区最为典型的高原湖泊、沼泽、草甸湿地。湿地主体部分是拉萨河最大的支流麦地藏布的源头区域，以高山沼泽、高山草甸、湖泊湿地为主；土壤以高山草甸土和亚高山草甸土为主。同时，该湿地亦是拉萨河和易贡藏布的源头，对拉萨河的供水、径流调节、水质净化都发挥着重要作用，对保护拉萨及拉萨河流域的生态环境，稳定拉萨河水质具有积极意义。

有"高原绿肺"美誉的麦地卡湿地，2004年被列入《国际重要湿地名录》，2016年经国务院批准，被晋升为国家级自然保护区。

麦地卡湿地（俞奉庆 摄）

拉萨河与麦地卡湿地

麦地卡湿地属高原宽谷地貌类型。宽谷呈东南—西北走向，北宽南窄。宽谷两侧为山地，海拔高度为5100～5600米，谷中冰碛丘陵起伏，鼓丘群和羊背石广布。该处高原宽谷是中新世地质时期形成的山原面残体，地势相对平缓。

麦地卡湿地是怒江上游支流罗曲、姐曲和易贡藏布上游徐达曲，以及拉萨河上游麦地藏布三大水系的发源地。麦地卡湿地的主要类型为沼泽湿地，分布在湖泊的湖滨地带及麦地藏布两边。湿地内河流纵横，湖泊星罗棋布，大小不等，有260个之多。澎错是其中最大的湖泊，也是当仁不让的湿地核心，是一颗镶嵌在藏北的高原明珠。湖泊与河流湿地，共同构成了麦地卡湿地完整的生态系统。

在西藏，河流的命名规则是大江为"藏布"，小河为"曲"。与发源于麦地卡湿地的怒江上游支流的罗曲、姐曲，以及易贡藏布上游的徐达曲相比，"麦地藏布"这一称呼足见当地居民对拉萨河源头河流的崇敬之情。而澎错就像大地之眼，成为麦地藏布的源泉，真可谓"澎错湖下流几曲，为有源头活水来"。

发源于麦地卡湿地的拉萨河全长557千米，为雅鲁藏布江五大支流之一，是世界海拔最高的河流之一。因流经吉雄盆地，故在藏语中被叫作吉曲，意为"快乐河""幸福河"。拉萨河的干流呈一个巨大的"S"形，自春季开始，冰川与积雪缓缓融化成汩汩清流，蜿蜒曲折，润泽了麦地卡湿地。从空中俯瞰，可以看到它其实是一条自东向西的"倒淌河"。拉萨河从东北流向西南，串起了高原之巅的冰川、高山、湖泊、河流、草甸、耕地与村落，玛尼堆在大地伫立，经幡在风中飞扬，文明的传承与流淌的河流一样源源不断。

拉萨河谷与年楚河谷、雅鲁藏布江河谷并称为西藏三大粮仓。这里群山环绕，一水中流，即使在冬季，气候也温暖如春，缓缓流过的拉萨浇灌了农田，也造就了拉萨居民平静、舒缓的生产生活方式。文成公主这样描述拉萨：东方山岭起伏，状若猛虎将跃；西方两山峡谷，恰似雄鹰展翅；南面流水逶迤，形如青龙盘旋；北面岭叠坡缓，活像灵龟爬行。正是这种"南面流水逶迤"的特殊地理位置，使得拉萨居民很早就形成了稳定的农耕生产生活方式。

拉萨河被藏族同胞誉为"母亲河"。西藏自治区首府、高原古城拉萨市，就坐落在该河下游右岸。公元633年，吐蕃英主松赞干布统一西藏各部落后，迁都拉萨河谷，拉萨河流域随之发展，逐步成为青藏高原的政治、经济、文化、交通和宗教中心。拉萨河流域面积仅占西藏自治区总面积的2.7%，流域内的人口、耕地却约占全自治区的15%，是西藏工、农、牧业集中的地区。

拉萨河风光（毛爱武 摄）

尽管高速铁路串起了祖国的东西南北，但公路交通运输仍在高原居民的生产生活中占有重要地位。完工于1984年12月的青藏、川藏公路纪念碑，即为纪念青藏、川藏公路通车30周年而建。于2006年7月1日竣工运营的拉萨河特大桥，更是青藏铁路的标志性工程。该桥全长940.85米，最大跨度为108米。拉萨河特大桥采用五跨连续梁和中间三跨连续钢拱组合体系，主跨采用双层弯拱结构。这在同类桥梁中处于世界领先地位，居亚洲第一。大桥通体白色，连续的拱形犹如一条飞扬的哈达，与壮丽的布达拉宫遥遥相望。大桥结构设计新颖，融民族特色与现代风格于一体。2008年，拉萨河特大桥获中国建筑工程最高奖——鲁班奖（国家优质工程）。

生物多样性

麦地卡湿地，位于亚寒带高原性季风气候区。此地高寒缺氧，冬春季节风多雪大，为藏北高原地区的强降雪中心，厚厚的积雪滋养了麦地卡湿地优质的高原牧场。麦地卡湿地也是冰川造就的高寒牧场，古冰川退缩形成的冰碛土壤经历沼泽化过程，形成了高山草甸土和亚高山草甸土等非地带性土壤，孕育了丰富的植被群落。

西藏自治区东部高山深谷地区的高山草场，是"高原之魂"即西藏高山牦牛的主产区，其中以嘉黎县生产的娘亚牦牛最为优良。娘亚牦牛，又称嘉黎牦牛，为西藏自治区嘉黎县特产，中国国家地理标志产品。它们个头粗壮，眼圆有神，毛色黑亮，当地人称"藏原羚靠的是滩，野牦牛靠的是山"。雪山之下，它的尾巴轻轻摇动，烟云便开始飘动。随着风霜轻轻掠过地面，雪花飘落在它的后背，仙气弥漫。牦牛一步一步地前行，脚印与寒风的节奏统一，深沉地一字排开，不知最终去往哪里。

海拔在4000米以上的嘉黎县是野生动植物的天堂。由于气候等条件的限制，这里的植物种类并不丰富，以禾本科物种居多，其次是菊科和豆科。湿地内的植被类型有高寒灌丛、高寒草甸、高山垫状植被、沼泽植被、水生植被等。湿地水的主要来源是高山融化的雪水，其水质清澈，含沙量少。除了干流水较深，其他均为浅水，水深不足3米。每年冬季水面较小，但主要径流不冰冻，只存在岸冰。湿地正如被马蹄踏出的一个个水洼，平缓起伏的山丘、零星分散的浅滩、星罗棋布的湖泊、大大小小的河流，错落其间。

麦地卡湿地是黑颈鹤（国家一级重点保护动物）西部种群最东端的繁殖地，湿地同时分布有藏原羚、岩羊、盘羊、狼、猞猁、棕熊等珍稀野生动物，以及湖泊里独自演化的高原鱼类等。麦地卡湿地是斑头雁、赤麻鸭、黑颈鹤、普通秋沙鸭等禽鸟的重要迁徙点。每年途经麦地卡湿地的候鸟多达20万只，其中定期栖息的水禽有2万只。每到五六月份，成群的黑颈鹤、斑头雁回到这里，在草地上栖息、繁殖，在云朵间飞翔。

主要湿地类型与保护管理

麦地卡主要湿地类型包括永久性淡水草本沼泽、泡沼、湖泊、高山湿地和灌丛湿地，符合《湿地公约》国际重要湿地指定标准的第1、2、4、5、8条，于2004年被列入《国际重要湿地名录》。多年来，当地牧民像保护自己的生命一样保护湿地和草甸，使得麦地卡湿地仍保留着原始状态。湿地对当地水土保持、减少季节性洪水泛滥、阻截上游沉积物并形成生产力很高的草甸和沼泽湿地有重要作用，同时也是当地牧民生活和牲畜饮用的重要水源。保护区内有高原淡水湖泊湿地、沼泽湿地与河流湿地，湿地类型齐全、功能完善，是全球高寒湖泊、沼泽与河流湿地生态系统的典型代表。

近年来，受全球气候变暖以及人类活动的影响，麦地卡湿地的部分区域出现了泥炭沼泽草甸化、草原化甚至沙化现象。麦地卡湿地自2003年建立县级保护区以来，中央和地方政府实施了一系列湿地保护与恢复工程、湿地保护补助及生态监测站建设项目。为保护拉萨河源头，西藏投入2000多万元为麦地卡湿地周边村落修建了垃圾站。此外，地方政府亦推广了很多自上而下的治理措施，如及时清理道路施工产生的建筑垃圾、补撒草籽以恢复植被等。截至目前，麦地卡湿地存在的部分土地沙漠化现象已经得到控制。

参考文献

[1]陈虎林.西藏麦地卡湿地水体水化学时空变化特征及其控制因素[D].西藏大学，2020.

[2]拦继酒，罗建.西藏麦地卡湿地自然保护区种子植物资源多样性[J].高原农业，2018（01）.

[3]李妍妍，王景升，税燕萍等.拉萨河源头麦地卡湿地景观格局及功能动态分析[J].生态学报，2018（24）.

[4]于萍萍.西藏麦地卡湿地环境保护现状及其对策[J].农技服务，2016（01）.

[5]王恒颖.西藏麦地卡自然保护区湿地生态系统经济价值评估[J].林业建设，2014（04）.

青藏高原高寒湖泊湿地生态系统的典型代表

——西藏色林错湿地

西藏色林错湿地位于西藏自治区那曲市，跨申扎、尼玛、色尼、安多、班戈5个县区，总面积18936平方千米。色林错是西藏第一大深水湖、中国第二大咸水湖，湖泊东西长72千米，平均宽22.8千米，东部最宽处达40千米。湖泊位于冈底斯山北麓，属于构造湖。色林错、班戈错曾是东西向长轴的一个大湖，在晚更新世晚期被分割成两个湖，中间有一条狭窄的水道相连。流域内有众多的河流和湖泊互相串连，组成一个封闭的内陆湖泊群，主要湖泊除了色林错，还有格仁错、吴如错、仁错贡玛等23个卫星小湖。这些"错"曾经都是相连的一个整体，由于湖面的逐渐下降才逐步分开。每到夏季，湖中小岛上栖息着各种各样的候鸟。2018年，色林错湿地被列入《国际重要湿地名录》。

色林错与纳木错

众所周知，纳木错、羊卓雍错、玛旁雍错为西藏的"三大圣湖"。纳木错藏语意为天湖、灵湖或神湖，曾一度以西藏第一大湖自居。2007年，遥感调查发现，位于藏北无人区的色林错居然在1999—2007年，从1798平方千米增加到2287平方千米，一举超过了1900平方千米面积的纳木错，成为西藏第一大湖、中国第二大咸水湖。

　　为什么会出现这种情况？这可能与全球气候变化有关。人类活动使碳排放增加，全球加速变暖，冰川加速融化，导致青藏高原上部分湖泊的整体扩张。纳木错的湖面也在扩张，只是扩张速度较慢，其在1987—2017年从1900平方千米扩张到2200平方千米，而同期的色林错从1660平方千米竟然增长到了约2400平方千米，稳居西藏第一大湖。

　　影响湖泊水面面积变化的重要因素之一，是入湖水量与出湖水量的差值。差值越大，说明湖泊水面的面积增长越快。近几十年来，随着全球气候变暖，素有世界"第三极"之称的青藏高原上的冰川大量融化，大大加速了色林错的"扩张"。发源于冰川密布的唐古拉山区的扎加藏布是西藏最长的内流河，也是汇入色林错的水流量最大的河流。每到春夏季节，气温升高，湖泊周围的高山冰川开始融化，为色林错的水面扩张提供了充足的水源。

　　色林错湿地处于全流域最低洼的地区，是水流汇集的中心。色林错湿地可分为东西两个片区。西区流域面积达45530平方千米，是西藏最大的内陆湖水系。流域内河流、湖泊相通，组成了一个封闭的内陆湖泊群，承接西藏扎根藏布和扎加藏布的来水。东区为外流水系区，怒江源头的那曲及其主要支流发源于此或流经该区域。

　　纳木错与色林错距离约200千米，名字含义却天差地别。纳木错在藏语里的意思是圣湖、天湖、灵湖，而色林错的藏语意思是魔鬼湖。西藏的每一个湖泊都

中国第二大咸水湖色林错（西风　摄）

有一个或多个传说。关于色林错，一直流传着这样一个传说：很久以前，在拉萨以西的堆龙德庆住着一个大魔鬼，名叫色林。色林体型高大，贪婪残忍，每天都要吃掉很多生灵，包括人和禽兽。人们对它束手无策。一路降妖除魔的莲花生大师闻声找到了色林，二者一正一邪，在堆龙德庆恶战几十个回合，最终以色林战败而逃终结。但莲花生大师并未放弃，一路追赶。色林逃到藏北后无处藏身，见到一个湖，便一头钻进湖底。莲花生大师来到湖边后，叫出居住在湖底的七个精灵，让它们守在岸边，防止色林再出来危害人类。同时，他把这个大湖命名为"色林错"，命令色林永远不得离开此湖，让它在湖中虔诚忏悔，并不得残害湖中水族。此后，人们便把这个湖称为"色林魔鬼湖"。

生物多样性

色林错湿地属高原高寒草原生态系统。这里不仅是世界上最大的黑颈鹤自然保护区，也是高原珍稀濒危生物物种最多的地区。2003年，有关国际组织把黑颈鹤列为亟须拯救的濒危物种，而色林错自然保护区正是黑颈鹤的主要繁殖地和栖息地。在此保护区内，分布有种子植物39科、376种，兽类10科、23种，鸟类25科、92种，两栖类1科、1种，爬行类2科、3种，鱼类2科、8种。保护区内常见的湿地植物有藏北嵩草，伴生植物有藏北薹草、喜马拉雅嵩草、长轴嵩草、西藏粉报春、蓝白龙胆、高原毛茛等。保护区内生长有西藏沙棘、掌叶大黄、马尿泡、合头菊等许多珍稀濒危植物。保护区珍稀濒危动物亦较多，如黑颈鹤、雪豹、藏野驴、棕熊、猞猁、藏原羚等。

色林错是天然的野生动物园。随着季节轮转，动物们也都跟着风霜与花草迁徙。在如墨的山光水色中，成群结队的藏羚羊、藏原羚、藏野驴活跃在色林错湖边，披着一抹或黑或棕的皮毛寻觅着草丛里的枯败与繁茂；狼、棕熊等大型动物隐匿行踪，潜伏在春夏秋冬的角落里，伺机而动；猞狲、兔狲、赤狐、藏狐、香鼬、旱獭、高原鼠兔等中小型动物，胆怯地四处张望，一有风吹草动，马上逃遁。每年11月到次年1月是藏羚羊的求偶交配期，那时藏羚羊会从四面八方赶来这里寻求佳偶。色林错裸鲤是藏北色林错湖中唯一的鱼类。另外，色林错湿地也是候鸟迁徙的中转站，每年4~9月的繁殖季，在色林错湿地栖息繁殖的水禽总数在两万只以上。同时，这里也是藏北重要的牧业基地之一。

禁止贸然穿越保护区

色林错湿地与青藏高原腹地（南羌塘）、怒江源头的湿地，是高寒地区中湿地类型最丰富、湿地生态系统最完整、原始自然属性保存最好的区域。色林错湿地位于青藏高原核心地区羌塘高原南部，平均海拔约4700米，是青藏高原高寒湖泊湿地生态系统的典型代表，在全球高寒湿地中稀有且独特，是世界研究高寒湖泊生态系统结构、功能、物质循环、能量流动、生物多样性不可多得的自然博物馆。

色林错保护区的主要保护对象为黑颈鹤及其繁殖栖息的湿地生态系统。黑颈鹤为国家一级保护动物，并被列入《濒危野生动植物种国际贸易公约》（CITES）附录。保护区的工作人员，除了常规的动植物保护、生态系统管理，最近几年还增加了一项工作，就是防止旅游者贸然穿越保护区。旅游者的贸然穿越行为，不仅会给保护区生态系统带来干扰，同时也将自身置于违规境地。在这里，我们有必要重申一下《中华人民共和国自然保护区条例》第三十四条的内容：

违反本条例规定，有下列行为之一的单位和个人，由自然保护区管理机构责令其改正，并可以根据不同情节处以100元以上5000元以下的罚款：

（一）擅自移动或者破坏自然保护区界标的；

（二）未经批准进入自然保护区或者在自然保护区内不服从管理机构管理的；

（三）经批准在自然保护区的缓冲区内从事科学研究、教学实习和标本采集的单位和个人，不向自然保护区管理机构提交活动成果副本的。

高原鼠兔（杨涛 摄）

参考文献

[1]陈毅峰，何德奎，陈宜瑜.色林错裸鲤的年龄鉴定[J].动物学报，2002（04）.

[2]姜永见，李世杰，沈德福等.青藏高原近40年来气候变化特征及湖泊环境响应[J].地理科学，2012（12）.

[3]刘敏杰，李华军.西藏色林措国家级自然保护区野生动植物资源调查[J].湖南林业科技，2020（02）.

[4]邵兆刚，朱大岗，孟宪刚等.青藏高原近25年来主要湖泊变迁的特征[J].地质通报，2007（12）.

[5]赵希涛，朱大岗，严富华等.西藏纳木错末次间冰期以来的气候变迁与湖面变化[J].第四纪研究，2003（01）.

"永恒不败的玉湖" 高原生物的基因库
——玛旁雍错湿地

　　沿西藏阿里地区普兰县城向东走35千米，就来到玛旁雍错湿地。普兰县位于中、印、尼三国交界处，其西南与印度毗邻，南部与尼泊尔以喜马拉雅山为界。地质构造上，这里属冈底斯山与喜马拉雅山之间的一个断陷盆地，是展示当地地质变迁的活的博物馆。该湿地包括玛旁雍错、拉昂错和周边沼泽河流。湖泊呈倒鸭梨形，北宽南窄，长轴长26千米，短轴长21千米。湖面海拔4588米，平均水深46米，最大水深81.8米，面积412平方千米。湖水清澈，透明度14米。湖水矿化度400毫克/升，属淡水湖，含有硼、锂、氟等微量元素。湖水补给以冰川融水、雨水为主，也有部分泉水，湖泊周围多温泉。2004年，玛旁雍错湿地被列入《国际重要湿地名录》。

"神山圣湖"

　　在西藏，"神山"一般指冈仁波齐峰，"圣湖"指玛旁雍错。冈仁波齐的藏语意为"神灵之山"，被誉为"神山之王"。冈仁波齐峰，山顶海拔为6721米，是冈底斯山脉的第二高峰。由峰顶垂直而下的巨大冰槽与横向岩层构成的佛教万字格——"卍"，是其最著名的标志。"卍"是一个符号，是吉祥的标志。

玛旁雍错旁边的玛尼堆（侯书贵 摄）

玛旁雍错，藏语意为"永恒不败的玉湖""无能胜湖"。玛旁雍错有"世界江河之母"的美誉。唐朝高僧玄奘在《大唐西域记》中称其为"西天瑶池"。其东为马泉河，南为孔雀河，西为象泉河，北为狮泉河，是雅鲁藏布江、印度河、印度河主要支流萨特莱杰河和恒河的上源，由此玛旁雍错被称为"四河之源"。

围绕玛旁雍错的8个寺庙，分布在湖的四面八方——东有色瓦龙寺，东南有聂过寺，南有楚古寺，西南有果足寺，西有齐悟寺，西北有迦吉寺，北有朗那寺，东北有本日寺。藏族同胞认为，玛旁雍错是最圣洁的湖，它的水可以洗清人的烦恼和孽障。很多典籍描写玛旁雍错的水"像珍珠一样"，喝了它能洗脱"百世罪孽"，几乎所有的藏族同胞会称赞玛旁雍错的水"很甜"。每到夏秋季，很多藏族同胞会扶老携幼来此沐浴净身。

生物多样性

玛旁雍错是西藏高海拔地区的淡水湖泊，作为重要的淡水湿地，对雁鸭类等水禽的繁殖、迁徙具有重要作用。湿地内栖息着2万多只水禽，如黑颈鹤、斑头雁等，湿地也是藏羚羊、野牦牛等珍稀野生动物种群向喜马拉雅山脉迁徙的主要走廊之一。玛旁雍错湿地内有脊椎动物一百余种，包括雪豹、胡兀鹫、黑颈鹤、棕熊、水獭、猞猁、藏原羚、岩羊、鸢、大鵟、高山兀鹫、猎隼、红隼、藏雪鸡等国家重点保护动物，其中多个物种被列入《濒危野生动植物种国际贸易公约》（CITES）附录。湿地湖区是高原鱼类的重要生境，也是鱼群依赖的产卵场与育幼场。玛旁雍错湖区还是小头裸裂尻鱼（玛旁雍错亚种）的唯一分布区域。

在湿地周边的洪积平原和山麓洪积扇上，是以沙生针茅为主，混生着羽状针茅、紫花针茅的荒漠草原。湖滨阶地上有以华扁穗草、细叶西伯利亚蓼、藏北嵩草、青藏薹草等为主的沼生植被沼泽化草甸。苔藓植物中种数最多的是丛藓科和真藓科。种子植物中种数最多的是禾本科，其次是菊科和豆科。这里是高原生物的基因库，生物多样性异常丰富，有400余种生物栖息或生长于此，是高寒地区最具代表性和典型性的湖泊湿地。保护区巨大的湿地面积，对特殊干旱荒漠气候区的生态系统发挥着重要的调节作用。

脆弱的湿地生态系统

水陆相互作用形成的玛旁雍错湿地，是西藏阿里高原地区极为独特的生态系统，在抵御洪水、调节径流、改善气候和维护区域生态平衡等方面，具有不可替代的作用。由于喜马拉雅造山运动，尤其是受构造控制的影响，西藏地区形成了众多的高原湖盆与河流。在高原干旱气候的影响下，该湿地分布区面积广大、类型单一、人类干扰活动少，在世界上具有独一无二的特殊性。但是，因其生态环境相对脆弱，所以湿地保护工作尤为重要。

因天寒地冷，玛旁雍错湿地的表层沼泽土由于喜湿植物残体水分过多、通气不良、微生物活动虚弱而不能得到迅速彻底的分解，导致有机物积聚从而形成了优厚腐殖层。但是，由于土壤积水过多，不利于放牧，牧

以高原鼠兔为食的猛禽（杨涛 摄）

民又常常采用人工排水作业，将部分沼泽地改造为牧场。因此，玛旁雍错的沼泽土既是湿地内分布最广的土壤类型，同时也是受到牧业生产影响最大的土壤类型。这种优厚腐殖层是经过上万年的缓慢积聚而形成的，一旦被破坏就极难修复，这就要求现在的开发利用活动必须考虑可持续性问题。

　　寒冷干燥的气候使这里的生态系统极为脆弱，自然恢复能力十分有限，对人工化合物的天然降解能力也相当孱弱。随着流动人口的增加，现代世界的塑料等难降解物质也大量流入玛旁雍错地区，自然环境承受的压力急剧增大，部分地区已达临界状态。因此，当地有关政府部门或社会组织，应将环境保护纳入日常工作，把环保教育普及到当地民众及外来游客中。

参考文献

[1] 才让太.冈底斯神山崇拜及其周边的古代文化[J].中国藏学，1996（01）.

[2]降边嘉措.藏族传统文化与青藏高原的生态环境保护——关于西部大开发一些问题的思考[J].西北民族研究，2002（03）.

[3]拉巴，边多，次珍等.西藏玛旁雍错流域湖泊面积变化及成因分析[J].干旱区研究，2012（06）.

[4]间利，张廷斌，易桂花等.2000年以来青藏高原湖泊面积变化与气候要素的响应关系[J].湖泊科学，2019（02）.

[5]叶庆华，姚檀栋，郑红星等.西藏玛旁雍错流域冰川与湖泊变化及其对气候变化的响应[J].地理研究，2008（05）.

人与自然和谐共存的典范之地

——西藏扎日南木错湿地

　　位于藏北高原南部的扎日南木错，亦称塔热错、特里纳木错，为西藏自治区的第三大湖。该湖为构造断陷湖，东西长53.5千米，南北宽26千米，面积约1023平方千米。曲折的古湖岸线沿湖岸四周分布，可清晰地分辨出沉积层数，见证了湖体的变迁轨迹。这些沉积层如地书，既记录了因气候变暖而消失在湖中的生命，也让这些生命跨越时间来到你我眼前。扎日南木错入湖河流主要有措勤藏布、达龙藏布，流域面积为1.643万平方

扎日南木错（张朝峰 摄）

千米，湖水主要靠冰雪融水补给。湖泊形态不规则，南北两岸较窄，东西两岸湖面开阔。东岸为湖积平原，北岸和西岸残留着古湖岸线，东南部发育有三级阶地。湖区地处藏北高寒草原地带，气候寒冷、干旱，为纯牧区。2020年，阿里扎日南木错湿地被列入《国际重要湿地名录》。

地质地貌

早在千万年前，扎日南木错所在区域曾发生大规模的火山爆发。湖体北面的山麓可见平齐的三角形断层崖。红黑相间的火山灰烬、熔岩流和火山碎屑组成的岩层，在后期喜马拉雅造山运动的作用下卷曲扭折，冷却后形成熔岩流动的图案。人们只能从现存的岩层中一窥其早期形成时的情况。在高原隆起过程中，岩层东西断裂陷落形成盆地，这就是扎日南木错的雏形。

木诺峰，海拔5174米，高出湖面500多米，由二三亿年前形成于海底的黑色石灰岩构成。独峰远水，注视着高原的沧海桑田。立于木诺峰南麓，视野转向东南，有一条弧形沙堤沿湖蜿蜒曲折，一路延伸，直至湖心孤岛。岛上熔岩错落，风环身而过，悄无声息。站在岛上环顾四周，湖天一色，涛声不绝，虽无桃红柳绿，亦可观赏湖光山色的绝佳美景。

东岸湖积平原上的沼泽宽达20千米；北岸和西岸发育有10道古湖岸线，最高一级高出湖面上百米，甚至在远离措勤藏布的山体上，也有古湖岸线的遗迹。那时的古湖面，比现在的大出2~3倍，它把周围的一些小湖都包括在内。东南部湖滨地带则发育有三级阶地，湖水退缩后，在湖区南部残留了三个小湖。木诺峰和湖体北侧的山麓之间，有一面积约12平方千米的封闭式小盐湖，状似漏斗。由于与大湖隔离，其自身又少有水源补给，因此，其湖面已低于扎日南木错63米。

扎日南木错是封闭已久的内陆湖，湖水pH值约为9.6，矿化度已达13.9克/升，属咸水湖。湖水蔚蓝，澄澈透明，但因含盐量高，水生生物少，裂腹鱼是湖中主要鱼类。湖水的高含盐量正适合卤虫生长。卤虫是一种节肢动物，与陆地上的蚂蚱是近亲。其体内富含蛋白质，氨基酸组成齐全，粗脂肪含量较高，是养鱼爱好者使用的最佳活体饲料。同时，它们也是鱼、蟹、虾类幼体的最佳食物，被广泛应用于我国沿海养殖业。高原湖泊与沿海养殖，被卤虫这种微生物联系到一起。

扎日南木错西北部有措勤藏布汇入，浅水区生长有茂密的水草和藻类，引来成群觅食的水禽，有鸥类、雁鸭类、䴙䴘类等，是水禽觅食栖息的重要区域。扎日南木错湿地是阿里地区目前发现的面积最大、种类最多的候鸟栖息繁殖地。

湖盆边缘逐渐演变成沼泽、湿地和草场，成为鸟类的天堂和牧民的优质牧场。沼泽植被主要以藏北嵩草为主，伴生有华扁穗草、海韭菜、小钩薹草、矮草、细叶西伯利亚蓼、斑唇马先蒿等。周围地势稍高处为高原草甸，以嵩草为优势种。沿湖滩涂地上生长有硬叶薹草和紫花针茅等，是藏羚羊、藏野驴等野生动物的重要食物。这里还盛产珍贵的紫绒山羊，其羊绒、羊皮、羊肉等产品是牧民主要的经济来源。

神话传说

在藏族同胞心目中，扎日南木错作为圣湖，地位至高无上。有关它的形成，也有一个美丽的传说。据说有一个很大的牧民部落，曾经生活在这个地方。全部落的牧民都从一口小小的水井中取水。喇嘛嘱咐附近部落百姓，每次取水后一定要盖上井盖。有一次，一个女人正在取水，她的丈夫刚好从农区做完盐粮交易返回部落，妻子即刻返家将他迎进家门。回家后才想起未盖井盖，她慌忙地跑到水井旁，只见一条金鱼在水中翻腾，并怒吼道："要是没有这四座大山在此妨碍，我扎日南木错早就跳到天上去了！"井口流水随之四溢，霎时就淹没了草地和房屋，整个部落都未能幸免于难，只有一个老人和孩子，因在山上放牧，才逃过一劫。看到如此可怕的情景，两人立马往南部的山上跑去。老人害怕得不敢回头，他对小孩说："你看看，水中是否落下来一条白虹？"果然，莲花生大师骑着白虹落到井上，将井水压了下去，并将四座大山拔高，以此镇压扎日南木错。从此以后，扎日南木错四周各升起一座山，而原先的部落所在地，变成了今日的大湖——扎日南木错。

扎日南木错北部、西部及南部山地发源的众多河流都注入该湖。其中，措勤藏布汇集了冈底斯山北侧的许多支流后水量大增，在措勤县附近向东流注入扎日南木错，所以该河流是扎日南木错的重要补给水源。"措勤"在藏语中的意思就是大湖。

扎日南木错湖畔（达杰次仁 摄）

高寒湿地面临的威胁

扎日南木错湿地是珍贵的自然资源，也是羌塘高原重要的生态系统，具有不可替代和不可复制的生态服务功能。这里是鸟类、两栖类动物的繁殖、栖息、迁徙和越冬的绝佳场所，也是人与自然和谐共存的典范之地。其主要威胁来自全球气候暖化。气温上升导致冰川融化，无论是湖面还是湖水盐度，均会受到气温变化的影响。

2021年8月9日，联合国政府间气候变化专门委员会（Intergovernmental Panel on Climate Change，IPCC）发布了《气候变化2021：自然科学基础》报告。报告指出，在未来20年里，全球温升预计达到或超过1.5℃。当前的气候变化是广泛、快速和不断加强的，观测到的许多变化为过去数千年间所未有。自上次评估报告发布以来，观测到高温热浪、强降水、干旱和热带气旋等极端事件频发，特别是将其归因于人类影响的证据，均已认定。"人类活动导致了气候变化"这一结论，已非常明确。

地表始终维持着一定的温度，人类和其他生物在此环境中生生不息，得益于全球大气层和地表共同组成的巨大"玻璃温室"。在这一系统中，太阳辐射可以透过大气层到达地面，给予地面热量，大气层亦可阻止地面热量散失。大气层对地面的这种保护作用，即大气温室效应。形成温室效应的气体被称为"温室气体"，它由二氧化碳、甲烷、氯氟化碳、臭氧、氮氧化物和水蒸气等组成。其中二氧化碳与人类活动密切相关且对全球变暖"贡献"最大。许多科学家认为，温室气体的大量排放，造成温室效应加剧，是全球变暖的重要原因。

国际冰雪委员会（ICSI）在一份研究报告中指出，喜马拉雅地区冰川后退的速度比世界其他任何地区都要快。如果继续按目前的融化速度，这些冰川在2035年之前消失的可能性非常大。国际冰雪委员会负责人塞义德·哈斯内恩说："即使冰川融水在60至100年的时间里干涸，这一生态灾难的影响范围之广也将是令人震惊的。"因此，随着大气中二氧化碳含量增加、温室效应日益明显，青藏高原高寒湿地必将面临巨大的生态和气候调整。

另外一个不利影响来自不可降解的垃圾。随着游客的增加，这一地区的一次性饭盒、塑料袋等不可降解的垃圾也明显增多。高原上较强的风力将这些垃圾吹得散布四方。这类垃圾落入湖中，不仅污染湖水，而且容易造成动物误吞误食，给这里脆弱的生态带来负面影响甚至起到破坏作用。

参考文献

[1]李建兵，江元生，周幼云等.西藏措勤县扎日南木错生态旅游区旅游资源评价与开发探讨[J].四川地质学报，2002（04）.

[2]刘桂芳，卢鹤立.1961～2005年来青藏高原主要气候因子的基本特征[J].地理研究，2010（12）.

[3]邵兆刚，朱大岗，孟宪刚等.青藏高原近25年来主要湖泊变迁的特征[J].地质通报，2007（12）.

[4]王君波，彭萍，马庆峰等.西藏当惹雍错和扎日南木错现代湖泊基本特征[J].湖泊科学，2010（04）.

[5]朱大岗，孟宪刚，赵希涛等.西藏纳木错和藏北高原古大湖晚更新世以来的湖泊演化与气候变迁[J].中国地质，2004（03）.

云贵川区

　　水之特性之一是由高处流往低处，加之地势西高东低，所以我国多数河流都是日夜不息地滚滚东流。依据海拔高度不同，我国地势可划分为三级阶梯。第一阶梯是青藏高原区，第二级阶梯广布于我国中部及北部，即祁连山、横断山以东，大兴安岭、太行山、巫山、雪峰山以西，昆仑山以北，包含内蒙古高原、黄土高原、云贵高原、准噶尔盆地、四川盆地、塔里木盆地六大部分。云贵川是我国西南地区云南、贵州、四川三省的简称。概指西南地区时，"川"还包括直辖市重庆。云贵川区位于我国地形的第二阶梯上。

　　位于云贵川区的国际重要湿地有6个。其中，四川2个，分别是若尔盖和长沙贡玛国际重要湿地；云南4个，分别是碧塔海、大山包、拉市海、纳帕海国际重要湿地。高寒区若尔盖草原拥有我国面积最大的泥炭沼泽——若尔盖沼泽，它是黄河上游最重要的水源涵养地和生态功能区。长沙贡玛是雅砻江和黄河上游重要的水源补给地，与青海三江源国家级自然保护区内的通天河、扎陵湖、鄂陵湖核心区直接相连，组成了不可替代的生态保护网络，是"高原水塔"的重要组成部分。

红军走过的草地　全国最大泥炭沼泽区

——四川若尔盖湿地国家级自然保护区

四川若尔盖湿地国家级自然保护区位于四川省若尔盖县境内，地处青藏高原东缘。群山环抱着海拔3400米以上的高原，若尔盖湿地即藏身其中。黄河与长江穿过若尔盖湿地。作为重要的分水岭，若尔盖湿地将全县划分为两个截然不同的地理单元和自然经济区，宛如瑰丽夺目的绿宝石，镶嵌在川西北的川甘交界处。作为我国三大湿地之一，其境内丘陵起伏，谷地开阔，河曲发达，水草丰茂，适宜放牧。牧民以饲养牦牛、绵羊和马为主，为纯牧业区，素有"川西北高原绿洲"之称，也是全国三大草原牧区之一。2008年，若尔盖湿地被列入《国际重要湿地名录》。

泥炭沼泽

泥炭又称草炭、泥炭土、黑土、泥煤，是煤化程度最低的煤，也是煤的最原始状态。泥炭是古代低温湿地的植物遗体，因种种原因被埋于地下，经成千上万年的堆积，在气温较低、雨水较少或缺少空气的条件下，由植物残体缓慢分解而形成的呈棕黄色或浅褐色的特殊有机物。形成泥炭土的主要植物有泥炭藓、薹草等水生植物。根据泥炭形成的地理条件、植物种类和分解程度，泥炭可分为低位、中位和高位三大类型。高位泥炭是由泥炭藓、羊胡子草等植被，在高纬度或高海拔地区被埋在地层下经长期堆积炭化形成，集中分布在我国东北及西南高原区。高位泥炭含有大量的有机质，分解程度差，酸度高，pH值在6~6.5之间。

　　泥炭是沼泽发育过程中的产物，形成于第四纪，由沼泽植物的残体在多水、嫌气状态下，不能完全分解堆积而成，内含大量水分和未被彻底分解的植物残体、腐殖质以及部分矿物质。微观来看，泥炭含丰富的氮、钾、磷、钙、锰等多种元素，是纯天然的有机物质，无菌、无毒、无公害、无污染、无残留，用途广泛。宏观来看，泥炭在自然状态之下，其形态横跨液、气和固三相，其中固相物质主要包含有机质和矿物质两部分。有机质是泥炭的主要成分，据测量泥炭有机质含量在30%以上，其中固相的有机质比例最高。世界各地都发现有泥炭的踪迹，大部分发掘到的泥炭层多在9000年前，即最近一次冰河期结束、冰河北退之后才形成的，这类泥炭层形成的速度非常缓慢，有时每年只有1厘米。

　　若尔盖草原位于青藏高原东北边缘，是我国面积最大、分布最集中的

若尔盖草地沼泽与远处的雪山（顾海军 摄）

泥炭沼泽区。若尔盖草原有黑白两河——黑河（墨曲）和白河（葛曲）自南至北纵贯其间。两河河道地势低洼，迂回曲折，支汊众多，水流因淤滞而成沼泽。经年水草，盘根错节，结络成片，覆盖潴水，形成了以富营养草本泥炭沼泽为主、复合沼泽体发育的泥炭层。总之，丰茂的水草和缺氧环境，造就了今天的若尔盖泥炭。

虽然泥炭常常被视为"可再生资源"，但泥炭地资源的使用率一旦超过再生率，则会导致泥炭地大面积退化。此外，气候变暖和干旱也加速了泥炭地的退化进程。如果管理不善，碳汇[①]极有可能转变为碳源[②]。泥炭是当地的一种主要燃料。调查数据显示，若尔盖高原泥炭储量为19Pg，有上百个大型泥炭矿和中型泥炭矿日常开采。这些泥炭矿为当地居民、工厂和学校的运转输送能源，每年用于生产生活上的泥炭量十分可观。在过去的40年里，因环境变化的影响，青藏高原典型的高山湿地在萎缩，湿地面积减少了10%以上。过度放牧和修建排水工程等活动引起了高原泥炭地退化，泥炭地面积明显减少。高寒湿地生态系统的结构和功能由此受到影响。

在青藏高原，大面积的泥炭地形成于缺氧、低营养、低温、低pH值的环境。根据全国泥炭资源调查（1983—1985年）的结果，我国泥炭地面积为104.4万公顷，占我国陆地面积的0.1%，约46.87亿吨（干重）。泥炭地有机碳储量为6.207亿~40.926亿吨，相当于中国土壤有机碳总储量的8%~30%。其中，青藏高原拥有中国49%（5086平方千米）的泥炭地面积，碳储量累计为1.49Pg[③]，占中国泥炭地总碳储量的68%，而大部分泥炭地分布在若尔盖草原。巨大的碳存储能力对减缓温室气体排放具有重要作用，

---

　　① 碳汇：通过植树造林、植被恢复等措施，吸收大气中的二氧化碳，从而降低温室气体在大气中浓度的过程。

　　② 碳源：向大气中释放碳的过程、活动机制或是含有碳元素且能被微生物生长繁殖所利用的营养物质。

　　③ 碳储量的单位是Tg（Teragram）、Pg（Petagram）、Gt（Gigagram），1Tg=10^{12}g；1Pg=10^{15}g；1Gt=10^9t。其中，g是克，t是吨。

既可以发挥重要的碳汇功能，也可以用于市场"碳交易"。

红军长征经过的草地

大家耳熟能详的中国工农红军的二万五千里长征，其主要行军路线如下：从瑞金出发→突破敌人四道防线→强渡乌江→占领遵义→四渡赤水→巧渡金沙江→强渡大渡河→飞夺泸定桥→翻雪山→过草地，最后分别在陕北吴起镇会师（1935年10月）和甘肃会宁会师（1936年10月），宣告长征结束。这中间，红军有一段过草地的路程。这个草地，就是若尔盖沼泽地。因此，人们常用"若尔盖是红军长征经过的地方"这句话，来说明若尔盖与中国革命的特殊关系及其历史地位。众所周知，若尔盖草地是红军长征过程中所走过的非常艰难、危险的地区之一。长征期间，红军三大主力部队翻越了夹金山、梦笔山、亚克夏山、昌德山、打古山等几座海拔在4000米以上的雪山，穿越茫茫沼泽，沿着川西北毛尔盖—松潘—若尔盖一线海拔3500多米的高原草地，向甘南地区行进。

1935年8月，中国工农红军"不怕远征难"，走过人迹罕至的松潘草地，完成了人类历史上的一个伟大壮举。在荒无人烟的水草地，红军面临着四大难题。

一是行军难。茫茫草地，一望无涯，遍地是沼泽，根本就没有路。高原沼泽多是泥质沼泽，经年水草盘根错节，人和马寸步难行，只能从一个草甸跨到另一个草甸前进。万一踩不对地方，浅则没膝，深则没顶。过草地有三怕，一怕没踩着，二怕下雨，三怕过河。

二是吃饭难。红军当时的主食是青稞炒面，但有时候连青稞炒面都吃不上，饥饿的战士只能靠野菜、野草和树皮充饥。红军对大部分的野菜都不认识，为了生存也只能硬着头皮吃下去，若是不幸吃到有毒的，轻则呕吐腹泻，重则中毒死亡。红军在行军过程中，得益于当地藏族同胞提供的牦牛和青稞，很多人才能走完这段路程。当时，巴西一带（今四川松潘地

红军背着粮袋过草地（黄镇 绘画）

红军草地宿营（黄镇 绘画 选自黄镇《长征画集》，人民美术出版社1962年版）

区）成熟的农作物，救援了"三过草地"的红军。

三是御寒难。草地里，天气一日三变，温差极大。早上，太阳出得晚，温度很低；中午，晴空万里，烈日炎炎；下午，乌云密布，雷电交加，暴雨冰雹铺天盖地而来；夜间，气温降至零摄氏度，冻得人们瑟瑟发抖。

四是宿营难。草地上净是泥泞水潭，很难搭营夜宿。行军至傍晚，往往只能找一个土丘或是高地睡觉。实在找不到，就只好在泥潭上枕枪而眠，或席地而卧，或坐着打盹，或背靠背睡。早上起来，即使水汽湿透了整个身子，红军指战员也得立马动身赶路，衣服或是被晚出的太阳晒干，或是被战士的体温焐干。因此，在这段路程上，饥饿、寒冷、疲劳、疾病如影随形，夺去了许多红军指战员的生命。

张爱萍将军有一首关于红军过草地的诗，诗中所说即为当时过草地的真实场景：

> 绿原无垠漫风烟，蓬蒿没膝步泥潭。
> 野菜水煮果腹暖，干草火烧驱夜寒。
> 坐地随意堆露宿，卧看行云逐浪翻。
> 帐月席茵刀枪枕，谈笑低吟道明天。

若尔盖草地见证的不只是一支军队的转移，也是人类战胜自然环境、克服生存极限的胜利。如今的若尔盖草地下，依然埋葬着许多红军先烈的遗骸。红军先烈的精神随风飘扬，随水流淌，越过千山万水，出现在新中国的广袤大地，留存在每一位中华儿女的心头。

若尔盖湿地生态系统的价值、困境及其成因

四川若尔盖湿地区内为平坦状高原，最高海拔为3697米，最低海拔为3422米，落差不大。气候寒冷湿润，沼泽植被生长良好，泥炭沼泽得以广泛发育。整个湿地生境极其复杂，生态系统结构完整，生物多样性丰富，特有种多，是我国生物多样性的关键地区之一，也是世界高寒带物种最丰富的地区之一。若尔盖湿地保护区的建立，对保护高寒湿地生态系统和黑颈鹤等珍稀动物，研究自然环境变迁以及古老生物物种的保护、繁衍和分化，具有重要的价值。

若尔盖湿地的中西部和南部为典型丘状高原，地势由南向北倾斜，植被类型以草甸草原和沼泽草原为主。在高原湖群区，浅湖沼泽化的植物带谱明显。薹草属植物生长在湿润的湖滩上，形成了高大的团块状草丘；杉叶藻、针蔺等挺水植物生长在20～40厘米深的浅水带；藻类和眼子菜等沉水植物则分布在超过40厘米水深的区域。

若尔盖地区地处黄河、长江上游，其湿地涵养了大量水分，为中国的两大母亲河提供了充足的水源。特别是黄河，其30%的水源来自若尔盖湿地。该区森林、草地、湿地、泥炭地等生态系统并存，景观多样性伴随着物种的高度多样性。作为中国面积最大的高原泥炭地，若尔盖泥炭地是162种沼泽植物的生长地，其中优势种莎草科24种、菊科14种、毛茛科14种、玄参科12种、禾本科9种。这里生活着38种哺乳动物、137种鸟类、15种鱼类，还有黑颈鹤、白鹳和玉带海雕等特有及高度濒危物种。

对若尔盖湿地来说，泥炭地生态系统的保护尤其重要。温度升高、水

位波动和人口数量急剧增长是改变碳循环的主要因素，这些因素可能将碳汇转变为碳源，使泥炭地生态变得越来越脆弱。越来越多的研究表明，全球气候变暖导致的干旱，进一步加速了泥炭地的碳排放。气候变暖有利于微生物活动，造成了泥炭地有机碳的分解，加快了其分解速度。该地区的全球变暖必然伴随着干旱、冻土融解、有机物分解等，最终释放出大量的二氧化碳。人类活动方面的主要表现是人口增长压力和人类活动干扰。首先，随着人口增加，沼泽区修建的道路及房屋挤占了湿地空间。其次，20世纪70年代以来，为了扩大牧场而进行的沼泽改造活动、过度放牧等，对沼泽环境形成了巨大压力，导致湿地面积不断萎缩。再次，森林砍伐导致其水源涵养作用下降。几十年来，湿地周边山坡上的暗针叶林不断遭到砍伐，大大减弱了森林对沼泽的水源涵养作用。因此，针对若尔盖湿地存在的以上问题，有关方面亟须采取措施，切实开展湿地保护工作。

参考文献

[1]白军红，欧阳华，崔保山等.近40年来若尔盖高原高寒湿地景观格局变化[J].生态学报，2008（05）.

[2]郭洁，李国平.若尔盖气候变化及其对湿地退化的影响[J].高原气象，2007（02）.

[3]杨永兴.若尔盖高原生态环境恶化与沼泽退化及其形成机制[J].山地学报，1999（04）.

[4]王文波，白冰，张鹏骞等.若尔盖湿地土壤有机碳含量和密度的分布特征[J].生态学杂志，2021（11）.

[5]周卫建，卢雪峰，武振坤等.若尔盖高原全新世气候变化的泥炭记录与加速器放射性碳测年[J].科学通报，2001（12）.

长江黄河的重要水源涵养地
——四川长沙贡玛湿地

　　长沙贡玛国际重要湿地位于四川省甘孜藏族自治州石渠县境内，属于三江源的腹心地带。保护区内湿地平均海拔4500米，属典型的丘状高原和高平原地貌。其淡水草本沼泽为中国高纬度、高海拔地带所独有，是四川省海拔最高的湿地保护区之一。它与若尔盖湿地一起形成于第四纪末次冰川冰碛湖泊的退缩期。长沙贡玛湿地是藏野驴在四川的最后庇护所，区内分布的藏野驴种群数量超过四川省该物种个体总数的一半。2018年，它被列入《国际重要湿地名录》。

红景天

　　青藏高原，作为一方古老神秘的人间净土，有澄澈的天空、磅礴的雪山、静谧的湖泊……随着交通设施的完善和人民生活水平的提高，越来越多的人选择将西藏、四川等作为自己旅行的目的地。但是，来到青藏高原，万一遇到高原反应怎么办？假如发生这种情况，当地导游大都推荐红景天系列制品，好像它是应对高原反应的灵丹妙药。

　　红景天为景天科、红景天属多年生草本植物，全世界共有96个种，分布于东亚、中亚、西伯利亚以及北美地区。我国有73个种，分布于吉林、甘肃、新疆、四川、西藏及云南、贵州等省区。除少数种生长于海拔2000

米左右的高山草地、林下灌丛或沟旁岩石附近，红景天多数种生长于海拔
3500～5000米高寒无污染地带的高山灌丛下或是草坡、山坡和草甸中。在
长沙贡玛，红景天大多生长在凉爽、干燥的高寒地带，常常与全缘叶绿绒
蒿相伴而生，形成红黄交织的景观，远观令人赏心悦目。

　　由于红景天属植物生长的自然环境缺氧、低温、干燥、狂风、强紫外
线照射、昼夜温差大等，所以其生命力和适应性极强，药用价值也很高。
红景天的藏药名为扫罗玛布尔，历代藏医都将它与藏红花、雪莲花并称为
"吉祥三宝"。《本草纲目》记载的红景天，可以祛邪恶气，补诸不足，为已
知补益药中所罕见，岁月常服，必获大益。《中国药典》将红景天视为益气
活血、通脉平喘的中药，但并未提及它有治疗高原反应的功效。那么，红
景天又是如何成为众所周知的抗高原反应神药的呢？

　　有一个典故讲述了红景天的抗缺氧功效。据传，清朝康熙皇帝御驾亲
征，指挥清军平息西部叛乱。岂料清军将士抵达西北高原后，由于高原缺
氧，将士们身体出现不适，战斗力直线下降。在此危急时刻，一位当地药
农向康熙帝进献红景天，给将士煎汤服用。服用这剂汤药后，将士们果然
一改颓态，士气大振，顺利平息了叛乱。为此，康熙帝御笔亲题红景天为
"仙赐草"，并将其钦定为御用贡品。

大花红景天（巴德　提供）

1965年，苏联学
者萨拉蒂科夫研究认
为，红景天能带来人
体的适应元反应，并
制成浸膏，提供给苏
联飞行员、潜水员和
运动员等使用。1977
年，萨拉蒂科夫进一
步提出，红景天能增
强人的记忆力，聚集

注意力，治疗乏力、健忘、头痛、失眠等病症，把红景天包装成医治多种病症的神药。中国学者研究后认为，红景天确实能改善某些心肌细胞活性、骨骼肌能量代谢等，保健品厂商因此开发了琳琅满目的红景天保健产品。但迄今为止，仍没有可靠的证据证明红景天能防治高原反应，红景天也没有被列入防治国家高原病的药物名单。唯一可以确定的是，青藏高原的旅行者和庞大的养生人群热衷于消费红景天，硬是把野生红景天吃成了濒危植物。

如今红景天属的植物大多面临濒危（EN），有的甚至处于极危（CR）、野外灭绝（EW）的状态。为保护红景天，红景天属的大多数物种已被列入《国家重点保护野生植物名录》。红景天虽然被列入保护名录，但因缺乏行之有效的措施，再加上物种分布分散，保护难度较大。所以，建议相关部门要做好宣传，采取强有力的保护措施，建立严格的审批制度，限制对红景天属药用植物资源的过度使用。相关研究人员要更多地关注红景天的繁育，加快红景天药材规范化种植进程，使其人工栽培品种既可满足科研和医疗市场的需求，又能保护野生红景天正常存续，以延续生物多样性。期待红景天在西部高原寂寥的山石之间，继续绽放其独有的、原生态的、灿烂而热烈的自然美。

雪豹

中国古籍《山海经》记载："又北二百八十里，曰石者之山，其上无草木，多瑶碧。泚水出焉，西流注于河。有兽焉，其状如豹，而文题白身，名曰孟极，是善伏，其鸣自呼。"这段文字的大意是：北方山脉再往北280里，有石头山，山上没有草木，盛产美玉。从这座山流出的涓涓细流，向西流入黄河。有一种野兽外形像豹子，额头有花纹，身上皮毛为白色，它的名字叫孟极，善于潜伏隐藏，其叫声就像是在叫自己的名字。据周士琦考证，从形状、栖息地、习性及分布地区等方面来看，孟极与现在的雪豹相同，所以孟极就是雪豹，而不是神话传说中的动物。

雪豹，被称为"雪山之王"，是大型猫科食肉动物，常在雪线附近和雪地间活动，属生态系统中的旗舰种。雪豹的演化与青藏高原的地质、环境变化有关。由于某种原因或偶然机会，雪豹的祖先进入了尚在隆起的青藏高原，开始适应因海拔增长而逐渐降低的温度和慢慢隆起的高山与峭壁，最终进化成这个独特的高原猫科物种。为了适应高原气候，雪豹进化出了猫科中独有的生理特征。为了御寒，其毛发是所有大猫中最厚最长的。冬季，其腹部的毛可以长达12厘米。雪豹的头骨又宽又短且顶部隆起，鼻腔很大，能够加热吸入的空气，同时满足自身追踪猎物或捕食时对氧气的消耗。像多数山地物种一样，雪豹血液中的红细胞又小又多，能够高效利用血液中的氧气。

雪豹主要生活在亚洲中部的高海拔山区，有一半以上栖息地在我国境内，分布在青海、西藏、新疆、甘肃、四川、云南、内蒙古等地区。雪豹是高原岩栖性动物，烟灰色的豹纹和奶黄色毛发，使其可以很好地与周围的裸岩环境融为一体，便于隐匿踪迹和捕捉猎物。与生活在平原的豹不同，它前掌比较发达，行动敏捷，动作灵活，善于攀爬、跳跃。雪豹常栖于海拔2500～5000米的高山上，在永久冰雪地带上的高山裸岩及寒漠区活动。雪豹有季节性垂直迁徙的习性，夏季一般在海拔较高的地带活动，冬季则随着猎物来到相对海拔更低的山区。

和大多数猫科动物一样，雪豹喜欢独居，存在领地意识，只有在发情期才会凑到一起。在食物充足的地区，雪豹的密度大、领地小，活动范围也小，100平方千米内可以生活5～7只雪豹。在食物匮乏的地区，其领地和活动范围则要大得多，它们经常在自己的地盘上沿着固定路线寻找食物，有时甚至游荡数天才返回巢穴。雪豹尤其喜欢在黎明和黄昏活动。在有人类的地方，雪豹则更倾向于夜行以躲避人类。野生雪豹的主要猎物是岩羊、山羊、盘羊等高原有蹄类动物，辅以野兔、旱獭、雪鸡等小型动物。在食物稀少的季节，它们也会下山偷袭牧民的家畜。

我国适宜雪豹栖息的地域约有44万平方千米，只有大约25%的雪豹生活在保护区范围内，大多数雪豹潜在的栖息地并未被列入保护地。与大部分的珍稀动物一样，雪豹也面临着人类活动干扰、栖息地破碎化、气候变化等问题。过去20多年来，我国的雪豹保护热度不断提升，在政府主导下，越来越多的民间力量自发参与其中，包括社会公众、民间组织、科研工作者以及当地牧民等，这有效补充了保护地资源与人力的不足。

中国人民邮政1990年发行的8分邮票中的雪豹

　　1977年，野外生物学家乔治·夏勒认为，在未来的许多个世纪中，那些山峰仍然会伫立在这寂寥的风景里，但当最后一只雪豹在峭壁间消失时，一簇生命的火花将随之而逝，山峰也将变成神秘的石头。我国西部的大部分山区，既是雪豹和众多珍稀物种的避难所，又是保障我国生态安全的屏障，是我们与野生动物共同的家园。拯救雪豹是人类义不容辞的责任，我们必须拿出全部的知识、热情、坚韧和合作精神，解决雪豹栖息地的生态问题，对其开展长期的科学监测，掌握其种群动态，为雪豹栖息地巡护员提供专业的巡护装备和业务培训，以科学数据为依托制定雪豹保护规划，推动各项保护措施落地走实。

保护现状与发展格局

　　长沙贡玛保护区内生物多样性特征明显，湿地生态系统完整，草甸和灌丛保存较好，大部分地区未受到人类活动干扰。其独特的生态系统和地理位置，使得在这里栖息的脊椎动物多达208种，分布有44种兽类、155种鸟类、3种两栖动物和6种鱼类。藏野驴、雪豹、黑颈鹤、黑熊、大天鹅等动物，红花绿绒蒿等野生植物，均被列入国家重点保护野生动植物名录。保护区内大面积的高山草甸和高寒湿地，对保护高山草甸生态系统、稳定雅砻江和黄河上游的水源补给地具有重要作用。该保护区与青海三江源国家级自然保护区的通天河、扎陵湖、鄂陵湖核心区直接相连，从而形成了不可替代的保护网络，因此具有全球意义的保护价值。人类的过度放牧、大规模的基础设施建设等，侵占了野生动植物的生存空间，导致野生动植物栖息地缩小和种群数量减少。可喜的是，随着"长江大保护""黄河流域生态保护和高质量发展"重大国家战略的提出，该湿地的保护形势正在向好发展。

参考文献

［1］阿努.蒙古国完成首次全国雪豹调查，953只位列全球第二［EB/OL］. https://mp.weixin.qq.com/s/Aya330qHJOS0eaS9T0NFOg.

［2］大花猫说.雪豹：《山海经》里的异兽，喵喵叫的雪山之王［EB/OL］. https://m.sohu.com/a/394179394_120689283.

［3］刘楚光，郑生武，任军让.雪豹的食性与食源调查研究［J］.陕西师范大学学报（自然科学版），2003（S2）.

［4］今天敲钟人不来.红景天是怎样变成"高原反应"神药的？［EB/OL］. https://user.guancha.cn/main/content?id=180220&s=fwckhffhxw.

［5］王强，阮晓，李荷迪等.珍稀药用资源植物红景天研究现状、问题与对策［J］.自然资源学报，2007（06）.

［6］宜花得木.国家Ⅱ级珍稀物种|《神农本草经》中的上品药草——红景天［EB/OL］.https://baijiahao.baidu.com/s?id=1669216497469259481&wfr=spider&for=pc.

［7］周士琦.《山海经》"孟极"即"雪豹"考［J］.中国科技史料，1991（02）.

湿地和森林的完美融合
——云南碧塔海湿地

　　"碧塔海"是藏语，意思是"像牛毛毡一样柔软的海"，素被称为"高原明珠"。碧塔海湿地位于云南省西北部迪庆藏族自治州香格里拉市境内，距香格里拉城区25千米。其地处横断山系的核心部位，位于青藏高原向云贵高原的过渡地带，是云南纬度最北、海拔最高的湿地保护区。碧塔海湖面呈海螺形状，是断层结构与溶蚀结构共同营力作用形成的断层构造湖。

秋天的碧塔海（李春灿 摄）

地下暗河

碧塔海是云南省海拔最高的高原湖泊。断层、溶蚀的古老作用造就了东西长3千米、南北宽0.3~1.5千米、水域面积159公顷的碧塔海。碧塔海的湖水从东部流出后便在地下隐匿穿行，经暗河流入洛吉河、尼汝河，最后汇入金沙江。这么说来，长江里也流淌着碧塔海的水。

地下暗河，也叫"阴河"或"伏流"，指地面以下的河流，为地下岩溶地貌的一种。其常形成于地壳上升、河流下切、河床纵向坡降较大的地方，在深切峡谷两岸及其上源部分经常出现伏流。贵州省的乌江两岸有很多伏流，有时进出口距离仅3~4千米，落差却达250~300米。由于坡降大而侵蚀力强，有时地下暗河甚至能穿透石灰岩中的非可溶性岩石继续延伸。

石灰岩出露的地方往往有暗河的存在。石灰岩是碳酸盐岩的一种。我国碳酸盐岩分布广泛，裸露于地表的碳酸盐岩面积就有91万~130万平方千米。碳酸盐岩分布面积广，配合适宜的气候，使我国成为世界上岩溶洞穴资源最丰富的国家。在喀斯特地区，地表水通过岩层中的裂隙不断下渗、溶蚀，扩大裂隙空间，形成落水洞。水流在地下汇聚，最终形成地下暗河。随着地壳运动进一步抬升，地形高差变大，河流开始下切，地下暗河塑造的地下洞腔也随之下切、变大；地壳继续上升，地下水位下降，进而发育形成了诸多规模宏大的洞穴。这些洞穴最终互相连通，构成了一个巨大而无规则可循的地下岩石

喀斯特地貌之———云南路南石林（左平 摄）

管网系统。

实际上，许多备受关注的地貌景观都与地下暗河有关，如天坑、地缝和石柱群。地下洞穴、暗河由于地壳抬升，河水流动溶蚀河床底部，或本身地下洞体塌陷，都可能形成巨大的岩石深坑，地质学上称其为"天坑"。这一过程也可能形成一条很窄很深而两岸很陡的溪沟，即"地缝"。迷宫状的暗河系统或洞穴群由于地壳运动出露于地表，就会形成石林状地貌。如果地下水活动强烈，就会形成巨型石柱，但这种以巨型石柱为主体的峰丛地貌十分罕见。重庆兴隆天坑、广西大石围天坑、云南路南石林和四川兴文石林，均是比较著名的岩溶地貌，也是深受人们青睐的旅游观赏胜地。

栎树

碧塔海四周，苍松古栎遮天蔽日，蔚为壮观。栎树，又名橡树，是壳斗科、栎属植物的统称，该属有白栎、麻栎、栓皮栎、槲栎、枹栎等种类。栎树在全世界有300余种，广泛分布于亚洲、欧洲、北美洲及非洲大陆。栎类是中国天然林中第一大类树木，有60余种，南北各地均有分布，包括常绿和落叶类乔木及灌木。

栎树用途极广，古人砍伐栎树制作车轮，用其木材烧火。栎树落果可为众多小型鸟兽提供食物。民以食为天，栎树的果实——橡果可供人食用。上古未有农耕之前，人们就已采食橡果。它不但能够充饥，医家亦称橡果于肠胃有益，多食使人强健。《庄子·盗跖》曰："古者禽兽多而人少，于是民皆巢居以避之，昼拾橡栗，暮栖木上，故命之曰'有巢氏之民'。"其中"橡栗"即栎属植物的坚果。"有巢氏"是原始社会五氏[①]之一，生活

---

①据《中国历史大系表》记载，史前文明时期的五位重要人物为有巢氏、燧人氏、伏羲氏、神农氏、轩辕氏。

在距今约几十万年的旧石器时代早期。彼时橡栗林成为先民们的家园，昼食其果，晚宿其树。然而橡果味道微苦，至唐宋年间，此物已沦为牲畜饲料，只在困顿饥荒时人们才捡拾橡果充饥。安史之乱时杜甫逃难至甘肃，一家老小在山中靠捡拾橡果为生，因有诗云"岁拾橡栗随狙公，天寒日暮山谷里"[①]。

此外，栎树全身都是宝，在生产生活中用途很广。栎仁富含油脂，是一种具有开发利用价值的野生植物资源。栎仁中高含量的淀粉除了食用，还可用于制造乙醇，合成葡萄糖，制作纺织工业的上浆剂、石油工业的缓凝剂和堵漏剂等。栎树富含单宁，由其提取的栲胶是制革、纺织印染工业的重要原料。提取栲胶后的栲胶渣含有大量纤维，可进一步开发纸浆、木纤维等产品。经济价值较高的单宁植物有麻栎、栓皮栎等。栓皮栎还可用于制作软木等环保材料，如软木地板、瓶塞等。2010年上海世博会上，葡萄牙馆的外立面幕墙和内部展区的墙壁贴面，就是用栎树软木制成的。

由于栎树叶子入秋变成金黄或深红色，颇具观赏价值，所以栎树亦颇受西方园艺学家青睐，近年来西方园艺学家培育了多种观赏用栎树。我国栎树资源丰富，开发历史悠久。但现有栎类主要是天然次生林，本土栎树在城市绿化中应用很少，在栽培品种的选育研究方面还是空白。因此，发掘利用包括碧塔海保护区栎树在内的本土栎树资源，开展本土栎树品种选育工作，具有重要意义。

保护现状与发展问题

1984年4月，碧塔海省级自然保护区成立，以保护其自然景观及其生态系统，尤其是保护亚高山针叶林、高原湖泊水生生物、越冬黑颈鹤等。2004年，碧塔海自然保护区被列入《国际重要湿地名录》，成为云南省海

---

① 唐·杜甫：《乾元中寓居同谷县作歌七首》（其一）。

拔最高的国际重要湿地。随着保护区管理机构逐步健全，管理人员不断得到补充和培养，管理措施逐年完善，湿地内的动植物及湿地生态系统都得到了妥善保护。在香格里拉建成的天然绿色宝库，减缓了湿地退化进程，为区域经济发展提供了绿色屏障。

湿地和森林的完美融合是碧塔海的独特魅力，它吸引了众多的专业人士和中外游客前来考察或游览。湿地周边开发的探险考察和旅游线路，既可以满足专业人士科考的需要，又可以用于普通游客的科普教育，增强人们的环境保护意识。仍需注意的是，碧塔海地处高原，气候高寒，土壤贫瘠，生态系统脆弱，我们要合理控制人类的活动及影响，以实现可持续发展。

参考文献

[1]广志.著名的地下暗河及其成因[J].水利天地，2007（10）.

[2]王辰.栎树结得橡子度饥荒[EB/OL].https://www.dili360.com/nh/article/p54c8b3547030c96.htm.

[3]中国林业网.树木传奇|栎树：养人养眼的多宝树[EB/OL].https://mp.weixin.qq.com/s/JBlRvfXM7Nwb5iO7ft—bAg.

[4]王金亮，王平，鲁芬等.碧塔海景区旅游活动对湿地生态环境影响研究[J].地理科学进展，2004（05）.

[5]尹五元.碧塔海自然保护区湿地植被研究[J].西南林学院学报，2002（03）.

[6]周伟，陈宝昆.云南碧塔海自然保护区及其保护价值[A].中国生物多样性保护与研究进展——第五届全国生物多样性保护与持续利用研讨会论文集[C].2002.

"中国黑颈鹤之乡"

——大山包湿地

　　大山包湿地位于云南省昭通市西部，距城区79千米，总面积19200公顷。其地处云南东北亚高山地带，属亚高山湿地生态系统。境内有大片沼泽湿地，年平均气温6.2℃，是黑颈鹤理想的越冬栖息地。植被类型以高山草甸为主，由春到秋，山花烂漫，鹤歌燕舞，形成了"五花草甸""七彩地毯"的迷人景观。最新考察数据显示，大山包保护区内共有野生植物、重点栽培植物和外来入侵植物72科、197属、358种。昆虫共有15目、71科、223种，有1个新亚种、1个中国特有种和10个中国新种。脊椎动物有27目、65科、236种，其中鱼类2目、3科、5种（4种是引入养殖种类），两栖动物1目、3科、3种，爬行动物1目、2科、3种，哺乳动物7目、21科、63种，鸟类16目、

大山包湿地起飞的黑颈鹤（沈良启 摄）

36科、162种，数量以冬候鸟最多。2004年，大山包湿地被列入《国际重要湿地名录》。

黑颈鹤

黑颈鹤，别称高原鹤、藏鹤，是世界上最晚被发现的鹤类，也是唯一生活在高原地区的鹤类，属国家一级保护动物。《濒危野生动植物种国际贸易公约》和国际鸟类红皮书，均把黑颈鹤定为全球亟须拯救的鸟类。

黑颈鹤为大型飞行涉禽，体长约120厘米，颈、腿比较长，体羽呈灰白色，头顶前方和眼先裸露部分呈暗红色，在阳光下非常鲜艳。求偶期间，其头顶的红色皮肤会膨胀起来，十分鲜红。除了眼后和眼下方有一小块白色或灰白色斑，头部其余部分和颈的上部约2/3为黑色，故得名黑颈鹤。

黑颈鹤分布区域狭小，除了我国境内，还有极少数在不丹栖息。在印度和越南曾有过少量黑颈鹤，但现已绝迹。在我国，黑颈鹤也只生活在青藏高原和云贵高原，范围覆盖青海、西藏、新疆、四川、甘肃、云南和贵州7个省区。黑颈鹤栖息于海拔2500～5000米的高原沼泽地、湖泊及河滩地带，除繁殖期常成对、单只或小范围的家族群活动外，其他季节多成群活动，特别是在冬季越冬地，常集成数十只的大群。它们的主要越冬栖息地，是西藏南部的雅鲁藏布江河谷和云贵高原。

作为候鸟，迁徙无疑是黑颈鹤一年中的头等大事。每年早春3月，告别休养生息了一个冬天的越冬地，黑颈鹤就开始了它们的迁徙之旅。它们在高寒草甸沼泽地或湖泊河流沼泽地中选择合适的家园，于4月下旬开始繁殖幼鹤。待到9、10月份，黑颈鹤又飞离繁殖区向越冬地迁徙。迁徙中的黑颈鹤会有两种团队组合方式：一种是由亚成鹤或当年未繁殖的成年鹤组成的非繁殖集群，它们会先期离开繁殖区，结成一个20只左右的

带着幼鸟散步的黑颈鹤（杨涛 摄）

群体，排成"一"字形或"人"字形向南飞行。这个"单身"团队的飞行速度很快，一般十多天就可以到达预定的越冬地。另一种是亲鸟带着当年繁殖的幼鹤，以家庭的形式迁徙，一般是3~4只为一群，由两只亲鸟一前一后将幼鹤护卫在中间飞行，大约需要20天的时间才能抵达越冬地。这种举家迁徙的组合，其飞行速度相对慢一些，每天的飞行距离也相对要少，以便身体尚未完全发育成熟的幼鹤与雌雄亲鸟一起完成这漫长的旅程。

身高腿长、体态优雅的黑颈鹤，世世代代与青藏高原和云贵高原的各族人民生活在一起，深得当地民众的喜爱，被称作"雁鹅"，被视为吉祥之鸟。在藏族史诗《格萨尔王传》中，黑颈鹤被喻为格萨尔王神马的守护者。作为"高原仙子""高原神鸟"和藏族同胞心目中吉祥的象征，它们还时常出现在唐卡的长寿图中。黑颈鹤用黑白分明的身姿打开光线，起舞的影子被湖水擦亮，白云也赶不上它在天空中的灵动飞翔。在群山的仰望和白云俯瞰下，黑颈鹤群唱出其桀骜与高雅的和声。

黑颈鹤作为一种珍稀濒危鸟类，其生存环境和种群发展问题已经引起社会各方的高度重视。我国已在黑颈鹤繁殖地和越冬地建立了数十个自然保护区，大山包便是其中之一。云南大山包黑颈鹤国家级自然保护区是中国黑颈鹤单位面积数量分布最多的保护区，被誉为"中国黑颈鹤之乡"。

鸡公山云海

公元794年初秋，乌蒙山间的五尺道上行进着一支队伍，其领头人名为袁滋。他此行的目的地是滇西洱海畔的南诏国。受唐德宗派遣，袁滋于仲夏时节从长安出发，经四川沿五尺道进入云南。不同于以往的商贸往来或文化交流，袁滋此行将代表唐朝，前往南诏国行使册封使命。袁滋选择了从今巧家过元谋、经楚雄到达南诏国的路线。由于当时地理定位技术不发达，袁滋的队伍误打误撞走进了昭通西面的大山包。立于鸡公山悬崖边的袁滋，意识到前面无路可走，便当机立断率队走了另一条马帮行走的驿道——绕道会泽、昆明直奔南诏国。袁滋误打误撞间打通的这条道路，之后成为中原腹地和云南地区政治、经济和文化交流的交通要道。唐代以后的一千多年里，无数政要、文人以及商贾穿行于此，让儒家文化在云南生根，并逐渐与云南多元的少数民族文化相融合。

距大山包生态旅游区的跳墩河一千米处，便是曾让袁滋一行悬崖勒马的鸡公山绝壁。有诗句这样咏赞鸡公山："雄踞霄中察四维，更知星月几时回。只因有志昭天下，风雨千年亦未飞。"①云南著名作家于坚来到此地后感慨道，鸡公山的大峡谷不亚于美国的科罗拉多大峡谷，并为其起了另一个名字——雄狮大峡谷。事实上，鸡公山大峡谷比科罗拉多大峡谷还要深，可谓"千古之峡，无出其右"。

在滇东北的群峰之间，鸡公山横空出世，傲立于大山包的西部。鸡公山因形状像雄鸡头而得名，山顶上一字排开的巨石似鸡冠。它三面绝壁，屹立于荒原之上，像出鞘的长剑刺向天空。这也赋予了温柔厚朴的大山包奇崛险峻的一面——山高谷深、悬崖峭壁、怪石峥嵘、沟壑纵横、险象环生。

鸡公山下的大峡谷落差有两千多米，集雄、奇、险、峻于一体，大气

---

① 郑万才：《题大山包鸡公山》。

磅礴。谷底是炎热的河谷风光，山顶却是高寒草原，完美诠释了"一山分四季，十里不同天"的景象。当天气晴朗、万里无云时，既可俯瞰在幽深峡谷里默默奔流的牛栏江江水，亦可遥望滇东北部巧家县药山的巍峨雄姿，还可西望"云南王"龙云、卢汉的家乡——炎山的美景。

云海是大山包湿地鸡公山的绝景之一。风生云起，鸡公山在云山雾海之中若隐若现，天地连成一体。人站在高处，脚下壁立千仞。轻盈灵动的茫茫云海与大山包高原的草甸亲昵拥抱，一直到遥远的天际。云海围绕着山峰飘荡，或浓或淡，或远或近，变幻莫测。脚下浓雾密布，而头上艳阳高照，人站在高处，阳光将人影投射在浓雾上，就能在鸡公山邂逅奇特的"佛光"，如同置身于"天庭仙境"。

保护状况与发展问题

大山包黑颈鹤国家级自然保护区湿地，是中国西部江河源区海拔最高的高原湿地。该湿地不仅是许多珍稀濒危候鸟重要的栖息地和越冬地，也是候鸟迁徙路线上的中转站。

保护区内一直有数千人生活，人鸟争地的矛盾长期存在。黑颈鹤在大山包栖息时，会以农地残留的农作物种子为主要食物。迁徙时节，黑颈鹤则会大量取食当地居民刚播种的农作物种子，导致部分耕地颗粒无收，给居民带来很大的经济损失。近年来，随着人口增加和居民生活水平提高，保护区内居民自建房增多。大量住房杂乱分布在黑颈鹤夜宿地周围，居民日常的生产生活严重干扰了黑颈鹤的越冬栖息地。另外，外来游客增多产生了大量生活垃圾及生活污水，导致黑颈鹤夜宿地周边的生态环境受到严重污染，威胁到黑颈鹤栖息地的生态安全。

为了解决人鸟争地矛盾，大山包保护区管理部门采取了很多有效的措施协调人类活动，以保障黑颈鹤栖息地生境，如退耕还湿、移民搬迁等。大山包湿地生态系统的保护和管理正在逐步完善，如对当地居民开展生态补偿，加强湿地资源管理与合理开发利用，探索人口增长与农业发展新模式，提升民众的湿地保护意识，等等。

参考文献

[1]动物世界.高原之鹤——黑颈鹤[EB/OL].https://mp.weixin.qq.com/s/9rZuGbcVbx57pSDgjXEH2A.

[2]高兴国.大山包湿地景观保护与开发的对策研究[J].环境科学导刊，2008（01）.

[3]吴风志，王金亮，钟兴耀等.大山包黑颈鹤国家自然保护区湿地资源现状调查及保护对策[J].云南地理环境研究，2012（02）.

[4]徐未.昭通的天上和人间[J].中国周刊，2016（01）.

[5]旭东.因为云海，所以云南[J].晚晴，2017（07）.

[6]秀云南.鸡公山大峡谷：醉在佛光里的云深不知处[EB/OL].https://baijiahao.baidu.com/s?id=1678804804678707129&wfr=spider&for=pc.

[7]乐学楼.高原上的神鸟：黑颈鹤[EB/OL].https://www.360doc.com/content/20/0115/09/10262472_886272784.shtml.

[8]云岭先锋网."刊石纪事"话传奇[EB/OL].https://ylxf.1237125.cn/NewsView.aspx?NewsID=242518.

[9]朱晓琳，马平.大山包黑颈鹤国家级自然保护区生态补偿公众参与机制探讨[J].西南林业大学学报（社会科学），2021（02）.

茶马古道万里路　碧波荡漾照玉龙
——拉市海湿地

　　"拉市"为古纳西语，"拉"为荒坝，"市"为新，"拉市"意为新的荒坝。拉市海原为滇西北古地槽的一部分，中生代燕山运动时褶皱隆起形成陆地，至中新世成为一个准平原。从横断山脉造山运动开始，到上新世末至更新世初，玉龙雪山下这个准平原又被分割成三个相对高差在100米至200米的高原山间盆地，即拉市坝、丽江坝、七河坝。拉市海为断层构造湖，同时受到石灰岩溶蚀构造作用影响。20世纪80年代以来，当地兴修水利，后在落水洞前筑起了一座高大的堤坝，湖水从黄山哨打通的输水隧道流入丽江城区。水坝的修建，使拉市海由季节湖变成了保持一定水位的高原湖泊。

马帮

　　滇越铁路通车前，数千年的云南交通运输史，基本上就是一部人背马驮的运输史。在这纵横千里的崎岖山道上，马帮这一"高山之舟"应运而生，成为西南地区居民同外界进行物质、文化、信息交流的使者。一代代的赶马人前赴后继，年复一年地行走在险山峭壁之上。马帮既是生意人也是探险家，在渺无人烟的崇山峻岭中踩出举世闻名的"茶马古道"，用血汗浇灌出通往外部世界的生存之路、财富之路与文明之路。

　　"山间铃响马帮来"，马帮是西南地区山地的独特运输方式，蕴涵了一种独特的马帮文化。马帮文化包括马的饲养、驯化和赶马史，马店、马帮的组织结构，与其生活方式相适应的应用器物及设备，赶马过程中形成的歌谣、音乐、文学等多个方面。

　　在长期的发展过程中，为消除旅途的孤寂并防范沿途盗贼和劫匪的抢掠，马帮逐渐形成数十人至上百人、拥有几十甚至成百上千马匹的队伍。一般来说，它们有三种组织形式：第一种是家族式马帮，即全家人或全族人都投入赶马谋生的马帮，马匹全为自家所有，马帮以家族名义命名；第二种是拼凑式马帮，一般是同村或相近村寨的人，每家出几匹马，选一位德高望重且经验丰富的人做马锅头（带头大哥）；第三种是临时结成的马帮，没有固定组织，因走同一条路线或接受了同一宗业务，或者担心匪患而走到一起，聚散皆由共同需要而定。

　　马帮整日穿梭行走在大西南的山水之间，日出而行，日落而歇，由此产生了许多驿站。驿站逐渐演变成为人流、物流的集散中心，最终成为城镇，如思茅、普洱、墨江、易武、大理、丽江、祥云、腾冲、保山等。

　　赶马人四处游历，见多识广，眼界开阔，思想活跃，勇于冒险，临危不惧。他们要沉着应对土匪强盗和各种危机，知晓四季更替、天气变化，能辨东西南北，清楚骡马性情，懂得如何与沿途各族民众打交道。在货物运输及与人交往中，他们做事重义守信，果断干脆。在途中，马帮人有共同信守的规则，遇到困难相互协助，不计报酬；忌讳争抢道路、顾客和货物。

　　如今，马帮的历史已成过去，走在蜿

拉市海的茶马古道

蜒曲折、起伏不平的茶马古道，在历史与现实的恍惚里，那疾行的马蹄穿越千年，与你我相遇。那些满载帐篷、锅具、枪支的马匹，留下古老而深沉的脚印，一步一步从山里走到城市，再从城市去往山里，这样的征途远比人的一生更加遥远。马帮队伍传来的悠扬哨声里，满是茶香酒味；在人迹罕至的

晚清时期在码头等候驮货的马帮

野外，点燃一堆篝火，煮一锅晚饭充饥，搭起帐篷过夜。当晨光亮起，马帮继续上路，去往繁华，又远离繁华。

海菜花

旧时云南昆明，传诵着这样一首歌谣："海菜花，开白花，爱洗澡的小娃娃，清清的水不带泥也不带脏，莲池到处都是海菜的家……"朗朗上口的童谣，形象传达出海菜花的特点——开白花，爱清水。

海菜花又名海茄子、龙爪菜，为水鳖科、水车前属沉水草本植物，生长于水深不超过4米的河流、湖泊、池塘或沟渠中，是我国重点保护植物，曾广泛分布于广东、广西、贵州、四川、云南、海南等省区。虽然名字里有个"海"字，但它并非生长在海里。云贵地区习惯称江河湖为"海"，又因这花可以当菜吃，故称其为"海菜花"。清嘉庆年间，吴其濬在《植物名实图考》中记载："海菜，生云南水中。长茎长叶，叶似车前叶而大……水濒人摘其茎，炸食之。"

　　海菜花虽为沉水植物，但在开花时节又是极美丽的观赏植物。海菜花叶丛繁茂，沉于水下，花白如玉，叶翠绿欲滴；黄蕊白瓣小花，四季轮开，浮于水面，疏密有致，如繁星点点。其花期为5~11月，如温度适宜，可全年开花，是一种不可多得的旅游观赏资源。海菜花极具"生存智慧"，当环境改变时它会适时地改变自己的形态结构，如叶片的长短、形状等。其叶柄和花莛的长度与水的深度、水流急缓有显著关联，流速缓慢处宽阔圆润，急流处纤细修长，把适应环境的"生存智慧"发挥到极致。

　　与很多耐受污染的水生植物不同，这种清丽的花卉对环境的要求颇高。莲花出淤泥而不染，海菜花却水清则花盛，水污则花败。因此，海菜花也被作为判断水质是否受到污染的"试金石"，更被称为"环保菜"。20世纪80年代，云南的滇池、洱海等湖泊曾经遍布海菜花，后来由于水体污染，它们都消失了。

　　生于南国之水的海菜花，曾经遍布云南的水乡泽国，但因为水体污染

海菜花（马晓锋　摄）

和人类的过度利用，其在众多的河湖中销声匿迹，已被列入《中国珍稀濒危保护植物名录》。值得庆幸的是，相关机构已经开始对其进行有计划的保护与栽培，加之地方政府的水体治理，水体生态得到恢复，云南昆明等地的海菜花又在湖水中随波荡漾了。

保护现状与未来展望

拉市海自然保护区由天然高原湖泊拉市海、文海、文笔水库和吉子水库四片区组成。保护区以黑鹳、黑颈鹤、中华秋沙鸭、海菜花等珍稀濒危野生动植物及其栖息地为主要保护对象。保护区内有丰富的湿地生物资源，又是众多湿地鸟类的栖息地，不仅生物多样性丰富，而且生境多样，为一较完整的湿地生态系统。明净的湖面倒映着玉龙雪山，越冬的水鸟或安然栖息于湿地，或翱翔于天空，构成了高原湿地特有的景象。

丽江拉市海高原湿地自然保护区建立于1998年，总面积6523公顷，属内陆湿地和水域生态系统类型的小型保护区；2004年被列入《国际重要湿地名录》，还被列为我国野生动物科普教育基地及国家级陆生野生动物疫源疫病监测重点区。过去，这一景区曾经饱受过度开发的困扰：临湖建筑私搭乱建，水上娱乐设施数量居高不下，骑马项目乱收费导致投诉不断，黑颈鹤等鸟类的繁衍生息受到严重干扰。如今，拉市海保护区内的划船项目已被取消，湖面由昔日的喧嚣逐渐回归宁静。自2018年的中央生态环境保护督察开始以来，拉市海保护区按照《丽江拉市海高原湿地省级自然保护区生态旅游方案（2019—2025）》的要求，开展拉市海湿地资源的保护与合理利用工作，在确保当地群众收益的基础上，推动了拉市海乡村旅游的转型升级和健康、持续、协调发展。

参考文献

[1]李贵平,卢海林,小仙.风中铃响马帮来 漫漫江湖路和武侠般的故事[J].环球人文地理,2019(12).

[2]李贵平,清溪等.昔日的"高山之舟"那些远去的马帮故事[J].环球人文地理,2020(10).

[3]马立广,曹彦荣,李新通.基于层次分析法的拉市海高原湿地生态系统健康评估[J].地球信息科学学报,2011(02).

[4]蒋新红,杨文英.马帮——云南高原上独特的文化载体[J].楚雄师范学院学报,2007(04).

[5]王斌.净化水质的优选物种——海菜花[J].园林,2011(08).

[6]史正涛,明庆忠,张虎才.云南高原典型湖泊现代过程及环境演变研究进展[J].云南地理环境研究,2005(01).

[7]杨永平.马帮文化和云南侨乡[J].学理论,2010(10).

喀斯特型季节性沼泽湿地

——纳帕海湿地

纳帕海，藏语为"森林旁的湖泊"。纳帕海湿地地处青藏高原东南缘横断山脉三江纵谷区东部。纳帕海湿地主要以高山沼泽和沼泽化草甸为主，低纬度、高海拔，是由草甸、沼泽、水面和湖周森林构成的喀斯特型季节性沼泽湿地。该湖在地质原理上属断层构造湖。纳帕海地貌形态复杂，具有冰川地貌、流水地貌、喀斯特地貌、构造地貌等地貌类型及组合特征，除了分布有从寒武纪到三叠纪各个时代的石灰岩，还有大量的冰碛物、河流沉积物及第四纪冲积、洪积、冰碛、湖积、坡积、残积物等。纳帕海是季节性天然湖泊，水量补给主要依靠降雨、地表径流、冰雪融水和湖泊两侧沿断裂带上涌的泉水。纳帕海的水量随季节变化，冬春为草甸，夏秋为湖泊，为典型的时令湖泊。水源来自四周溪流，最后汇入金沙江。

纳帕海地处云南最西北，与青藏高原相连，位于横断山系生物地理区域的核心部位。纳帕海与周围森林植被组成

纳帕海湿地景观（丁卫东 摄）

了独特的湿地生态系统，具有特殊的生态意义和科研价值。大面积的高原淡水湿地湖泊，丰富的生物多样性，给鸟类提供了丰富的食物和适宜的栖息地，吸引了数不胜数的候鸟家族。据不完全统计，纳帕海地区共有湿地植物115种、鸟类171种，每年在此越冬的候鸟有12万只左右，其中不乏珍稀濒危物种，如黑颈鹤、黑鹳、胡兀鹫、白尾海雕等。

依拉草原

纳帕海自然保护区位于云南省香格里拉市西北部，距县城约6千米。其三面环山，地势平坦，平均海拔3266米，是一个低纬度、高海拔、季节性明显的高原沼泽湿地。该地属寒温带高原季风气候，受南北向排列的山地和大气环流影响，全年盛行南风和南偏西风。干湿季分明，11月至翌年5月为干季，6月至11月为湿季。雨季，湖水上涨，湖面开阔；旱季，湖水则通过西北角的水洞泄入地下河，形成大面积的浅水沼泽和沼泽化草甸。

依拉草原是香格里拉地区最大最美的草原，"依拉"藏语意为"豹山"。6~8月份的依拉草原，宛如碧波荡漾的海洋，上面浮满数不清的野芍药、野菊及其他香花野草，它们与秀丽的纳帕海、古朴的村落相映成趣。

风景如画的依拉草原与高耸入云的石卡雪山彼此相望。"石卡"一词为藏语，含义为"有马鹿的山"。马鹿是藏传佛教中的吉祥动物之一，代表吉祥长寿，扶正祛邪。因此，石卡雪山是香格里拉地区藏族同胞心目中的保护神。依拉草原是天然的优质高山牧场，成群的牛羊在一望无际的草原自由自在地吃草，一派"风吹草低见牛羊"景象。依拉草原上的那曲河、奶子河等10余条河，流经草原注入纳帕海，形成了纳帕海高原湿地。湖在草原，草原在河畔，使纳帕海别具诗情画意。

白尾海雕

白尾海雕（来源：*The Illustrated Encyclopedia of Birds*）

白尾海雕是大型猛禽，体长84～91厘米，翼展193～244厘米。成鸟多为暗褐色，后颈和胸部羽毛为披针形，头、颈羽色较淡并呈沙褐色或淡黄褐色，嘴、脚呈黄色，尾羽呈楔形纯白色。白尾海雕的平均体重在所有掠食性猛禽中可以排到第四位（仅次于虎头海雕、哈佩雕、菲律宾雕），平均翼展则排在第一位。

白尾海雕多活动于江河、湖泊、海岸、岛屿及河口沼泽地区。其分布非常广泛，整个欧亚大陆都是它们的猎场。其繁殖地分布横跨冰岛、格陵兰岛、欧洲到俄罗斯东部，从北极圈到我国东北、日本北海道。繁殖期间喜欢栖息于长有高大树木的水域或森林地区的开阔湖泊与河流地带。冬季的时候，最南会出现在印度北部、巴基斯坦、缅甸等地。

白尾海雕的食性广泛，主食鱼类和水鸟。它们视力很好，常在水面低空飞行，发现鱼后用爪伸入水中抓取；抓起升空过程中，会调整鱼身方向，将鱼头向前与雕身平行，以减少飞行时的空气阻力。此外，它们也吃野鸭、大雁、天鹅、雉鸡、鼠类和狍子等。白尾海雕常在高大挺拔的树木上或海边隐蔽的悬崖上筑巢。它们的巢很大，通常会被重复使用，有时一个巢可用数十年，以至于树干不堪重负。

作为优秀的掠食者和灵活的"机会主义者"，白尾海雕能适应各种环境，在20世纪它们却经历了严重的生存危机。白尾海雕的羽毛是工业生产及装饰用品的重要原料，人类为了获利，对其进行了大肆捕猎。生境破坏，特别是大量水利工程建设和过度的森林砍伐，让白尾海雕失去了很多繁殖地。有机氯农药和重金属污染，也使得白尾海雕的繁殖成功率显著下降，结果是其在欧洲多地的数量快速减少，甚至出现了区域性灭绝。尽管采取了重引入和一系列的保护措施，欧洲各地的白尾海雕种群渐渐恢复，但很多威胁其生存繁衍的因素依然存在。

作为国家一级保护动物，生活在我国有关地区的白尾海雕处于生态系统食物链的顶端，对维持生态平衡具有重要作用，同时在消灭农林害鼠害虫、保护林木和农田等方面也具有重要意义。希望在我们的共同努力下，作为"天空之王"的白尾海雕能够真正归来！

纳帕海湿地的开发与保护

纳帕海湿地生态系统自身的演化、发展与人类的需求之间存在一定的差距，湿地环境和人类利用之间不可避免地产生矛盾。20世纪三四十年代，纳帕海周围山地森林茂密，沼泽湿地连绵成片，周围居民密度小，环境受人为活动干扰少。到了20世纪60年代，为扩大耕地面积和冬季草场，人们炸开落水洞，扩大出水口，并在湖区中间开挖排水沟，纳帕、春宗等村庄也从山上搬迁到湖边，使纳帕海水体缩小速度加快，沼泽面积也因此减少。此后30年，纳帕海周边山地森林成为当地主要伐区，灌丛荒坡的面积不断增加。

后来，随着人口增长和旅游资源开发，这个曾默默无闻的地方变成了热门的旅游景区，人类对湿地环境的干扰和破坏日趋严重。马匹粪便和旅游垃圾等废弃物不断增加，直接污染了湿地水资源。马匹和游客的过度践踏，也造成土壤板结和植被破坏。无序旅游、过度放牧、水体污染是目前威胁纳帕海湿地生态的三大要素，纳帕海湿地生态系统退化明显。

可喜的是，近年来通过实施天然林保护等政府项目，纳帕海周围山地的植被逐渐恢复，但因当地海拔高、冬季漫长以及植物生长缓慢，要恢复到过去的原生态植被状态仍需要很长时间。根据纳帕海湿地的主要特征及变化特点，相关部门应积极开展对纳帕海湿地的科学研究，集中进行污水治理、垃圾处理，加强宣传教育，建立健全相关保护措施，综合开发利用多种资源，在保护优先的原则下，对其进行合理有序的开发利用。

参考文献

[1]华凌，闫欣."天空之王"白尾海雕[J].科学之友（上半月），2019（02）.

[2]昆明信息港.天堂太远，我们还是去香格里拉纳帕海吧[EB/OL].https://mp.weixin.qq.com/s/M4uQAErYBihuYo09TOU7UQ.

[3]桃虫在野.严冬使者——白尾海雕[EB/OL].https://mp.weixin.qq.com/s/baZqjL2MljO_zbZo0YS7OA.

[4]田家龙，黄海娇，张明明等.我国白尾海雕种群与分布状况[J].林业科技，2018（05）.

[5]田昆，陆梅，常凤来等.云南纳帕海岩溶湿地生态环境变化及驱动机制[J].湖泊科学，2004（01）.

[6]田昆，莫剑锋，陆梅等.人为活动干扰对纳帕海湿地环境影响的研究[J].长江流域资源与环境，2004（03）.

[7]田昆.云南纳帕海高原湿地土壤退化过程及驱动机制[D].中国科学院研究生院（东北地理与农业生态研究所），2004.

甘蒙新区

甘蒙新区地处我国西北干旱区，深居内陆，大部分区域位于东南季风的边缘，降水量不高，蒸发量大，湖水补给量不足。该区域湿地多为内陆湖泊湿地，因蒸发作用强烈，多数湖水矿化度都很高，故咸水湖、盐湖、淡水湖泊湿地兼而有之。由于远离海岸，这里气候干燥，夏季炎热、冬季严寒，湖泊存在3~4个月的冰冻期。近几十年来，人类活动如湖泊湿地上游的不合理用水、植被滥伐等，导致该区域湿地盐碱化、水质恶化。

该区域共有8个国际重要湿地，其中甘肃4个，分别是尕海、张掖黑河、盐池湾、黄河首曲国际重要湿地；内蒙古亦4个，分别是达赉湖、鄂尔多斯、大兴安岭汗马、毕拉河国际重要湿地。甘肃的多数湿地海拔很高，具有明显的青藏高寒区湿地特点，如尕海、黄河首曲湿地等。内蒙古的多块湿地除了具有干旱区湿地特征，亦有明显的东北区湿地特征，如以泥炭沼泽为主的大兴安岭汗马湿地。

全球保存最完好的泥炭地

——甘肃黄河首曲湿地

　　甘肃黄河首曲湿地是青藏高原具有代表性的高寒沼泽湿地。湿地内有23条一级支流，300多条二、三级支流汇入黄河，是黄河上游重要的蓄水池。湿地类型多样，有沼泽、泉水、湖泊、滩地、河流等。湿地植物有明显的垂直地带性分布：海拔3300～3700米处是以线叶嵩草为建群种形成的嵩草草甸，海拔3700～3900米处是以矮生嵩草为建群种的矮生嵩草草甸。药用植物有200多种，主要有冬虫夏草、川贝母、雪莲、秦艽、党参、羌活、大黄、红毛五加、黄花蒿、甘青乌头、黄芪、车前等；国家重点保护野生植物有冬虫夏草、星叶草等。首曲湿地有"高原水塔""黄河蓄水池""亚洲一号天然牧场"等美誉。

"九曲黄河第一弯"

　　河曲就是河流弯弯曲曲流淌的形态，也称"蛇曲"。如果河流弯曲流淌超过180度，甚至接近360度很像希腊字母"Ω"时，就会别具美感，如位于丽江市石鼓镇与香格里拉市南部沙松碧村之间的"万里长江第一弯"。黄河首曲就因其别具形态的弯曲美感，被称为"九曲黄河第一弯"。

　　黄河从巴颜喀拉山的鄂陵湖流出，向东南方向一路奔腾而下，在甘肃省玛曲县境内绕了一个"C"形大转弯，复流入青海省境内，形成了久负盛名的"九曲黄河第一弯",这是黄河达到180度的三个大弯之一。在这一大弯里,黄河整整走了433千米,玛曲县就被这一大弯所环抱。

从成因类型上看,多数河流都是由下游往上游溯源侵蚀扩展而成。因此,从另一角度来看,也许并不是黄河向下寻找出路才形成九曲黄河第一弯,而是黄河向上切穿龙羊峡,导致若尔盖的西来之水又反向复流于黄河。黄河把来自青藏高原冰川和湖沼的丰沛水源纳入自己的怀抱,才成为上至世界屋脊下至浩瀚汪洋的万里长河。

历来为人称颂的黄河,水自天上来,绵长又壮阔。黄河首曲却显得平静而婉约,慢悠悠地在草地上缓步徐行,支流横生,网道错杂。小水道在草原上兜兜转转,迎着晨光和晚霞一路前行,与禽鸟和雨雾打过招呼,懒洋洋地伸伸腰,又从雪山脚下缓慢迂回流淌。因为迂回与慵懒,流水在此地囤积,从进入玛曲到流出玛曲,黄河水量增加了45%。每年夏季水量充沛时,地表就浮起大片沼泽湿地,有大群的天鹅、灰鹤栖息于此。同时,这里植被良好,水源丰沛,近百种牧草生长于此,为食草动物提供了丰富的食物。

最令人叫绝的是西梅朵合塘,它位于玛曲县城以西120千米处,夏季到来时,这里是名副其实的花的海洋。7月中旬,这里遍开黄色的金莲花,放眼望去,绵延数十千米,似是金毯铺成的仙境。到8月间,金莲花悄然

黄河第一弯——首曲(陈锐权 摄)

隐退，天蓝色的龙胆花又铺天盖地地绽放，天地一色。另外，采日玛日出也是来"黄河第一弯"的必看项目。清晨，旭日从碧绿的"大地毯"上缓缓升起，万道霞光如缕缕金线，穿透晨雾，洒向绿茵茵的采日玛草原。在辽阔的草原上，处处可见日出。而年复一年在变幻的，只有天上的云，还有啃食着时光的风。

黄河上游蓄水池

藏语里称黄河为"玛曲"，玛曲县地处甘南藏族自治州，它是我国唯一一个以黄河命名的县。黄河首曲湿地以朗曲乔尔干为中心，主要分布在玛曲县的曼日玛、采日玛、齐哈玛、阿万仓四乡镇及河曲马场、阿孜畜牧试验站。玛曲县境内的大小湖泊和沼泽，是黄河重要的水源补给区，因此玛曲县也被誉为"黄河之肾"。蜿蜒流淌的黄河水，在这里获取了充分的滋养。首曲湿地对调节黄河水量和泥沙量、维持区域生态平衡等，有着不可低估的作用。

这里的黄河水清澈见底，河底卵石清晰可见，完全不存在"跳进黄河也洗不清""一碗黄水半碗泥沙"之说。温柔的黄河水从远处山峦间流来，又向草原深处流去。一阵晨风吹过，淹没牛羊的低鸣，携霞光里流动的温暖，掀动帐篷的边帆。湖泊荡起涟漪，倒映着天上的云彩，极目远眺，水天一色。

玛曲县有1288万亩草地，草地占全县土地总面积的89.54%，被称为"亚洲最优良的牧场"。玛曲县境内星罗棋布的湖泊和沼泽湿地，构成了黄河上游完整的水源体系，使此地成为黄河上游重要的水源补充区和调蓄区。水文资料显示，20世纪80年代以前，黄河干流在玛曲入境时的径流量为38.9亿立方米，出境时则达到147亿立方米，径流量增加了108.1亿立方米，占黄河源区总径流量的58.7%，占黄河流域总径流量的16.7%。从水文地理来看，黄河进入玛曲时的年径流量仅占黄河年总流量的20%，而黄

河流出玛曲时的年
径流量已达黄河年
总流量的65％，这
使玛曲成为黄河上
游最重要的水源地。

　　黄河发源于青
海，但成河于玛曲，
玛曲也因此被誉为
"高原水塔""黄河
蓄水池"。玛曲草原

首曲湿地景观（张素笙 摄）

与湿地共生并部分重叠，约占玛曲面积的90％，被誉为"亚洲第一天然优
质牧场"。草场与湿地的相互依存共生，进一步增强了玛曲的生态服务功
能。玛曲湿地是青藏高原湿地面积较大、特征明显和最具代表性的高寒沼
泽湿地，也是世界上保存最完整的湿地之一。

首曲湿地保护

　　著名泥炭学家、国际泥炭协会秘书长汉斯2005年到首曲湿地开展科
考活动时说，甘肃黄河首曲湿地的泥炭资源，是他所见到的国际上保存最
原始、最完好且没有受到人为破坏的泥炭地。这里自然遗产和人类的历
史文化遗产保存完好，互相融合，具有重要的生态服务功能和独特的文化
价值。

　　玛曲以前有湿地45万公顷，现有所减少。过去一段时期，由于人为
因素和自然因素的双重影响，玛曲湿地的水土流失、草场退化、干旱及荒
漠化现象比较严重，地下水位下降了20多米，玛曲境内已有数千眼泉水干
枯，黄河的27条主要支流中已有11条常年干涸。

　　超载和过度放牧是导致草原退化、沙化的主要原因。玛曲草原看起来

生机盎然，其实十分脆弱——草原上只覆盖着一层10厘米左右富有营养的黑土层，黑土层下面就是沙土，剥掉黑土的地方很快就会变得寸草不生。长期的超载和过度放牧使草原植被逐渐退化，如果在退化的牧场上继续放牧，草原将被彻底沙化。

为了保护首曲湿地以及黄河上游的生态环境，玛曲县施行退牧、定额放牧，同时进行封山育林和封地保湿，将湿地内的牧民搬迁并进行转产安置。目前中央财政已设立生态补偿专项基金，对玛曲的重点生态保护和建设区进行生态补偿，同时建立和推进流域生态服务补偿制度，加快水资源税费制度改革。随着黄河流域生态保护措施的有效实施，首曲湿地的生态系统正在向好的方向发展。

参考文献

[1]后源，郭正刚，龙瑞军.黄河首曲湿地退化过程中植物群落组分及物种多样性的变化[J].应用生态学报，2009（01）.

[2]王静，尉元明，孙旭映.过牧对草地生态系统服务价值的影响——以甘肃省玛曲县为例[J].自然资源学报，2006（01）.

[3]王素萍，宋连春，韩永翔等.玛曲气候变化对生态环境的影响[J].冰川冻土，2006（04）.

[4]姚玉璧，邓振镛，尹东等.黄河重要水源补给区甘南高原气候变化及其对生态环境的影响[J].地理研究，2007（04）.

[5]张爱平，钟林生，徐勇等.基于适宜性分析的黄河首曲地区生态旅游功能区划研究[J].生态学报，2015（20）.

我国最大的黑鹳种群栖息地

——甘肃尕海湿地自然保护区

　　甘肃尕海湿地自然保护区地跨黄河和长江两大水系，位于青藏高原、黄土高原和陇南山地的交会处。它既是黄河中上游最大支流洮河的发源地，也是长江水系白龙江的发源地。尕海湖，藏语称"姜托措钦"，意为"高寒湖"，当地牧民称其为"高原神湖"。尕海湖所在的地域，藏族同胞称"措宁"，意为"牦牛走来走去的地方"。其生境类型属西南峡谷区、黄土高原和青藏高原的过渡带。土壤类型

尕海湿地中的水生蓼（陈有顺 摄）

为高山草甸土、灰褐土、泥炭土和沼泽土。因自然环境优越、自然资源丰富，这里成为各种野生动植物理想的栖息、繁衍和生长场所，是青藏高原东部生物多样性的热点地区之一。

则岔石林地质公园

青藏高原的高寒区喀斯特，海拔在3000米左右，为我国独有的硅灰岩地貌。则岔石林地质公园，距甘南州碌曲县城53千米，面积达2万公顷，因地壳上升形成。长年累月的风雨剥蚀，流水冲刷，造就了则岔地区形态各异的奇峰怪石。地质公园内有猴子窥月、玉女老妪、将军峰、和尚石等奇峰怪石，石林以险、峻、奇著称，被誉为"高原仙境"。

斧劈刀削般的则岔石林，有鬼斧神工的奇特造型，号称具峨眉之秀、华山之险、泰山之雄、黄山之奇，可与昆明路南石林媲美，与四川九寨争秀。在藏族同胞看来，则岔石林的每一座山峰，都与藏族人民的英雄之神格萨尔王的故事有着密切联系。保护区内有"石门一线天"，它长近百米，隐于壁立千仞的石峰间。则岔河从中奔腾而出，有一夫当关、万夫莫开之险。相传此"一线天"为藏族史诗中的英雄格萨尔用剑劈开，是进入石林的唯一通道。如今，石壁上还留有马蹄印痕，相传为格萨尔坐骑所留。

则岔石林地质公园主要有三个地质遗迹景观区：则岔河谷地质、则岔石林地质、南部高山草原地质旅游景区。园内喀斯特地貌可分为三大类型，即石林、峡谷和溶洞。地质构造、节理、裂隙的发育，岩石胶结程度的差异性，为喀斯特地貌的形成奠定了基础。在流水溶蚀、寒冻剥蚀和风吹雨淋等外营力的共同作用下，这里的喀斯特岩溶地貌进一步发育，具有基岩陡壁多、石林石柱多且高大、洞穴少且连通性差、规模小的北方岩溶特点。可以说，在漫长的地质演化过程中，内外地质营力共同作用形成了则岔石林。

则岔石林是不可再生的地质自然遗产。在这里，得天独厚的自然旅游资源与以藏传佛教文化、格萨尔王文化为主的人文景观融为一体，自然生态与人类文明共生，使其成为不可多得的观光旅游、休闲度假、科研教学"圣地"。目前，国内外对中国喀斯特地貌的研究主要集中在热带、亚热带地区，如云南昆明路南石林。得益于特殊的地理位置和典型的高寒喀斯特地貌，则岔石林地质公园是对中国南北方岩溶地貌进行系统对比研究的极佳场所。

桃儿七

桃儿七，名字唯美动听，原因是它开出来的花与桃花很像。它的花一开就是两朵，所以又被称为"双生花"。它们生长于海拔2200～4300米的林下、林缘湿地、灌丛或草丛中，喜欢冷凉而湿润的气候环境。在我国，主要分布在云南、四川、西藏、甘肃、青海、陕西等省区。桃儿七属是单种属植物，全球仅有1种。

桃儿七俗名鬼臼、桃耳七、小叶莲等，为小檗科、桃儿七属多年生草本植物。植株一般高20～50厘米，较为低矮。根状茎粗短，有节，周围分布有很多须根。茎部为单生的直立茎。叶子一般长在茎部，一次只发两片。浆果为橘红色椭圆形，种子为红褐色卵状三角形。与很多植物先展叶后开花不同，桃儿七是先开花后展叶。花期一般为5～6月份，根据地方年均气温不同，花期会有所变化。

桃儿七可以自花授粉，即花尚未开放或刚开放时，雌蕊呈直立状，而一旦完全开放，子房柄会逐渐发生弯曲，整个雄蕊靠向某一花药，从而使柱头和花药黏合实现传粉。当传完粉之后，雄蕊又重新直立，受精作用也随之完成。因其生活在高寒地区，昆虫较少，这种不依靠媒介实现的自花授粉，可以保障其繁殖成效。

桃儿七的根、茎、叶和果实均是民间草药。其根和茎味苦、微辛、性温、有毒，药效奇特，具有祛风除湿、活血止痛、祛痰止咳之功效，民间将其用于风湿痹痛、跌打损伤、月经不调等。这在《西藏常用中草药》《甘肃中草药手册》《陕西中草药》等药典中都有记载。作为重要的中草药之一，桃儿七根茎含有鬼臼毒素等多种毒性成分。早在1953年，美国就将桃儿七提纯，制成药品用于抗癌。桃儿七的果实胎座含有糖分，味道甜

桃儿七

美，在其果实成熟之际，香格里拉市的藏族同胞采摘其果实鲜食，或晾干后食用。桃儿七新鲜果实的果汁可以涂抹烧伤、烫伤、生癣的皮肤。据说，桃儿七新鲜果实的果汁还具有美容作用。除了是名贵药材，桃儿七还具有较高的观赏价值。桃儿七初夏开花，先花后叶，花朵粉红娇美，亭亭玉立，可作盆栽观赏，具有较高的园艺开发价值。

因桃儿七医用价值高，随着桃儿七药用需求增大，人为乱采滥挖现象比较严重。目前桃儿七植株日益稀少，自然种群急剧下降，分布区也日渐缩减，面临濒危境地。为了保护桃儿七，我国已在太白山建立自然保护区，严禁采挖，为桃儿七的数量恢复起到了一定作用。陕西太白山中草药遍地，药用历史悠久，俗话有："太白山上无闲草，满山遍野都是宝。认得作药用，不识任枯凋。"千百年来，桃儿七就是当地人口口相传的名贵药材之一。在太白山，桃儿七常生长在糙皮桦林下，多与大花糙苏、落新妇、升麻、赤芍药等伴生。

现在，桃儿七已被列入中国《国家重点保护野生植物名录》和《中国植物红皮书——稀有濒危植物》，也被列入《濒危野生动植物种国际贸易公约》(CITES)附录，是国家重点保护植物。为保护野生桃儿七资源，一些学者开始研究它的人工栽培种植技术，部分地区已开始人工栽植。有关方面应尽快出台措施，引导当地群众开展规模种植，产生规模效益，同时加强野生桃儿七的生境保护，避免其继续恶化。

保护现状与发展情况

尕海草原，是亚洲最优良的草场之一。盛夏时节，这里天高云阔，水草丰美，牛羊肥壮，气候凉爽宜人。辽阔的草原围绕着浩渺的尕海湖，黑颈鹤、灰鹤、天鹅等珍禽遍布湖边草滩。这里是中国少见的集森林、野生动物、高原湿地、高原草甸等多重功能于一体的珍稀野生动植物自然保护区，具有重要的生态价值、保护价值和科研价值。1998年，国务院批准尕海则岔自然保护区为国家级自然保护区；2011年，尕海湿地被列入《国际重要湿地名录》。该保护区海拔在2900～4400米之间，高差达1500米，属于青藏高原湿润气候区。特别值得一提的是，尕海湿地是鸟类迁徙的必经之处，每年春秋季有数以万计的候鸟到此歇脚和繁殖后代，享有"鸟类乐园"的美称。

甘肃尕海湿地自然保护区的主要保护对象有5类：一是以珍稀野生动物资源如黑颈鹤、黑鹳、灰鹤、大天鹅及雁鸭类为主的候鸟及其栖息的湿地生态系统；二是以紫果云杉为优势树种以及以星叶草、桃儿七、冬虫夏草等为代表的高山森林、野生植物及其生态系统；三是以林麝、梅花鹿、蓝马鸡等为代表的森林野生动物及其生态系统；四是以垂穗披碱草等优质牧草组成的高山草甸；五是以金雕、胡兀鹫为代表的草原野生动物及其生态系统。

20世纪50年代以后，随着人口的不断增加和经济发展，当地居民对草地资源的利用重取轻予，超载放牧，造成植被覆盖度下降，地表裸露，草场荒化、沙化、盐渍化，水土流失加剧，河水流量剧减等一系列的生态环境问题。为了从根本上解决湿地周边生态环境日益恶化的局面，当地政府和林业部门通过各种途径进行了不懈的努力，如实行草场承包和围栏工程，修建引水渠道，用制作宣传标牌、散发材料、张贴标语等方式，深入乡村、牧场、社区开展相关宣传教育工作。通过向保护区群众和社会各界宣传有关自然资源保护的法律法规、政策知识，使保护区内及其周边的农牧民群众逐步认识到生态保护和建设的重要意义，当地居民保护环境的自觉性大大提高。

参考文献

[1]马斌.甘肃甘南尕海—则岔国家级自然保护区有效性评价[D].兰州大学，2016.

[2]马维伟，王辉，李广等.甘南尕海湿地退化过程中植被生物量变化及其季节动态[J].生态学报，2017（15）.

[3]王元峰，王辉，马维伟等.尕海湿地泥炭土土壤理化性质[J].水土保持学报，2012（03）.

[4]徐家红，鄢志武，柳晓丹.则岔石林地质公园喀斯特地貌类型及形成机制[J].干旱区地理，2018（05）.

[5]宜花得木.国家Ⅱ级珍稀濒危植物 | 药效奇特、犹如莲花的桃儿七[EB/OL].https://baijiahao.baidu.com/s?id=1659609794965509578&wfr=spider&for=pc.

[6]虞泓.珍稀植物 桃儿七[J].植物杂志，1999（03）.

中国地貌景观之都　西北地区生态屏障

——张掖黑河湿地国家级自然保护区

　　张掖黑河湿地国家级自然保护区位于黑河中游，地跨甘肃省张掖市甘州区、临泽县、高台县三个县区。保护区地域狭长，处在河西走廊中段、青藏高原和蒙新高原的过渡地带，地理位置独特。保护区主体地貌为河谷平原，海拔1200～1500米，呈条带状分布，北部为戈壁平原，邻近巴丹吉林沙漠；南部为祁连山荒漠戈壁。该区生态系统由内陆山地、荒漠、绿洲三个子系统构成，生物多样性突出。保护区深居内陆，降水稀少，气候干旱，蒸发量大。境内湖泊、沼泽、滩涂星罗棋布，湿地植物茂盛，为野生鸟类繁衍生息创造了得天独厚的条件。保护区地处我国鸟类迁徙三

张掖城市湿地博物馆大楼远眺（陈克林　摄）

条路线的西线中段，是鸟类栖息、繁殖、中转之地，也是全球九条候鸟迁徙通道之一的东亚—印度通道的中转站，更是西北地区重要的生态安全屏障。

张掖——中国地貌景观之都

张掖，因西汉时"张国臂掖，以通西域"而得名，历史上又称"甘州"。古人称张掖扼河西之咽喉，似金城之汤池。其地理位置极具战略地位，物产丰饶，素有"金张掖"之美誉。"不望祁连山顶雪，错将张掖认江南"，其山水之灵秀可与江南一比。除了享誉中外的丹霞地貌，张掖还拥有大峡谷、湿地、草原等景观，集千娇百媚于一身，于苍茫荒凉中展现着蓬勃的生命力，是名副其实的中国地貌景观之都。

张掖的丹霞地貌是由红色砂砾岩经长期风化剥离和流水侵蚀，大约于200万年前发育形成的众多孤立山峰和陡峭的奇岩怪石。它是中国发育最大最好、地貌造型最丰富的地区之一。其窗棂式、宫殿式丹霞地貌，是丹霞地貌中的精品。丘陵色彩之缤纷、面积之广阔冠绝全国。因此，张掖丹霞地貌是我国干旱地区最典型的丹霞地貌。

张掖北部为山地及荒漠地带，浩瀚无垠，连绵百里，地广人稀。这里仅有一个乡，即平山湖蒙古族乡。平山湖，乍听会以为它是一个湖，其实它是一个大峡谷。平山湖大峡谷整体地质属红层地质，呈暗红色。峡谷以沙石为背景，呈圆锥状，从谷底到山顶分布着各个年代的生物化石。

祁连山的冰雪融水，汇成潺潺溪流，聚于河谷后奔腾而出，便形成了黑河。黑河不黑，一弯清水厚爱张掖，孕育出河西走廊最为富庶的张掖绿洲。黑河古称弱水，它发源于祁连山北麓，春夏之交，冰川雪水叮咚，集成万千溪流，从无数山岭皱褶中潺潺流出，流经青海、甘肃、内蒙古三省区。就在张掖，成就了黑河湿地。一城山光，半城塔影；连片芦苇，遍地古刹。四季景色宜人：春天碧波荡漾，水鸟栖息；夏天连片芦苇，翠色浓郁；秋天荻花摇曳，风景如画，牛羊成群；冬季千里冰封，白雪皑皑。一年四季，张掖这片沃土都充满着不竭的生机与活力。

张掖拥有"中国最美六大草原"之一的康乐草原，有全球最大的皇家马场。在西部，在甘肃，在河西走廊，同样可以领略到"天苍苍，野茫茫，风吹草低见牛羊"的瑰丽景象。自汉代至明代，万里长城在张掖境内绵延起伏。张掖的长城虽没有八达岭的雄伟，却少了人为的修饰，多了历史的沧桑。经历了两千年的风霜雨雪和烽火狼烟，它依旧巍然屹立。

在这里，雪花飘落的祁连雪峰，伟岸的身姿傲然矗立；辽阔无垠的大漠戈壁，于驼铃声里显现生机。当然，这里也有江南柔情的小溪流水，勾起旅人的乡愁。还有那黑河落日，连绵的长城，五彩缤纷的丹霞，钟灵毓秀的湖泊湿地……无不在诉说着张掖的故事。

张掖，远离繁华的东部经济发达地区，也不是许多人憧憬的遥远边塞。张掖之美，不仅是丹霞与雪山，还有彩丘、河流、森林、草原、花海、古城、石窟、鼓楼、农田、城镇……金城张掖，不知还有多少视野之外的极致，等待着人们去探索和发现。

祁连山——中国腹地的生态屏障

"失我焉支山，令我妇女无颜色；失我祁连山，使我六畜不蕃息。""祁连"为匈奴语，匈奴称呼"天"为"祁连"，祁连山即"天山"之意，后泛指甘肃、青海之间在地质或地貌上相连的一系列山脉。

"马上望祁连，连峰高插天。西走接嘉峪，凝素无青烟。对峰拱合黎，遥海瞰居延。四时积雪明，六月飞霜寒。……"受高原寒冷气候的影响，祁连山在海拔4200米以上的高山地带，终年积雪不化，储水量达1300多亿立方米。祁连山的北部冰雪融化，成为黑河、石羊河、疏勒河、北大河、党河五大水系的源头，是河西走廊一带的主要水源。

祁连山地貌涵盖高山、冰川、森林、草原等，海拔在2000～5000米，是我国生物多样性保护优先区域。从太平洋远道而来的东南季风，裹挟着暖湿的水汽，在祁连山的阻拦下耗尽了最后的力气。我国东部季风区与西北干旱区的分界线，就在祁连山的中部。祁连山东西长约1000千米，沟壑纵横，连绵起伏，绵亘不绝。一旦进入祁连山脉，就仿佛进入了一个神奇的魔幻世界——你可以在牧草丰美的山谷里，看那山间羊群像白云一样飘动；也可以在白雪皑皑的山岭上，感受六月飞雪的奇景；还可以在林海间徒步穿越，听那林海涛声。沿着祁连山的山体，自东南向西北一路行进，降水逐渐减少，周围的景色也从森林逐渐过渡到草原，最后是戈壁荒漠。

　　祁连山南高北低的地势和海洋季风造成南北巨大差异，祁连山南北最宽处的跨度为300千米。北部开阔，多为平原，干旱而温暖，人口密集，农业规模较大；南部为山地，湿地、河流密布，海拔高，天气寒冷，人口稀少，为广阔的牧场。祁连山北部依次分布着武威、张掖、酒泉、嘉峪关、玉门、敦煌六座历史文化名城，它们均是古代丝绸之路上的明星城市。因此，该地段人类文化遗产比较集中。南部则有德令哈、西宁、海东等市，同时分布有大面积的自然湿地和湖泊。其中青海湖、哈拉湖、尕海、金子海、茶卡盐湖、吉乃尔盐湖等，属于广义的自然遗产，同样吸引着大量游客、科研人员和户外探险者。

祁连山下的羊群（尤鲁青 摄）

祁连山植被的垂直地带性规律明显。自上到下，其景观分布带大致为高山冻原、森林、灌丛、草原和荒漠。由于祁连山山系绵延上千千米，因此东、中、西部的植被垂直带存在一定差异，阴坡和阳坡的植被也有所不同。有意思的是，植被带的垂直变化在一定程度上也影响着动物种群分布。以雪豹、岩羊和盘羊为代表的高山裸岩动物群，成为高山之上的居民；以甘肃马鹿、蓝马鸡为代表的森林灌丛动物群，活跃在丛林里；以黄羊、秃鹫、喜马拉雅旱獭为代表的草原动物群，在草原上若隐若现；以野双峰驼、沙鸡、沙蜥为代表的荒漠动物群，则成为西部地区的独特物种。

祁连山素有"万宝山"之称，蕴藏着种类繁多、品质优良的矿藏，有石棉矿、黄铁矿、铬铁矿及铜、铅、锌等多种矿产。作为中国腹地的一条生态屏障，祁连山一直默默地保护着在此繁衍生息的各种生命。2017年，祁连山被正式纳入国家公园体制试点方案，人类开始用自己的方式，去保护祁连山和这里的生物及生态系统。

保护现状

张掖黑河湿地国家级自然保护区始建于1992年，原名为高台县黑河流域自然保护区；2004年，甘肃省人民政府批准成立甘肃高台黑河湿地省级自然保护区；2011年4月，被晋升为国家级自然保护区，更名为张掖黑河湿地国家级自然保护区；2015年10月，被列入《国际重要湿地名录》。区内湖泊、沼泽、滩涂星罗棋布，有天然湿地和人工湿地2大类，河流湿地、湖泊湿地等4个类型，永久性河流、季节性河流等11个类别。这些湿地，既有涵养水源、调节气候、净化水质、防风固沙等多种生态功能，又可以减轻沙尘暴危害。它们既是阻挡巴丹吉林沙漠南侵的天然屏障，也是流域人民繁衍生息和经济社会可持续发展的重要依托。

区内的主要土地类型有河道、河漫滩、沼泽、水泛地、湿地、水库、盐碱地、公益林、国营林场、戈壁、沙漠等。湿地类型多样，主要有永久性河流、季节性河流、洪泛平原、永久性淡水湖、季节性淡水湖、草本沼泽、灌丛湿地、内陆盐沼共8个类别的天然湿地。保护区内动植物资源非常丰富，尤其是黑河中游的甘州、临泽、高台三县区，是我国候鸟迁徙西线的必经地，生物多样性丰富，具有西北内陆地区其他城市不可多得的自然禀赋。迁徙季节，大批候鸟成群结队，历尽艰难险阻，不远万里，来到黑河湿地停歇觅食。

参考文献

[1]杜巧玲，许学工，刘文政.黑河中下游绿洲生态安全评价[J].生态学报，2004（09）.

[2]海北新媒.祁连山：一座伸进西部干旱地区的"湿岛"[EB/OL].https://mp.weixin.qq.com/s/LB_Ldk20usxwEZrwKeDRTA.

[3]张志强，徐中民，程国栋等.黑河流域张掖地区生态系统服务恢复的条件价值评估[J].生态学报，2002（06）.

[4]张志强，徐中民，王建等.黑河流域生态系统服务的价值[J].冰川冻土，2001（04）.

[5]张华，韩武宏，宋金岳等.祁连山国家公园生境质量时空演变[J].生态学杂志，2021（05）.

[6]中国国家地理.祁连山，有多重要？[EB/OL].https://mp.weixin.qq.com/s/ceYejJBuAVPslJbMJObeAw.

典型的高原湿地　原始的生态宝库

——甘肃盐池湾湿地

　　甘肃盐池湾湿地地处祁连山西端，青藏高原北缘，地貌多样，气候类型复杂。山地气候具有明确的垂直地带性，自下而上有亚湿润高寒气候区及干旱、半干旱气候区，由此形成了不同的地带性植被和生物群落。湿地土壤类型以高山草原土为主，其次是高山寒漠土、棕漠土。受气候、地形、地貌、土壤和降水等多要素影响，以疏勒河峡谷为分界线，峡谷以西

生活在盐池湾湿地的白唇鹿（达布西力特 摄）

随山地海拔升高，冰川冻土、高原寒漠、高山草原、高原湿地及荒漠化生态景观交错，呈阶梯状分布，造就了盐池湾保护区冰川耸立、谷地相间、河流纵横、湖泊遍布、百兽栖息、珍禽繁衍的原始自然生态宝库。

硝盐

盐池湾，以其地产硝盐而得名。蒙古语为"夏日格勒金"，意为"太阳的光芒"。硝盐一般指硝酸钠、硝酸钾（火硝）、亚硝酸钠等，其在食品和水中天然存在。

火硝，又叫硝石、地霜，化学中被称为硝酸钾，是制造火药的主要成分。中国人对硝的认识很早，在汉代硝就作为一种药物被人们悉知。《神农本草经》里记载："消石，味苦寒。主五脏积热，胃张闭，涤去蓄结饮食，推陈致新，除邪气。炼之如膏，久服轻身。"从两晋南北朝的文献记载来看，那时的道士们为了制得神丹妙药，对硝的性能进行了全方位的探索。他们能够区分出火硝（硝酸钾）与朴硝（硫酸钠）的不同，这为后来火药的发明创造了条件。随后不久，古代炼丹师发明了火药。

中国古代的火药是以火硝、硫黄和木炭（或其他易碳化的有机物），按照一定配比混合而成，点火后迅速爆炸，并生成黑色烟焰，西方称之为黑火药。唐宪宗元和三年（808），在清虚子所著的《铅汞甲庚至宝集成》中，记有"伏火矾法"，制造原始火药的"伏火硫黄"，即硝石、硫和马兜铃的混合物。到10世纪后半叶，火药已经被用于军事目的。《宋史》中有多处关于火器如火球、火蒺藜的记载。

古代可以直接找到硝酸钾矿的地方不多。人们多从老房子的墙根、厕所、猪圈等处的土壤中取得。含氮元素较多的土，在细菌等微生物作用下，含氮的有机化合物被氧化成硝酸，其与土中的阳离子结合就生成了硝酸盐，这样的土即硝土。人们用富含碳酸钾的草木灰水浸泡硝土后，蒸发水分，即可得到硝石。这种从土中取得的硝，也称土硝。物换星移，随着现代科学技术的发展，土法制硝已被更先进的制硝技术所取代。

硝盐在生活中应用极广，是肉制品中应用历史最久、范围最广的抗氧化剂和防腐剂。它不仅是腌肉的发色剂，还对肉毒杆菌及其他腐败菌、致病菌有良好的抑制作用。它可抑制脂肪氧化，增强腌制品风味，显著降低肉制品安全风险，延长肉制品保质期。

硝盐在食品中的使用亦有过犹不及之说。肉制品中过量使用硝盐，则可能导致肠源性青紫病。硝盐所产生的亚硝酸盐还可能与肉类中的蛋白质发生反应，生成致癌物质亚硝胺。因此，世界各国对于硝盐在肉制品中的使用，都相当谨慎，管理严格，均以法律法规对其使用量、使用范围和产品中的残留予以强制性规定。我国《食品安全国家标准　食品添加剂使用标准》（GB 2760-2014）、《食品安全国家标准　食品中污染物限量》（GB 2762-2017）中都明确规定，在肉制品中硝酸盐（硝酸钠、硝酸钾）的最大使用量不得超过500毫克/千克，亚硝酸盐的最大使用量不得超过150毫克/千克。亚硝酸盐的最终残留量，在肉制品中不得超过30毫克/千克，肉罐头中不得超过50毫克/千克。在尚未找到与硝盐一样多功能且廉价的替代物之前，也无须因噎废食，只要严格按照食品添加剂使用卫生标准，按需使用或尽可能少用，即可确保安全性。

河西走廊

河西走廊，古称雍凉之地，简称河西、雍凉，因其在黄河以西，形似走廊而得名。它东起乌鞘岭，西至古玉门关，南北连接青藏高原和蒙古高原，东西连接黄土高原和塔里木盆地，是一段分布在祁连山以北，长约1000多千米，宽数十到一百千米不等的堆积平原。盐池湾湿地就位于河西走廊西端的肃北县。春夏之季，湿地草原绿意盎然，丹霞、雅丹地貌绚丽多彩，雪岭、高山巍峨庄严，只是戈壁沙漠荒芜依旧，它们造就了河西走

敦煌鸣沙山与月牙泉整治前情景

廊包罗万象的景观长廊。

河西走廊不仅是地理意义上的走廊，更是中华历史上的文化长廊。正如纪录片《河西走廊》①所说，河西走廊是中原通向中亚、西亚的必经之路，更是东西方文化交流史上的一条黄金通道，后来闻名世界的丝绸之路就从这里穿过。在中华民族的历史进程中，河西走廊事关一个国家政治经略、经贸促进、文化交融的梦想。

坐拥大片富饶的绿洲和草原，农牧皆宜的生态环境，加上得天独厚的地理位置，使得河西走廊成为中原中央王朝与西域之间交往的咽喉，是西北地区的兵家必争之地。它在春秋时为西戎占领，战国时由大月氏据有，后被匈奴攻占。公元前139年，张骞受汉武帝派遣，为结盟大月氏共击匈奴出使西域，就此揭开了西域神秘的面纱，繁盛的丝绸之路由此而生。为打击匈奴，开疆拓土，汉武帝派大将卫青、霍去病、李广夺取了河西走廊。而后西汉设置酒泉、张掖、敦煌和武威四郡，是为河西四郡。这是中国疆域发展史上的里程碑事件之一。

河西走廊历史悠久，文化厚重，从西汉开始，其名胜古迹就灿若星河。一般来讲，河西走廊的繁荣期，始自西汉的河西之战，止于唐代的安

---

① 中国中央电视台和中共甘肃省委宣传部联合出品的纪录片《河西走廊》，2015。

敦煌鸣沙山与月牙泉整治后情景

史之乱，共八百多年时间，即汉唐巅峰时期。其间，这里是佛教东传的要道、丝绸西去的咽喉。得益于诸多山脉的天然阻隔，这里亦成为中原名士躲避北方战火的栖身之所。先秦时期的马家窑文化、齐家文化，再到后来的宗教、民族融合，河西走廊的背后是源远流长的华夏文明的一个缩影。其中，敦煌莫高窟无疑是河西走廊历史文化画卷中最浓墨重彩的一笔。

"万里敦煌道，三春雪未晴。送君走马去，遥似踏花行。"[1]举世闻名、盛大辉煌的敦煌，是古丝绸之路上的名城重镇，地处河西走廊最西端。历史上，它是中原通往西域乃至欧洲的一条重要通道，中国、印度、希腊、伊斯兰等古老文明在此交会，可谓集丝路文明之大成、聚多元文化之精华，是艺术的殿堂、文献的宝库。莫高窟在此诞生，至今保存了735个洞窟、2415尊彩塑、4.5万平方米壁画，是世界上现存内容最丰富的佛教艺术博物馆。此外，鸣沙山与月牙泉在此相互依存，诞生了"山泉共处，沙水

---

[1]　宋·王偁：《赋得边城雪送行人胡敬使灵武》。

共生"的奇妙景观。

斗转星移，西出阳关，怎无故人。扯下一束晨光，驾着彩霞出门，到河西走廊的尽头，放牧一缕大漠孤烟。迎来庄稼人的小心提醒，手中的缰绳可要抓牢，千年的风沙总是狂躁得可怕，呼呼地，一遍遍将历史在此埋葬，打磨，又诉说。话语里隐约的形象渐渐清晰，金碧辉煌的石窟，翩翩起舞的娇娘，全出自工匠的巧手，历史在这里被抹成平面。这里，没有水井和故乡，遇到的，全都是有故事的人。携一壶小酒，伴着落日的余晖，彼此问候，夜晚风一凉，便是满天星辰。曾经发生的故事已成过去，而走向未来的脚步仍在向前。往事越千年，但敦煌文明传承至今依然生生不息，河西走廊依然具有顽强的生命力和创造力。

生态环境与保护现状

盐池湾湿地不仅是珍禽异兽栖息繁衍的家园，也是珍稀植物种群的基因库，更是敦煌、瓜州、玉门、肃北、阿克塞五县市以及河西地区重要的水源涵养地。其中，党河湿地位于青藏高原北缘、祁连山西端的高山地区，处于青藏高原和蒙新高原的交会带，集河流湿地、湖泊湿地和高山草甸湿地于一体，是我国高寒区与干旱过渡区极具典型性和代表性的高原湿地。该流域的大德尔基河流湿地，面积3.4万公顷，水草丰茂，植被覆盖度在80%以上。湿地内独特的地理环境和类型多样的野生动植物资源，为候鸟提供了理想的迁徙中转站和繁殖地，也为众多高原有蹄类动物提供了重要生境。

1982年，甘肃省人民政府批准建立盐池湾省级自然保护区。2001年，肃北县人民政府响应西部大开发战略，为保护自然环境和动植物资源，组织专家对保护区进行了充分的考察和论证，将原省级自然保护区面积由42万公顷扩大到136万公顷。2006年2月，盐池湾被晋升为国家级自然保护区；2018年，入选《国际重要湿地名录》。

20世纪90年代以来，大量人员涌入盐池湾，盗采砂金。在极短的时间里，淘金对环境和生态所造成的破坏，已经超过自明代以来六七百年的零星开采。山体破碎、草原退化，亿万年形成的美丽景观不断消失，养育着万千生灵的湿地生态持续恶化。在加强生态文明建设的时代背景下，甘肃省有关部门严厉打击盗采砂金的违法行为，积极保护生态资源，为生活在保护区的生灵筑起了一道绿色长城。

近年来，在各界人士、政府部门的不懈努力下，当地群众的环保意识不断增强，保护区的生态环境持续改善，野生动植物种群数量、分布范围均大幅增加。保护区内作为河西走廊重要生态屏障的冰川和湿地，在祁连山疏勒河流域水源涵养、水土保持方面继续发挥着不可替代的重要作用。

参考文献

[1]地球旅客.河西走廊，大国梦想的缘起[EB/OL]. https://baike.baidu.com/tashuo/browse/content?id=4507e4544cfb10e14d612db9.

[2]冯大诚.日常生活中的"硝"[EB/OL]. https://blog.sciencenet.cn/blog—612874—1249551.html.

[3]麻晓东.中国古代重要科技发明创造——火药[EB/OL]. https://www.cas.cn/zt/kjzt/zykjfmcz/201609/t20160901_4573445.shtml.

[4]廷兆.欲罢还难说"硝盐"[J].食品与健康，1998（03）.

[5]行影自由行.河西走廊｜浓缩版丝路，穿越千年的永恒[EB/OL]. https://mp.weixin.qq.com/s/wrzh5aHFkbehuMVfGbt1Dg.

呼伦贝尔草原之肾　我国首个跨国国际重要湿地
——内蒙古达赉湖国家级自然保护区

　　达赉湖又名呼伦池、呼伦湖、达赉诺尔，与贝尔湖互为姊妹湖，蒙古语意为"海一样的湖"。它位于内蒙古呼伦贝尔草原西部的新巴尔虎右旗、新巴尔虎左旗和呼伦贝尔市扎赉诺尔区之间，是北方众多游牧民族的主要发源地，东胡、匈奴、鲜卑、室韦、回纥、突厥、契丹、女真、蒙古等民族，曾于此繁衍生息。地处呼伦贝尔大草原腹地的达赉湖，素有"草原明珠""草原之肾"之称。达赉湖湿地主要由内陆河流、湖泊生态系统构成。除了湖泊、河流，还有发育良好的芦苇沼泽、河漫滩草甸、灌丛化草甸、河口三角洲等多样化的湿地生态系统。呼伦湖国家级自然保护区位于中、蒙、俄三国交界处的中国境内，属于跨国生态系统的一部分，与蒙古国达乌尔自然保护区、俄罗斯达乌尔斯克自然保护区，共同组成了CMR—达乌尔国际自然保护区。

达赉湖湿地风光（吕飒 摄）

达赉湖的形成

在古生代早石炭纪以前，达赉湖流域还是一片海洋。受蒙古—鄂霍次克洋闭合演化的影响，陆地开始形成。达赉湖盆地形成于晚侏罗—早白垩世，东西两侧以断裂和隆起带为界，盆地内发育的次一级凹陷和隆起均呈多字型排列，北北东走向。在此期间，剧烈的中酸性岩浆喷溢而出，形成了约2千米厚的中生代火山岩，同时形成海拉尔伸展断陷盆地。达赉湖位于华北板块、西伯利亚板块与太平洋板块交会地区，中生代以后成为环太平洋构造域①的一部分。

该地区在古近纪处于隆起阶段，无沉积记录；到渐新世时由于地壳普遍下降，区内形成凹陷型湖盆。后由于喜马拉雅运动，原有盆地上出现新的褶皱和断裂构造，湖盆中心向乌尔逊河以东至辉河一带移动。上新世末期，达赉湖地区再次抬升导致湖盆面积萎缩，发育为冰碛、冰水沉积物等有一定厚度的冰缘地貌形态。末次冰盛期②之后，气候逐渐变暖，冰川融化，达赉湖形成，古人类开始在此处生活。

达赉湖地区在地貌上位于海拉尔盆地的最低处，是呼伦贝尔高平原的一部分，也是亚洲东部蒙古高原的组成部分。主要地貌类型为湖盆、低山丘陵、湖滨平原、冲积平原、河谷漫滩、沙地和高平原等。低山丘陵地貌位于达赉湖西北方向，以中酸性火山岩为主；在湖盆南部还有部分低山丘，大部分由玄武岩构成。湖滨平原主要分布在湖的北端、南端和东面环湖一带。漫滩沼地则主要分布在入湖河流克鲁伦河、乌尔逊河、古海拉尔河和达兰鄂罗木河的入湖旧道呼伦沟沿岸，河漫滩上还有许多废河道、牛轭湖和沼泽湿地。达赉湖湖盆外还分布有带状的沙地平原。呼伦贝尔高平

---

① 构造域是岩石圈构造划分中的最大一级构造分区。例如，中、新生代时期地球表面的活动构造带，可以划分为环太平洋和特提斯（古地中海）两大构造域。

② 末次冰盛期是距我们最近的极寒冷时期，当时全球陆地约有24%被冰覆盖。由于大量的水形成陆冰，海平面可能比现在低120米。

原地貌位于湖盆的东南部，并向东部延伸到大兴安岭的西坡，海拔高度在550～700米，地域非常开阔。达赉湖流域内的地貌类型如湖滨平原、冲积平原与沼泽湿地、沙地等都以互相穿插的方式存在。

有关达赉湖的形成，还有一个美丽的传说。上古时期，蒙古族部落里有对情侣，姑娘叫呼伦，小伙子叫贝尔。妖魔莽古斯依仗头上的两颗神力无比的碧水明珠，带领豺狼虎豹肆虐草原。为了除去妖魔莽古斯，呼伦假意取悦对方说："你头上的明珠若给我一颗，日后便应允你的愿望。"莽古斯忘乎所以，把其中的一颗从头上摘下给了呼伦。呼伦为了滋润草原，毅然把明珠吞入口中，轰然化作茫茫碧水。贝尔射杀了神力少了一半的莽古斯。胜利之时，贝尔才发现呼伦已化作滋润草原的湖泊。伤心的贝尔当即吞下莽古斯头上的另一颗明珠，顿时呼伦湖之南又出现一泓碧水。乡亲们为了纪念他们，就把这两个湖泊分别取名为呼伦湖和贝尔湖。

与太湖面积相当的达赉湖

达赉湖，为我国第五大湖、第四大淡水湖，也是北方最大的湖。达赉湖呈不规则斜长方形。自有准确记录以来，湖泊面积最大时为2339平方千米，湖面水位最高时海拔为545.59米，平均水深为5.7米，最大水深在8米左右，蓄水量为138.5亿立方米。

看到这里，人们不禁要问：中学地理课本上所说的中国五大淡水湖分别是鄱阳湖、洞庭湖、太湖、洪泽湖、巢湖，并没有呼伦湖为我国第五大湖、第四大淡水湖之说。这究竟是怎么回事呢？

传统意义上认为的中国五大淡水湖即课本上说的上述五湖，但这一传统意义上的五大淡水湖，一般是指我国东部或者长江流域的五大淡水湖，所以786平方千米面积的巢湖就能位列第五。究其原因，一是划分时主要考虑文化发达、人口集中的长江流域，该区域史籍记载较丰富、相关科学研究较深入，而达赉湖地处塞北边疆，研究记录较少。二是历史上的达赉湖是一个伸缩性的吞吐湖泊，时大时小，水质变化主要取决于湖水量的增减：当湖水量增加，水位上升，处于排水期。含盐量降低，就属于淡水湖；当湖水量减少，水位下降，只吞不吐，甚至与外流河联系中断时则变为内陆湖，此时湖水含盐量增高，就会变为微咸水湖甚至是半咸水湖。因此，达赉湖没有被列入我国五大淡水湖之列。

约在18世纪，由于地壳变化，湖水终止外泄，达赉湖变成了内陆湖。因蒸发增大，湖水转化成半咸水或微咸水。从1958年起，达赉湖水位猛涨，通过达兰鄂罗木河又重新注入额尔古纳河，直到20世纪70年代初，这段时间湖水属淡水。后因湖泊水面萎缩，水量减少，外流湖水减少直至停流，该湖便又成了半咸水或微咸水湖。近年来，达赉湖湖面蒸发量与湖泊补给水量取得新的平衡，水位又趋于稳定，北部重新与海拉尔河相通，说明达赉湖保护工作取得成效。因此，目前也有说法将达赉湖列入中国五大淡水湖，其重新排序后次序为：鄱阳湖、洞庭湖、太湖、达赉湖、洪泽湖。

达赉湖的主要入湖河流是贝尔湖出流的乌尔逊河，该河发源自蒙古国

达赉湖湖面风光（刘松涛 摄）

的克鲁伦河，湖水由湖东北部的达兰鄂罗木河流出。达兰鄂罗木河是一条调节湖水的吞吐性河流。海拉尔河水位高于达赉湖时，河水注入达赉湖，反之则湖水外流，经海拉尔河下泄，成为额尔古纳河水源的一部分。这时的达赉湖是"活水"，属淡水湖。

淡水湖是指湖水矿化度不超过1克/升的湖泊，也有人把矿化度为0.3~1克/升的湖泊称为淡水湖。淡水湖往往与河道相连，多位于湿润地区，地表径流量大，湖水外泄流动交换快，大多数为排水湖与外流湖，所以其盐分不易积累，矿化度较低，没有咸味，宜作为供水水源，对径流有调节作用。达赉湖在一年中的绝大多数时间里为外流淡水湖，湖水注入额尔古纳河，额尔古纳河又流入黑龙江。

保护现状与发展情况

作为干草原①地区的湿地生态系统，达赉湖不仅为当地社会经济发展提供了丰厚的物质基础，还可以调节气候、改善地区环境，同时也是迁徙水鸟重要的繁殖地和停歇地。夏季，有数万只水鸟在这里繁殖；春秋两季，更有十几万只水鸟迁徙路过此地。因此，达赉湖保护区亦是东亚—澳大利西亚迁徙水鸟保护网络的成员。

1986年，达赉湖珍禽湿地及草原生态系统自然保护区建立。1992年，经国务院批准，被晋升为内蒙古达赉湖国家级自然保护区。1994年，由中、蒙、俄三国政府协定，我国的达赉湖自然保护区与蒙古国的达乌尔自然保护区、俄罗斯联邦的达乌尔斯克自然保护区，联合成立"CMR—达乌尔国际自然保护区"。这是我国第一个跨国自然保护区。C、M、R分别为中国、蒙古、俄罗斯英文名称的首个字母；另外，三个保护区在全球植被分区上同属达乌尔草原，因此，该保护区得名"达乌尔"。2002年1月，达

---

① 干草原是草本植物群落，主要分布在温带雨量较少的地区。

赉湖自然保护区被列入《国际重要湿地名录》；同年11月，被批准加入联合国教科文组织的世界生物圈保护区网络。2015年8月，内蒙古达赉湖国家级自然保护区更名为内蒙古呼伦湖国家级自然保护区。

2002年以来，受持续干旱影响，达赉湖水位持续下降，湖面面积大幅缩减，湖区周边湿地持续萎缩，水质急剧恶化，渔业资源濒临枯竭，野生动物种类、数量大幅减少，湖区生态环境面临严重挑战。在呼伦贝尔草原退化、沙化加剧的背景下，解决达赉湖补水问题，恢复达赉湖湿地，使其担负起保护大草原的使命，已到了刻不容缓的地步。近年来，经过各级相关部门的治理，达赉湖已重新焕发出生机。如今的达赉湖水量持续稳定增加，水位、水域面积保持在合理区间，水质明显改善，保护区内鸟类种群数量有所增加，环湖周边的生态环境有明显改善。

参考文献

[1]呼伦贝尔旅游.呼伦湖释疑[EB/OL].https://www.etstour.cn/folk/2014/0504/2587.html.

[2]梁丽娥.中晚全新世以来呼伦湖沉积记录的环境与气候演变[D].内蒙古农业大学，2017.

[3]吴其慧.基于遥感影像的呼伦湖湖冰近30年的变化分析及其影响因素研究[D].内蒙古农业大学，2018.

[4]吴桐雯，李江海，宋珏琛.呼伦湖地质地貌特征及其形成演化[J].自然与文化遗产研究，2020（04）.

[5]消愁娱乐站.谁才是中国的第四大淡水湖？[EB/OL].https://www.163.com/dy/article/FG80RN7805372GUP.html.

[6]中科院地质地球所.中国五大淡水湖[EB/OL].https://mp.weixin.qq.com/s/FSAhjXEqkqNhFNhB6—3MZw.

全球首个保护遗鸥及其栖息地的国际重要湿地
——鄂尔多斯国家级自然保护区

　　鄂尔多斯国家级自然保护区位于内蒙古鄂尔多斯市中部，属高原内陆湿地自然保护区。地质类型为太古界古老变质岩系，在露头较高的地方具有小型褶曲和大规模的断裂构造，规模较大的断裂构造和褶曲潜伏在燕山期构造层之下。出露地表的岩层以白垩系、侏罗系沉积岩为主，土壤类型有栗钙土、潮土和风沙土三种。区内动物以湿地鸟类、草原动物及爬行动物为主，保护动物有遗鸥、东方白鹳、白尾海雕等。保护区内湖泊、岛屿众多，湿地、沙地、草场遍布，形成了典型的荒漠半荒漠生态系统。保护区内主要保

鄂尔多斯湖畔的遗鸥（石建斌　摄）

护对象是遗鸥及其栖息地，它是全球范围内首个以保护遗鸥及其栖息地生态环境为主的国际重要湿地，2002年被列入《国际重要湿地名录》。

荒漠半荒漠气候

荒漠半荒漠气候是指草原向荒漠过渡地带的大陆性气候，是形成沙漠环境的重要因素之一。其主要特点是空气干燥，终年少雨或几乎无雨，气温日变化剧烈，气候干燥，降水极少，蒸发量大，物理风化强烈，风力作用强劲。这里地表裸露，以流沙、泥滩、戈壁为主，植物难以生存，其种类和数量均极为稀少。

内蒙古广大的半荒漠和荒漠区，属于典型的大陆干旱区和极干旱区。区域内气候季节变化明显，春秋季短，夏季炎热，冬季寒冷、风大、持续时间长。年均气温从东部到西部都在2℃~14℃，降雨主要集中在7~9月。植被类型包括温带荒漠草原、温带草原化荒漠和典型荒漠的各类草地。典型荒漠主要分布于阿拉善盟，建群物种以藜科、菊科为主。

干旱半干旱地区生态系统以荒漠生态系统为代表，是由旱生、超旱生的小乔木、灌木、半灌木、小半灌木、动物、微生物及其生境等构成的动态系统。其中，植物种类单调，生物生产量很低，能量流动和物质循环缓慢，生态系统非常脆弱。荒漠生态系统通常可分为沙漠、沙地和戈壁三种类型。

荒漠生态系统虽然脆弱，但其防风固沙、保育土壤、调控水文、保护生物多样性、景观游憩等生态服务功能不容忽视。其中，防风固沙是最重要的功能。荒漠植被虽然稀疏，却能够显著降低风沙流动，减少风沙对人类造成的损害。经沙尘搬运后形成了有利于生物生存的土壤，此后荒漠植被固定土壤，同时保留了土壤中的营养物质，减少了养分损失。定植后的植被和土壤，可以影响水分分配、消耗和水平衡等水文调控过程。水汽在荒漠生态系统的地表、土壤空隙、植物枝叶和动物体表上遇冷凝结成水，是该地区浅层淡水的主要来源。

　　独特的荒漠半荒漠自然景观及与之相关的人文景观，一样可以吸引人们来此观光旅游、休闲度假、科学考察等。伴随着荒漠地区经济发展水平的提升、居民生态环境保护意识的提高，我们需要加大对荒漠生态系统保护与改善的支持力度，以实现荒漠半荒漠地区的可持续发展。

遗鸥

　　遗鸥，顾名思义，意为"遗落之鸥"。它是被人类所认知最晚的鸥类，故得名"遗鸥"，也是"最脆弱的鸟类"之一。1929年4月，遗鸥在内蒙古西部被瑞典鸟类学家E. 伦贝格（E. Lonnberg）首次发现。1931年，E. 伦贝格将其认定为黑头鸥的新亚种。但此鸥标本与黑头鸥又有明显不同，于是E. 伦贝格隐晦地使用了遗鸥（*Larus relictus*）的种名。直到1971年，苏联鸟

在鄂尔多斯湿地中觅食的黑翅长脚鹬（彭源 摄）

类学家奥埃佐夫（Auezov）在现哈萨克斯坦境内的阿拉湖（Alakol Lake）发现了遗鸥的一个小规模独立繁殖群，才将遗鸥确认为一个独立的种。

遗鸥，鸥科、鸥属濒危候鸟，中型水禽，体长40厘米左右。当地人称之为"钓鱼郎子"，但实际上它吃鱼很少，以水生昆虫和水生无脊椎动物为主食。遗鸥以枯水草为建筑材料，把巢筑在沙岛上，常与燕鸥、噪鸥、巨鸥的巢混在一起。其整个头部呈深棕褐色至黑色，由前向后逐渐过渡到纯黑色，与白色颈部相衔接。眼的上下方及后缘，有显著的白斑。颈部白色，背淡灰色，腰、尾上覆羽和尾羽为白色。

遗鸥的繁殖地集中在蒙古、哈萨克斯坦、俄罗斯和中国，中国和韩国均发现其越冬地。遗鸥适应生境很窄，喜欢栖息于开阔平原和荒漠与半荒漠地带的咸水或淡水湖泊中。每年3月，遗鸥陆续北迁，这时它们换上一身崭新美丽的羽毛，为长途跋涉飞临巢区、吸引异性并结成配偶做好准备。有的遗鸥在迁徙途中就结识成对，但绝大多数还是到达繁殖地后才配对成亲。

遗鸥对繁殖地的选择近乎苛刻，只在干旱荒漠湖泊的湖心岛上生育后代。内蒙古鄂尔多斯湿地发现的遗鸥繁殖种群，是世界上已知最大的遗鸥繁殖种群。在桃力庙—阿拉善湾海子湿地，濒湖有泥淖沙洲和漫水的寸薹草滩，湖周种植有沙柳、柠条的固沙林带，这里是遗鸥最重要的繁殖地之一。其繁殖期在5月初至7月初，10月南迁。其主要以小鱼、昆虫、水生无脊椎动物为食，也吃藻类、柠条和白刺等植物的嫩叶。

鉴于遗鸥的濒危性，目前它已被列入《濒危野生动植物种国际贸易公约》（CITES）附录和《保护野生动物迁徙物种公约》（CMS）附录。作为受威胁鸟种，遗鸥被世界自然保护联盟（IUCN）和国际鸟类保护委员会（ICBP）列入《世界濒危鸟类红皮书》。同时，遗鸥也被列入《中国濒危动物红皮书》中的易危种和《国家重点保护野生动物名录》。遗鸥种群数量不稳定与其繁殖地湖心岛的面积有关，而位于荒漠和半荒漠地带的湖心岛面积又与降水量直接相关。荒漠地区的降水量是相当不稳定的，因此，保护遗鸥繁殖地湖心岛是一项系统工程，须认真考察研究后加以实施和推进。

保护现状

鄂尔多斯湖区曾因年降雨量减少，地表径流补给不足，导致湖面萎缩、湖心岛消失，再无遗鸥来此筑巢繁殖。为此，保护区实施引矿井水补水工程和引黄济湖工程，拆除季节性河流上的10多座淤地坝及各类生产经营设施，并封填了对湿地萎缩影响较大的11眼大口井。通过对保护区问题的整改，曾经消失的湖心岛重现水面，面积也在不断扩大，鄂尔多斯湿地生态持续好转并恢复了原有的生物多样性。

参考文献

[1]董天，肖洋，张路等.鄂尔多斯市生态系统格局和质量变化及驱动力[J].生态学报，2019（02）.

[2]鄂尔多斯晚报.记者带你揭秘，离开鄂尔多斯13年的遗鸥为何一夜之间回来了[EB/OL].https://mp.weixin.qq.com/s/—w9QrixlTI7B1FMqxTB9uw.

[3]林岩.鄂尔多斯高原的遗鸥[J].中国林业，2004（20）.

[4]张荫荪，何芬奇，陈容伯等.遗鸥繁殖生境选择及其繁殖地湿地鸟类群落研究[J].动物学研究，1993（02）.

湿地类型多样的世界生物圈保护区

——内蒙古大兴安岭汗马湿地

　　内蒙古大兴安岭汗马湿地，位于内蒙古自治区最北部的呼伦贝尔市根河市境内，地处大兴安岭北段西北坡原始森林腹地。"汗马"，鄂温克语为"源头"之意，此处指激流河的源头。汗马湿地海拔较高，与北极村漠河的严寒相比，有过之而无不及。1995年5月，被批准为自治区级自然保护区。1996年11月，经国务院批准被晋升为国家级自然保护区。保护区岩系组成以岩浆岩的侵入岩和喷出岩为主，主要岩石有花岗岩、石英粗面岩、玄武岩、石英斑岩等。保护区属寒温带大陆性气候，冬季寒冷漫长，积雪深厚；夏季温凉短暂，湿润多雨，四季温差和昼夜温差大。由于地形和植被的不同，其土壤有棕色针叶林土和沼泽土两大类。另外，在河谷两侧的落叶松林下，有冰沼土分布。保护区内湿地类型多样，发育种类齐全，有河流湿地、湖泊湿地、沼泽湿地三大类湿地。

寒温带明亮针叶林

　　寒温带明亮针叶林，是北方和山地干燥寒冷气候下最具代表性的植被，优势种以落叶松为主，又称寒温带落叶针叶林。明亮针叶林喜光、耐寒、适应性强，从河岸、沼泽地、沟塘一直到山坡和山顶均有分布，形成了大兴安岭的浩瀚林海。落叶松林生长得挺直、高大，林冠稀疏，常形成大面积纯林，间杂有少量的云杉、冷杉和桦木。由于林冠透光，林下灌木和草本植物的种类比较丰富，灌木有忍冬、蔷薇、绣线菊、茶藨子等；草本植物有蕨类、唐松草、地榆和风毛菊。林下亦有苔藓层，其发育程度由湿度条件决定。

由于纬度影响，明亮针叶林区气候类型相对简单。一般来说，大陆性气候明显，夏季温凉，冬季严寒，最暖的7月份平均气温为10℃～19℃，有时气温在30℃以上。冬季漫长，一年里平均气温低于4℃的时间长达6个月，最冷区域在欧亚大陆的西部。在西伯利亚，1月份平均气温低至-43℃，年平均降雨量低于50毫米，十分干燥。植物生长期较短，其叶均缩小呈针状，可以适应生长季短和低温环境，具有各种抗旱耐寒的结构及生理性适应。

兴安落叶松林与冻土共同维系着寒温带明亮针叶林冷湿的环境条件。本区内的薹草湿地、泥炭藓湿地多因冻土而形成，是重要的水源涵养库。寒温带明亮针叶林具有较高的生产力，随着纬度南移，森林生产力也有所增加。大兴安岭是我国主要的木材基地，同时也是造纸和人造纤维的原料基地。

寒温带明亮针叶林（杜毅平 摄）

兴安岭森林演替规律的研究表明，如发生较大面积的森林火灾或不合适的人为经营措施，如大面积砍伐等，原始兴安落叶松林将退化为杨桦次生林；再经破坏，则会形成胡枝子—榛子林。森林演替期间，由于林地裸露，

太阳直接辐射增加，造成永冻层萎缩，消融面积逐步加大，土壤干燥，以兴安落叶松为主的明亮针叶林带将北移。这种现象一旦出现，地表原生植被在短时间内难以恢复，生态效益损失难以估量。

使鹿部落——敖鲁古雅

敖鲁古雅使鹿人常年生活在大兴安岭密林深处，是中国唯一饲养驯鹿的人群，被称为"中国最后的狩猎部落"。"敖鲁古雅"是鄂温克语，意为"杨树林茂盛的地方"。敖鲁古雅鄂温克民族乡处在寒冷的北方，位于大兴安岭深处的满归林区，距离我国最北端的漠河市约100千米。这里气候十分寒冷，长期的原始封闭状态让他们保留了原生态的民族文化。他们信奉萨满教，拜祭树神，用桦树皮制作生活用具。他们宁可走到很远的地方去扛回枯死的树木作为烧柴，也不会砍伐一棵活树。他们世代以打猎和饲养驯鹿为生，拥有自己传统的生活方式。

千年以来，敖鲁古雅人隐居在大兴安岭，始终保持着自己古朴的生活方式。这里是中国少数民族村寨、桦树皮民族文化艺术之乡，独特而又令人着迷。他们世代守护着这里的山川与千年的文化传承。放下电子产品，置身于敖鲁古雅人部落，千年历史和古情今韵的如水记忆拂面而来。一份暂别繁杂世事、驰骋想象的柔软心情悄然开启；天人合一、人与自然的绝美碰撞，令人神往。敖鲁古雅，翻开它，就等于翻开了一部梦幻的童话！

1999年中俄联合发行的两枚马鹿邮票

目前，位于内蒙古自治区根河市区西面的敖鲁古雅使鹿部落，已成为著名的旅游景观。景区内建有原始部落、驯鹿文化博物馆、桦树皮文化博物馆、列巴博物馆、森林文化研究所、猎民家庭游、冰雪酒店等场所，是一个以敖鲁古雅鄂温克原生态民俗展示为主的综合性旅游景区。

进入景区，敖鲁古雅广场一群奔跑的雄健有力的驯鹿——中国驯鹿之乡的雕像进入视线，雕像左边是部落的博物馆，右边是广场，广场上有各种节目表演。导游们热心地介绍着部落的起源和文化习俗。柔美与粗犷交融的歌舞表演，精彩优美。部落的驯鹿与狩猎文化，在此得以完美体现。

保护现状与发展前景

内蒙古大兴安岭汗马湿地的主要保护对象，是寒温带明亮针叶林及栖息于保护区中的野生动植物。保护区是野生动植物最重要的栖息地，是林栖动物和鸟类最好的家园和避难所，也是珍稀濒危植物的重要栖息地。其他地区几乎绝迹的原麝，在这里依然出没，留下生活、繁衍的印记。区内原始森林景观和功能完整健全，能量流动、物质循环和信息传递都处于动态平衡状态，保持着生态系统的原始性和完整性。区内共有24种植被类型，林相整齐、结构合理、特点突出，垂直分布明显，没有外来物种侵入。

大兴安岭汗马保护区有脊椎动物174种，几乎所有的大兴安岭野生动物在该保护区内均有分布，是大兴安岭野生动物的重要庇护所。调查显示，这里驼鹿的种群数量居大兴安岭之首。河流处于原生状态，细鳞鱼等珍贵冷水鱼种分布较多，而在其他地区则濒临灭绝。保护区的野生动物不仅有很高的科研价值，也有很高的观赏价值。该保护区植被是大兴安岭地区植被的典型代表。2015年6月9日，经联合国教科文组织"人与生物圈计划"国际协调理事会第27届会议决定，内蒙古大兴安岭汗马国家级自然保护区及其毗邻区被正式指定为世界生物圈保护区。2018年，内蒙古大兴安岭汗马国家级自然保护区被正式列入《国际重要湿地名录》。

近年来，由于湿地开垦、降水减少及湿地生态用水被截留等，大兴安岭的湿地面积有所减少。针对这些问题，相关部门制定并完善了各种管理制度来加强监管。保护区实施湿地生态补偿计划，把湿地保护与植树造林、环境建设、污染治理作为公共投入的重要领域。根据湿地系统的代表性、自然性、稀有性、脆弱性以及受威胁程度，管理人员综合评估了湿地对周围环境的影响，以确定其合理利用方向。湿地管理的远期规划应该是制定湿地资源保护与开发利用的长远规划，创新湿地管理、利用与保护模式，防止湿地周边企业数量和城镇规模的盲目扩张，实施系统治理。

参考文献

[1]陈瑜.内蒙古大兴安岭汗马国家级自然保护区森林保护成效研究[D].北京林业大学，2014.

[2]代宝成.浅谈内蒙古汗马自然保护区湿地类型与生态特征[J].内蒙古林业调查设计，2016（06）.

[3]祁惠君.驯鹿鄂温克人生态移民的民族学考察[J].满语研究，2006（01）.

[4]孙菊，李秀珍，胡远满等.大兴安岭沟谷冻土湿地植物群落分类、物种多样性和物种分布梯度[J].应用生态学报，2009（09）.

[5]周梅，余新晓，冯林等.大兴安岭林区冻土及湿地对生态环境的作用[J].北京林业大学学报，2003（06）.

生物多样性丰富、保护价值极高的国家级自然保护区
——内蒙古毕拉河湿地

　　毕拉河是诺敏河最大的支流，其源头位于大兴安岭森林腹地。内蒙古毕拉河湿地，位于大兴安岭北段东麓的森林、灌丛向草原与农牧区过渡的嫩江流域。毕拉河流域拥有嫩江西岸最大的高山湖泊达尔滨湖、大兴安岭最长的峡谷和面积广阔的火山熔岩群。毕拉河上游两岸植被茂盛，水流平缓；中下游，河水进入大兴安岭唯一的一条大峡谷。峡谷长约数十千米，深30～50米，是火山喷发冲击出的沟壑。毕拉河水从峡谷穿梭而下，峡谷两岸植被大多为针叶、阔叶混交林，河床遍布火山熔岩；河水清澈、水流湍急。毕拉河河流沿岸生态环境良好，无任何工矿企业，河水清澈、无污染，鱼类繁多。毕拉河流域地质奇特、植被类型多样、自然生态平衡，极具旅游、科考、保护价值，其主要保护对象为森林沼泽、草本沼泽以及珍稀濒危野生动植物。2007年，毕拉河自然保护区管理局成立；2012年，被确定为自治区级自然保护区；2014年，被晋升为国家级自然保护区；2020年，毕拉河湿地被列入《国际重要湿地名录》。

鄂伦春族

鄂伦春族是我国人口最少的民族之一。新中国成立初期，只有1000余人，近几十年人口增长迅速。据《中国统计年鉴（2021）》统计，鄂伦春族人口为9168人。鄂伦春语属阿尔泰语系，满-通古斯语族通古斯语支，本身没有文字，书面文字为汉语。鄂伦春族主要分布在内蒙古自治区、黑龙江省北部。

"鄂伦春"这个族称，是在康熙年间定下来的，意为"使用驯鹿的人"和"山岭上的人"。正如他们的族称，他们是一群与驯鹿同生共眠的人。鄂伦春人使用驯鹿拉爬犁，充当交通工具。同时，驯鹿作为大型动物，也是他们的主要食物之一。另外，鄂伦春人以狩猎为生，一年四季都游猎在茫茫林海中。猎马和猎狗是猎民不可缺少的帮手，被称为"猎人的伙伴"，所以鄂伦春人一般不杀马和狗，也不吃马肉和狗肉。

桦树是北半球森林渔猎民族所特有的一种文化象征。在鄂伦春人的家里，桦树制品随处可见。这种广布在兴安岭森林里的树木，成为鄂伦春人的生命之源、生存之需。从日常使用的碗、盆、盒，到房屋、小船等，均用桦树皮做成。春末夏初，鄂伦春人会在桦树根部砍下小口，截取桦树汁喝，或剥掉桦树皮，用猎刀从树干上刮下乳白色的黏稠树液，制成桦树浆"弟尔古色"。夏季到来，他们会剥下桦树皮，开始制作生产生活用品，如桦皮船等。生活在这里的鄂伦春人以桦树为食，用桦树做物，奉桦树为神。

鄂伦春族古伦木沓节上的拔河比赛（王建威　摄）

　　世代生活在大、小兴安岭山林之中的鄂伦春人，一直过着"靠山吃山"的生活。"棒打狍子瓢舀鱼"，说的就是他们的生活方式。生活在兴安岭森林里的狍子，体肥毛密，是鄂伦春人的主要食物之一，用狍子皮毛做成的皮衣、皮被、皮帽等，成为他们狩猎御寒的重要装备。就像农耕民族日出而作、日落而息一样，鄂伦春人也遵照这里的自然法则生活——以山为家，与驯鹿为邻，寒往暑来，漫长岁月，悠然而过。

　　鄂伦春人的讲唱文学十分发达。长篇讲唱文学"摩苏昆"是鄂伦春族民间文学的珍品。摩苏昆以说唱结合的形式，讲叙"莫日根"的英雄故事和苦难身世，可以讲唱数天或数十天。摩苏昆语言流畅、押韵、精练、朴实，曲调起伏变化不大，非常悦耳动听，带有浓郁的民族传统韵味。说到这里，不得不提《勇敢的鄂伦春》这首民歌，它曾出现在小学音乐课上。该歌旋律优美、歌词真挚，完美地展现了新中国成立后鄂伦春人的精神面貌。《勇敢的鄂伦春》歌词如下：

　　　　高高的兴安岭，一片大森林，森林里住着勇敢的鄂伦春，
　　　　一呀一匹烈马一呀一杆枪，翻山越岭打猎巡逻护呀护山林。
　　　　鄂伦春本是受苦的人，鄂伦春今天翻呀么翻了身，
　　　　一呀一杆红旗空呀空中飘，民族平等自由幸福当呀当主人。
　　　　黑龙江的流水哗啦啦地滚，兴安岭的森林根呀么根连根，
　　　　同喝甜水不忘我们的挖井人。共产党是鄂伦春最亲的人，
　　　　黑龙江的流水哗啦啦地滚，兴安岭的森林都呀么都有根。
　　　　咱们的日子美好又呀么又快活，千年万年我们也要记呀记在心。

　　鄂伦春人，是一群在岭上丈量冰雪的有宽度和厚度的人。他们手执长鞭，一年四季追逐着太阳和驯鹿。那些在鹿背上颠簸着的男人和女人，日日生活在苍天大木的原始森林里。静谧而涌动的毕拉河旁，演绎着他们原始而安逸的生活。星空下，他们用眼睛捡拾着黑夜的气息；篝火旁，老人

讲唱着"摩苏昆"，连绵不绝。夏天，他们呼吸着林木花草的清香，采摘可以入口的果实；冬天，躲进厚厚的狍皮，喝着藏匿着七鳃鳗的河水，与驯鹿群一同徜徉在月亮之下。远处，是河流的歌唱，是森林的伫立，是风雨的轮回，是闪电的呼号，是日月的陪伴……

七鳃鳗

在野外调查中，内蒙古毕拉河湿地工作人员发现了该区域唯一的圆口纲鱼类——雷氏七鳃鳗。雷氏七鳃鳗隶属于七鳃鳗科、七鳃鳗属，为个体较小的淡水生活鱼类，成体营半寄生生活。全球约有50%的七鳃鳗分布在我国，仅在我国东北地区的部分河流和湖泊有所发现，属国家濒危鱼类。其在动物进化和动物地理学方面极具研究价值，但食用价值不高。

七鳃鳗又称八目鳗、七星子，是现存的无颌类脊椎动物之一。七鳃鳗，在其两侧眼的后方各有7个圆形的鳃裂开口。过去有人认为，其鳃裂是眼睛，7个鳃裂加上眼睛一共8个孔，故也有"八目鳗"的别称。

按照动物分类学七鳃鳗隶属于脊椎动物亚门、圆口纲、七鳃鳗目、七鳃鳗科，该属动物共有10属44种，其中8属分布于北半球，南半球仅存2属。3种七鳃鳗生活在我国，即日本七鳃鳗、东北七鳃鳗和雷氏七鳃鳗。毕拉河的七鳃鳗属于雷氏七鳃鳗，体形较小。七鳃鳗头部前端有一个圆形的口漏斗，

七鳃鳗

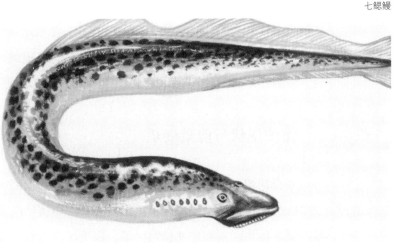

里面有表皮形成的角质齿，这些角质齿齿式是七鳃鳗分类的重要形态学特征。

七鳃鳗生命周期分为三个阶段：幼体、变态期和成体。幼体七鳃鳗目盲、无齿，主要通过滤食浮游生物为食，在淡水中生长4~6年后迁徙到海洋中，经历变态发育过程，出现了具有真正视觉功能的眼睛，吸盘逐渐形成，体长增加，背鳍增大。变态期的七鳃鳗在海洋中生长2~3年，发育为成体七鳃鳗，此后七鳃鳗通过吸盘吸附于鱼体，靠吸食其血肉而生存。因此，七鳃鳗是一种半寄生生物（并非所有的七鳃鳗都是半寄生生物，有23~26种七鳃鳗终生非寄生性生存）。而七鳃鳗的这种进化模式，在数亿年间未曾改变。约两年后，意识到自己即将走到生命尽头的七鳃鳗开始溯江洄游，回到自己出生的地方产卵。它们的卵非常细小，每次可产8万~10万枚。为了防止河水激流将卵冲向下游，成为其他生物的零食，这些卵通常会牢牢黏在水底的砂砾、土石上。但遗憾的是，产卵后雌雄两性的成体七鳃鳗都会死去——它们甚至还来不及发出一声喜得贵子的欢呼，便缠绕在一起双双死去，生育后代的丰功伟业就此告一段落。

七鳃鳗一直被视作一种美味佳肴。中世纪时，在欧洲只有贵族和王室成员才能享用七鳃鳗。文献记载，英格兰诺曼底王朝国王亨利一世酷爱七鳃鳗，据说他就是因为食用了太多的七鳃鳗后腹胀而死。七鳃鳗肉有极丰富的维生素A和维生素B，营养价值极高。不仅如此，在中药领域，七鳃鳗肉也成为一味药材。据中医书籍《吉林中草药》记载，七鳃鳗肉有平肝明目、滋阴壮阳的功效，主治夜盲症、眼角膜干燥、口眼歪斜等症。

保护现状与前景展望

毕拉河湿地生物多样性丰富，保护价值极高。特殊的地理位置，造就了多样性的植被类型。本区植被隶属于长白山植物区系、大兴安岭植物区系、蒙古植物区系和华北植物区系。保护区内森林广阔，河流众多，地势平缓，加之永冻层的普遍存在和分布，火山堰塞湖的形成，地表水很难排除和渗透，从而形成了广阔的沼泽湿地。保护区一些地域的土壤是由火山岩的基质演变而来，景观独特，具有很高的科研价值。此外，保护区内河流众多，均汇入毕拉河，是嫩江水源地之一，所以保护区的生态系统对于涵养嫩江、松花江水源具有重要意义。

参考文献

[1]陈文波，肖笃宁，郑蕉等.内蒙古毕拉河林区近十年森林景观变化及驱动力浅析[J].应用生态学报，2004（05）.

[2]黄权，杨志强.七鳃鳗资源研究进展[J].水产科技情报，2009（03）.

[3]麻国庆.开发、国家政策与狩猎采集民社会的生态与生计——以中国东北大小兴安岭地区的鄂伦春族为例[J].学海，2007（01）.

[4]张慧平.鄂伦春族传统生态意识研究[D].北京林业大学，2008.

[5]张凌峰.内蒙古毕拉河林业局森林资源现状及分布特点[J].内蒙古林业调查设计，2013（01）.

东北平原区

　　东北平原区地域辽阔，包括黑龙江、吉林、辽宁以及内蒙古东北部。这里地处温带湿润、半湿润季风型大陆性气候区，短暂的夏季温凉多雨，漫长的冬季风雪呼啸，寒冷异常，湿地封冻沉眠，直至春季结束。平原区三面环山，山川环抱着松嫩平原和三江平原，内有大片湖沼湿地分布，当地人称其为泡子或咸泡子。该区域的湿地产生于近期的地壳沉陷、地势低洼、排水不畅和河流摆动。

　　该区域目前共有13块国际重要湿地。其中黑龙江有10块，分别是扎龙、洪河、三江、兴凯湖、南瓮河、七星河、珍宝岛、东方红、友好、哈东沿江，湿地数量位居全国之首；吉林有3块，分别是向海、莫莫格、哈泥湿地；辽宁的大连斑海豹国际重要湿地，被列入滨海湿地内容，另作介绍。

全球面积最大的芦苇湿地和丹顶鹤繁殖地
——扎龙湿地

黑龙江扎龙湿地是世界上最大的丹顶鹤繁殖地。"扎龙"一词源于蒙古语，原意是"牛羊的圈"。保护区位于黑龙江省西部，齐齐哈尔市东南部松嫩平原、乌裕尔河下游苇草湖沼地带。扎龙自然保护区于1979年设立，1987年被晋升为国家级自然保护区，1992年被列入《国际重要湿地名录》。从面积来看，扎龙湿地位列亚洲第一、世界第四，是世界面积最大的芦苇湿地。全球现有鹤类15种，中国有9种，在扎龙湿地生活的就有6种，分别是白鹤、白头鹤、白枕鹤、灰鹤、蓑羽鹤、丹顶鹤。因此，扎龙湿地又被称为"鹤乡"。保护区的主要保护对象为丹顶鹤等珍禽及湿地生态系统，它是中国北方同纬度地区中保留最完整、最原始、最开阔的湿地生态系统。

在扎龙湿地繁殖的丹顶鹤（王文峰　摄）

扎龙湿地的形成

扎龙湿地为乌裕尔河下游尾闾湖形成的苇草湖沼，它的形成与嫩江、沙地密切相关。齐齐哈尔—大庆沙地属于松嫩沙地的一部分，位于松嫩平原西部的嫩江沿岸。这里有大面积的平缓沙地，以及北西走向的纵向沙垄和低洼盐碱带，与科尔沁沙地一起构成了一个北东向展布的沙带。河流的力量是巨大的，它们雕蚀大地，改变了地表形态。嫩江进入沙地后，奔流的江水重塑了沙地地貌景观，最终在扎龙地区留下众多的牛轭湖。沧海桑田，江河改道，构造抬升运动让嫩江河道西迁，使乌裕尔河成为内流河，其尾闾湖最后演化成现在的扎龙湿地。

　　乌裕尔河、双阳河，是扎龙湿地的两位哺育者，它们共同维持了扎龙湿地的水源。这两条河均发源于小兴安岭的西麓，又同属无尾河。平日里，它们流出丘陵漫岗地带进入平原，冲击作用增强，河道弯曲而发达，河滩地面积宽阔。河道蜿蜒在苇草丛中，河床较浅。汛期时，河水漫溢在闭流区中的洼地，形成了广袤的永久性芦苇沼泽湿地。湿地中分布着形状各异、大小不同的淡水湖泡，堪称河、湖、沼泽一体的独特性内陆水域沼泽湿地。乌裕尔河在1.5万年前是嫩江的一条支流，其下游即今塔哈河，因受晚白垩纪形成的松嫩凹陷大湖盆继续沉降和嫩江河道西移的影响，河道由今富裕县城东南流入湖盆而与塔哈河分离，成为独立于嫩江水系的一条内流河，在低平原中部仍留有古嫩江河道。

　　正常年份，乌裕尔河与嫩江之间有分水岭存在，无地表水联系。但在乌裕尔河出现中高水位时，仍有部分洪水溢出河床，借塔哈河河道进入嫩江。其下游芦苇沼泽地带洪水，也可通过连环湖流入嫩江。而当嫩江丰水时，又借助塔哈河进入乌裕尔河，特别是嫩江洪泛时经常冲垮堤坝进入扎龙湿地，形成乌裕尔河同嫩江之间藕断丝连的奇妙联系。扎龙湿地是在风成沙地上形成的沼泽地，是整个嫩江流域生态环境最脆弱的一个关键区。湿地一旦消失，将导致这个地区土地盐碱化和沙漠化，对周边地区的生态环境也会造成严重影响。

　　一个时期以来，扎龙湿地开始面临诸多问题：一是受区域气候影响，连续数年干旱缺水，湿地面积严重萎缩，水量减少；二是受人类活动影响，湿地生态系统产生退化现象；三是随着湿地功能的下降，拦蓄洪能力降低，土壤盐碱化程度日益严重；四是区域水资源不合理利用，加剧了湿地缺水状况。因此，扎龙湿地的保护工作受到高度重视，有关科研人员对扎龙湿地的水资源状况、景观格局变化及扎龙湿地生态环境的脆弱性、生态环境保护的对策等，开展了广泛的研究，正在探索解决方案。

"湿地之神"——丹顶鹤

扎龙自然保护区以鹤著称于世。全世界共有15种鹤，这里就生活有6种，其中以丹顶鹤最负盛名。丹顶鹤又称仙鹤，是十分珍贵的名禽，这里现有野生种500余只，约占全世界丹顶鹤总数的四分之一。因此，这里一直被称作"丹顶鹤的故乡"。丹顶鹤是一种大型涉禽，体长120～160厘米，颈、脚较长。站立时颈、尾部飞羽和脚为黑色，头顶为红色，其余全为白色；飞翔时仅次级和三级飞羽①以及颈、脚为黑色，其余全为白色，特征非常明显，易识别。

扎龙自然保护区，芦苇丛生，河湾浅浅。独特而古老的环境为珍稀鸟类提供了水源丰富、食物充足的栖身之所。现在，保护区内有鸟类260余种，是驰名中外的"鸟的乐园""鹤的故乡"。丹顶鹤是栖息于沼泽地的大型水鸟，主要生活在湖泊、沼泽、河岸、芦苇地、开阔平原、草地、海边滩涂地带，有时也栖息在农田耕地中，是一种生活在中浅水地带的大型涉禽，因而人们常常称之为"湿地之神"。其主要食物为鱼、虾、蝌蚪、蛤蜊、钉螺、沙蚕、水生昆虫、软体动物，以及水生植物的茎、叶、块根、球茎和果实。

在我国悠久的历史中，丹顶鹤被人们视作云雾飘渺中的仙物，是蓬莱

---

① 着生在腕骨、掌骨和趾骨的一列飞羽，称为初级飞羽；着生在尺骨的一列飞羽，称为次级飞羽；最内侧的次级飞羽，有时也称为三级飞羽。

间的"仙鹤",长生不死,永恒不灭,与仙人为侣,翱翔于仙境天宫之间。在《封神演义》中,道教人物南极仙翁的坐骑就是仙鹤,他骑乘仙鹤巡游仙界。"仙鹤翔空清似水,步虚声在朵云西",仙鹤象征着长寿,有着清雅、吉祥、忠贞等诸多美好的寓意。

　　古代艺术创作中,飘逸俊美的鹤常与苍劲挺拔的松柏放在一起,构成松鹤延年图,寓意延年益寿。不过,古人的创作大多起于情感和意象,并不真的符合生物习性。尽管松柏已被科学证明为长寿树,但丹顶鹤生活在环水的湿地和滩涂,是不会攀上高山与松柏为伴的。另外,野生丹顶鹤的寿命大概在20～30岁,尽管有个别西伯利亚鹤能活到60岁以上,但丹顶鹤的寿命并非先民所想象的那样长。

丹顶鹤精品刺绣(薛金娣 绣)

保护区现状和保护利用

　　扎龙湿地现已成为黑龙江省西部半干旱区重要的生态屏障,其重点保护对象是以鹤类等大型水禽为主的珍稀鸟类及其栖息地。扎龙湿地有200

多个大小泡沼，主要河流有乌裕尔河、双阳河、新嫩江运河、"八一"幸福运河。由于长白山植物区系、蒙古植物区系、大兴安岭植物区系及华北植物区系交织于此，所以该湿地动植物资源丰富，生物多样性高，物种丰富度大。扎龙自然保护区野生动物资源种类繁多，兽类有国家重点保护的狼、狐、黄鼬、狗獾等，鱼类有鳊属、鳅属、鲶属等，两栖类有黑龙江林蛙、鳖、无斑雨蛙等。

扎龙自然保护区自建立以来，在生态保护、动植物保护的宣传教育、保护区科研及观鸟旅游等方面做了大量工作，特别是在丹顶鹤的驯养繁殖方面做出了突出成绩，为保护与合理利用自然资源提供了科学依据和成功经验，为我国自然保护区事业做出了重要贡献。

参考文献

[1]崔丽娟，庞丙亮，李伟等.扎龙湿地生态系统服务价值评价[J].生态学报，2016（03）.

[2]李枫，杨红军，张洪海等.扎龙湿地丹顶鹤巢址选择研究[J].东北林业大学学报，1999（06）.

[3]吴庆明，王磊，朱瑞萍等.基于MAXENT模型的丹顶鹤营巢生境适宜性分析——以扎龙保护区为例[J].生态学报，2016（12）.

[4]殷志强，秦小光，刘嘉麒等.扎龙湿地的形成背景及其生态环境意义[J].地理科学进展，2006（03）.

[5]周晓禹，刘振生，吴建平等.丹顶鹤繁殖期行为时间分配及活动规律[J].东北林业大学学报，2002（01）.

三江平原原始湿地　"中国东方白鹳之乡"

——洪河国家级自然保护区

黑龙江洪河自然保护区位于三江平原腹地，同江市与抚远市交界处。区域地势平坦，西南高、东北低，相对高差较小，由西南向东北微倾斜。三江平原顺地势展布，根据地形的高低分为阶地和河漫滩两种类型。主要土壤类型有白浆土和沼泽土，沼泽土主要分布在浓江河滩地上。这里的植被以草本沼泽植被和水生植被为主，间有岛状林分布。保护区内沼泽、草甸、岛状林构成了三江平原上的三个一级景观，在三江平原具有典型性和代表性。茂盛的植被和优良的湿地环境，让保护区有着"东亚之肾"的美誉。保护区对于研究整个三江平原湿地气候、植被演替规律、地质构造等具有重要意义。保护区内至今保持着内陆湿地生态系统的原真性、完整性和典型性，是我国三江平原原始湿地的一个缩影。

东方白鹳

东方白鹳，属鹳形目、鹳科、鹳属，为典型的湿地鸟类，栖息于浅水河流、泡沼沿岸，在大树上营巢。它们在浅水沼泽等地取食，喜吃水中的泥鳅、塘鳢、蠕虫、蛙类等。长而粗壮的嘴十分坚硬，呈黑色，仅基部缀有淡紫色或深红色。嘴的基部较厚，往尖端逐渐变细，并且略微向上翘；眼睛周围、眼线和喉部的裸露皮肤都是朱红色，眼睛内的虹膜为粉红色，

在沼泽地栖息觅食的东方白鹳（石建斌 摄）

外圈为黑色；身体上的羽毛，主要为纯白色。翅膀宽而长，上面的大覆羽、初级覆羽、初级飞羽和次级飞羽均为黑色，并有绿色或紫色的光泽；前颈的下部呈披针形的长羽，在求偶炫耀时能竖起来；腿、脚甚长，为鲜红色。

　　鹳，传说中能够为家庭带来孩子的鸟儿，它们从云层之上飞来，给家庭以新的希望。这些传说故事我们并不陌生，皮克斯动画短片《暴力云与送子鹳》《逗鸟外传》讲述的就是这些负责"邮递"婴儿的白色大鸟给家庭带来新生命的故事。但实际上，这些动画故事里的大鸟并不是东方白鹳，而是在欧洲象征着幸运吉祥的白鹳，是东方白鹳的亲族。东方白鹳在巢上交配，每窝产卵一般为3～5枚，卵重130～152克，卵径75.2毫米×58.1毫米，孵化期约32天，雏鸟为晚成鸟。东方白鹳是性格沉稳而机警的鸟儿，飞行和步行时都保持着稳健优雅的仪态，就连休息时都不忘单足站立耍耍酷。它们在地面上寻觅食物时常常伸长颈部，低垂着头，一边大步而缓慢地在地面上行走，一边搜寻食物，发现目标后急速向前，迅猛啄食。它们除了在繁殖期成对活动，其他季节大多组群活动，特别是迁徙季节，它们常常聚集成数十只甚至上百只的大群。

东方白鹳是东亚地区的特有种，曾广泛分布于日本、朝鲜半岛、俄罗斯远东地区和我国东北部。目前，它在日本列岛和朝鲜半岛的野生种群已经灭绝。不过日本建有人工繁育中心，一直在做重引入的尝试。值得庆幸的是，还有3000只左右的东方白鹳生活在俄罗斯和中国。作为一种大型涉禽，拥有颈长、嘴长和腿长的"三长"靓鸟，东方白鹳是靠实力迁徙的。夏季，它们在我国东北、俄罗斯远东地区繁殖；冬季，它们选择在长江中下游地区越冬，迁徙时经过渤海、黄海等滨海湿地。

东方白鹳喜欢在人烟稀少的高大乔木上筑巢。为更好地保护它们，洪河自然保护区的科研人员自1993年开始，就主动为东方白鹳规划"小区"环境，通过人工筑巢招引它们。目前保护区已累计搭建鹳巢数百个，东方白鹳从最早的一对成体增至394对，成功繁育出1344只雏鸟，已成为我国东方白鹳野生种群数量最大的繁育基地。这一创造性的引繁工程，为保护东方白鹳发挥了重要作用，维护了我国政府在履行《生物多样性公约》中的国际形象，受到了国际社会的普遍赞誉。

乌拉薹草

乌拉薹草，又称靰鞡草，为单子叶植物纲、莎草科、薹草属植物，茎叶细长，簇簇丛生，绿褐色花穗高高挑起，点缀其间。它们主要生长于中国东北长白山山脉以及外兴安岭以南，是"东北三宝"之一。表面看，乌拉薹草的样子很普通，但是数百年来，这种普通的小草，与东北人的生活密切相关，成为其不可或缺的生活必需品。乌拉薹草叶细长柔软，纤维坚韧，不易折断，是编织草鞋、草褥等草编工艺品的传统材料，也可作

"东北三宝"之一的乌拉薹草（来自《中国林业杂志》网站）

为工业原料用于制造人造棉、纤维板、纸张等。

东北地区的野草，有很多与乌拉薹草形似，但唯有它的保暖性能最好。东北人慧眼识草，早早就将其用于脚部保暖。靰鞡，满语意思是皮靴，是一种东北人冬天穿的"土皮靴"。中国东北地区冬季气温较低，一般的棉鞋难以御寒。所以，每到秋季，人们便到山上去割乌拉薹草晒干存放。使用之前，还要用木棒捶打，捶打柔软后放入毡靴中，它可以透气、防潮、御寒且不伤脚。在漫长而又寒冷的冬季，把它们填充在靰鞡鞋中，就可以起到保暖御寒的作用。

此外，乌拉薹草也是洪河湿地的守护者，也在默默无闻地为涵养水源发挥着重要作用。乌拉薹草的根系深埋于水下，储水能力惊人，这样的能力让它们成为湿地的保护神。长年累月，它们和沼泽土地形影不离，形成一个个高出水面几十厘米甚至一米的草墩，被当地人叫作"塔头"。

塔头是当地人生活的乐趣之一，许多人还练就了一项本领——走塔头。湿地是鸟的乐园，而鸟是人类的朋友。鸟窝往往建在远离岸边的湿地塔头中或树上，要想走近观察，要么划船，要么踩着浮石一般的塔头跳过去。这些塔头就是天然的小径，为人们提供了亲近鸟儿的跳板。从一个塔头跳到另一个塔头，一旦速度太慢，塔头就会和人一起下沉。因此，走塔头又叫跳塔头。也就是说，要以塔头为路，动作一定要迅速，反应速度要快。孩子常常跟着有经验的大人学跳塔头。大人在前面，目测好错综排列的塔头，选准理想的线路，然后大喊一声"跳！"随后，大人一跃就跳到了塔头上，转瞬间又轻盈地跳上另一个塔头。孩子们学着大人的样子，一个接一个地跳。如果重心掌握不好，那对不起，就等着跌入水里吧。

开发、利用与保护问题

泥炭也叫草炭、草垡子、河炭、草煤等，含有大量的有机物质，是很好的有机肥料。对农业而言，泥炭是人们制肥的最优材料，它们不仅无害温和，还能提高农作物产量。历史上，人们对沼泽湿地的认识是从开发利用泥炭资源开始的。公元46年，德国威悉河下游的日耳曼人将沼泽中的泥炭作为民用燃料，而后荷兰、俄罗斯等欧洲国家也相继开发利用泥炭资源。现在我们知道，泥炭作为沼泽湿地的重要组成部分，具有涵养水源、维护生物多样性、调蓄洪水等功能，同时也是全球重要的碳汇场所。因此，有关沼泽湿地中泥炭资源的合理开发、利用与保护，具有重要的意义。

我国东北、东部、华南、蒙新高原、云贵高原、青藏高原分布有大面积的沼泽，其中东北沼泽区主要分布在黑龙江、吉林、辽宁、内蒙古东北部。东北地区的气候和地形，共同造就了这片广阔的沼泽地，这里年平均气温低、降水量较多而蒸发量较少，地势低平导致排水不畅，冻土层可以隔水，土壤有机质分解缓慢。草本沼泽广布于大兴安岭、小兴安岭、长白山以及东北三江平原、松辽平原地区。这里泥炭资源丰富，河网水系发达，历来是农业重点开发利用区。但在开发利用过程中，个别区域利用不当，导致沼泽湿地退化。

为保护并合理利用湿地，充分发挥湿地功能，1984年，黑龙江省在洪河地区建立了省级自然保护区，面积为16333公顷。1993年，保护区面积扩大至21836公顷。1996年，经国务院批准，被晋升为国家级自然保护区。2002年，洪河国家级自然保护区被列入《国际重要湿地名录》。该保护区主要保护水生、湿生和陆栖生物及其生境共同组成的湿地生态系统，以及东方白鹳、丹顶鹤、白枕鹤、大天鹅等濒危野生动物。

为促进湿地的可持续发展，保护区实施了河流补水工程。此外，强化湿地执法，建立野生动物救助网络，加强防火和环保宣传等工作，大幅提升了湿地保护的有效性。为进一步恢复并保障洪河湿地生态系统，除严格管护外，确定湿地生态需水量，协调周边农业活动，加强湿地监测和预警等工作亦非常重要。湿地的日常管护工作，是注意定期监控湿地，及时发布警级，发现退化趋势迅速采取措施，坚决守住湿地保护的红线。

参考文献

[1]何芬奇，田秀华，于海玲等.略论东方白鹳的繁殖分布区域的扩展[J].动物学杂志，2008（06）.

[2]刘红玉，李兆富，李晓民.湿地景观破碎化对东方白鹳栖息地的影响——以三江平原东北部区域为例[J].自然资源学报，2007（05）.

[3]刘红玉，李兆富，李晓民.小三江平原湿地东方白鹳（*Ciconia boyciana*）生境丧失的生态后果[J].生态学报，2007（07）.

[4]武海涛，吕宪国，杨青等.三江平原典型湿地枯落物早期分解过程及影响因素[J].生态学报，2007（10）.

[5]曾昭文，程岭，李晓民.我国东方白鹳种群现状及保护[J].国土与自然资源研究，2003（01）.

[6]中国地质调查局水文地质环境地质调查中心.三江平原腹地的明珠——洪河湿地[EB/OL].https://www.chegs.cgs.gov.cn/kxjs/kepu/202004/t20200402_629484.html.

世界级低冲积平原沼泽湿地

——三江国家级自然保护区

　　三江国家级自然保护区地处黑龙江省抚远县和同江市境内，是黑龙江与乌苏里江汇流的三角地带。2002年，三江国家级自然保护区被列入《国际重要湿地名录》。该湿地为低冲积平原沼泽湿地，是世界三大湿地之一。保护区地形起伏，纵横交织，景观丰富，是北方沼泽湿地的典型代表，也是全球少见的淡水沼泽湿地之一。区内泡沼遍布，河流交错，自然植被以沼泽化草甸为主，古老的森林如同繁星和岛屿一般排列在沼泽之间。湿地内特殊的自然环境、良好的植被和水文状况，为野生动植物的繁衍生息提供了条件。

三江湿地（央视网"美丽中国湿地行"栏目组　摄）

三江湿地的形成

　　三江是松花江、黑龙江、乌苏里江的简称。三江平原沼泽的形成，是众多自然地理条件综合作用的结果。虽然地表过湿或积水是沼泽形成的关键，但是主要还是受气候、地质地貌、水文和人类活动的影响。从地图上看，中国的版图像一只英姿勃发的雄鸡，而三江湿地就是雄鸡晨啼时的金喙。黑龙江携手松花江，从1805千米外一路奔流而来；乌苏里江则唱着号子，从890千米外一路欢歌走来。它们在三江平原汇集，造就了久负盛名的三江湿地。

三江平原属温带湿润、半湿润季风气候，年平均降水量为500～600毫米。降水季节分配不均，多集中于夏、秋两季，6～10月降水量占全年降水量的75%～85%。至10月末或11月初气温下降，大量水分来不及排除，被冻结在地表或土壤层中，水分以固体状态保存下来，直到翌年春季解冻，导致地表积水过多，加之冻结期长、冻层厚和土壤黏重，不利于水分下渗，地表经常过湿，造成沼泽广泛发育。

从地质地貌看，三江平原是新构造运动长期下沉的地区，属于三面环山、中间低洼平坦的地形。周围山区降水量多，丰富的径流向平原汇集。平原区地势低平，由西南向东北缓缓倾斜，所以区内发育一些中小河流，多无明显河槽，属典型的沼泽性河流，泄水能力低。

从水文条件来看，除黑龙江、松花江和乌苏里江这三条河流外，其他小的河流各有其源：有些河流发源于完达山或小兴安岭，穿行于平原沼泽之中，最终汇入大江；有些河流则发源于沼泽洼地，又流经沼泽。这些中小型河流均具有平原沼泽性河流的特点，如别拉洪河、挠力河中下游、浓江、穆棱河等。由于河流较小，河道弯曲，狭窄且平坦，河漫滩多，导致一些河流无明显河道，泄水能力低，排水不畅，大量水分均补给了沼泽。每年汛期，主要河流还受黑龙江、乌苏里江洪水顶托，回水距离一般为20～30千米，最长达70千米。洪水顶托，还提高了这些河流的承泄水位，使两岸低平地排水更为困难，从而促进了沼泽的形成和发展。

近年来，科技发展迅速，人类活动对沼泽湿地影响加大，其变化速度远高于自然演化。开挖运河、灌溉农田、修建水利……这些原被认为可以让我们生活更美好的活动，却对湿地造成了不可逆转的负面影响。如果处理不当，人类最终将自食恶果。1943年，在密山县境内的湖北屯附近向小兴凯湖修建分洪水道，有14千米防洪堤未修建，导致每年汛期，穆棱河洪水漫溢并积存于地表，致使水道东侧沼泽面积日益扩大。

总之，多种原因造就了三江平原沼泽湿地。新构造运动以下沉为主，

位于抚远水道和乌苏里江交汇处的东极广场（赵鹏 摄）

是地势低平、土质黏重、气候温凉、冻土发育、夏秋多雨、蒸发较弱、排水不畅等多种因素综合作用的结果。土壤过度潮湿，容易在河漫滩、阶地和各类洼地形成大面积集中连片的沼泽。

漂筏薹草与"大酱缸"

漂筏薹草，属莎草科、薹草属植物，分布于黑龙江省、吉林省、内蒙古自治区等地。这些坚韧的植物生长在沼泽、湖畔、河岸的水中，既能够通过种子繁衍，又能够依靠根系长出新的植株。三江保护区地处北温带，气候寒冷，水系发达，水面广阔，存在冻层，这一系列条件都非常适合漂筏薹草的生存。它们的根状茎较短，在地面上的匍匐枝长可达1~2米，呈三棱形；秆单生或成束，上部微粗糙。

漂筏薹草属多年生根茎型草本植物，繁殖能力强，自身又坚韧不拔，是三江平原沼泽湿地中的建群种、优势种和主要的伴生种。薹草是湿地结构功能和生物多样性的制造者和护卫者。同时，漂筏薹草群落也是该地区非常典型的湿地植物群落。那么，这些漂筏薹草是如何适应恶劣的积水环

境，最终缔造出这片薹草湿地的呢？这与漂筏薹草的形态适应有关——随着积水深度的增加，漂筏薹草植株的高度会逐渐升高，以使其在积水环境中依然有许多叶片伸出水面，完成正常的光合作用，从而保证新陈代谢的顺利进行。

通常来说，湿地挺水植物都具有这个特性，但漂筏薹草优势更强。毛薹草也是三江平原常年积水湿地中重要的建群种和优势种，但积水深度超过30厘米时，其植株高度呈降低趋势。这说明在积水较深的生境中，毛薹草的适应能力较差。与毛薹草不同，当积水深度为50厘米时，漂筏薹草的植株高度依然在增加，伸出水面的部分可以保证光合作用正常进行。这就使得漂筏薹草在积水生境中，比其他湿地植物有着更强的适应性。

旷野冰原暴风雪，苇塘魔沼大酱缸。这是"北大荒"长久以来留给人们的印象。"大酱缸"就是指三江平原上广泛分布的漂筏薹草沼泽。在这类沼泽中，漂筏薹草的根茎交织成网，形成草根层；地上部分也在秋季枯萎后逐年聚积于水中，共同形成了泥炭层。由于积水较深，草根层或者泥炭层会浮起，形成"浮毡"。走进这类沼泽，脚下会缓缓下降，周围则慢慢升起，有一种颤巍巍的感觉，如同脚踩在大号浮萍上。在"浮毡"较薄的地方，如果停留时间太久，脚下的积水渐多，水色如酱，因此当地老百姓称这块湿地为"大酱缸"。

管理与保护

20世纪后半叶，三江平原被大规模开发，为国家粮食供应做出了重要贡献。但由于当时人们不了解沼泽湿地的自然规律，缺乏统一规划，因而存在不同程度的盲目开荒和毁林开荒现象。这不仅破坏了湿地的植被资源，也使原本比较脆弱的岛状林被大量砍伐。为拯救这块淡水湿地，1994年，黑龙江省人民政府批准将其建成自然保护区，当地政府亦制定了《三江平原湿地保护条例》。三江自然保护区的建立，对于保护湿地生物多样性具有极为重要的意义，也为东北地区的气候调节、水源涵养、洪涝灾害控制及工农业生产和人民生活安全提供了重要保障。

近年来，三江湿地周边各市县开始发展绿色经济，加快农村经济结构调整，推进农村社会化服务体系建设。结合湿地动植物特点，当地居民大力发展养殖业，在优质高效农业上实现了突破，并以此为基础，积极进行小流域环境治理，实施退耕还林、还草、还湿工程，通过人工造林、封山育林和公益林建设，提高森林覆盖率，用林带保护湿地。同时，当地各级政府加强草原保护，严禁开垦草原、超载放牧。在湿地核心区、缓冲区，实行生态移民，将湿地核心区原有居民迁出，退耕还林、还湿；禁止在核心区内开荒、烧荒、实施水利工程及其他建筑工程；封河育鱼，禁止在河流、泡沼捕捞。这一系列的小流域环境治理工作，在宏观上有效遏制了湿地资源的衰退态势。

参考文献

[1]邓慧敏.三江湿地环境质量现状及保护对策研究[J].环境科学与管理，2015（08）.

[2]刘红玉.中国湿地资源特征、现状与生态安全[J].资源科学，2005（03）.

[3]王娜，高婕，魏静等.三江平原湿地开垦对土壤微生物群落结构的影响[J].环境科学，2019（05）.

[4]杨纪.三江湿地：野性的"东方亚马逊"[J].绿化与生活，2016（01）.

[5]张新厚.三江平原"大酱缸"的缔造者——漂筏苔草[J].生命世界，2014（03）.

中俄交界的边境湿地　貂及麝鼠野生种源地
——兴凯湖国家级湿地自然保护区

　　兴凯湖位于黑龙江省鸡西市密山市东南部，距密山市35千米。该地区属乌苏里江流域水系，有24条河流汇入兴凯湖。6500万年前的火山喷发，厚重的火山云消散，炽烈的岩浆冷却，地壳坍塌，大地凹陷，水流汇集，大兴凯湖在地表的变化中逐渐拥有雏形。小兴凯湖则是在大湖变迁过程中，由湖水退缩形成。兴凯湖湿地属于冲积平原，地势西北高东南低，

兴凯湖湿地远眺（王维国　摄）

大小两湖间天然形成一条长90千米、高近10米的沙冈。冈上森林茂密，鸟禽和鸣。芦苇、沼柳、薹草等植物如项链般铺满湖边。在距今6000多年前的新石器时代，兴凯湖地区就有了著名的新开流文化；1949年后，在湖岗上先后建了第一、第二泄洪闸和当壁镇口岸等工程；1986年4月，经黑龙江省人民政府批准，建立省级兴凯湖自然保护区；1992年7月，在国际鹤类基金会的帮助下，与俄罗斯一起建立了兴凯湖国际联合自然保护区；1994年4月，经国务院批准被晋升为国家级自然保护区；2002年，兴凯湖自然保护区被列入《国际重要湿地名录》。保护区的核心区是貉和麝鼠的野生种源地。兴凯湖保护区在涵养水源、补充地下水、调节地表径流、削减洪峰、净化空气、调节气候、降解污染和维持水平衡方面，都起着重要作用。保护区的草甸、沼泽、湖泊和森林，组成了复杂完整的湿地生态系统。三江平原生物多样性丰富，很多重要物种均栖居于此。保护区与俄罗斯一侧的湿地相连，地理位置独特，其建立与发展具有重要的国际意义。

中俄界湖

如果被问及中国的淡水湖，烟波浩渺的江西鄱阳湖、波光粼粼的湖南洞庭湖、山清水秀的江苏太湖，也许会直接浮现在你的脑海里。但实际上，在东北的白山黑水间，曾有一个面积约为2246平方千米的天然淡水湖。这，就是兴凯湖。兴凯湖由大小两湖组成，源于地壳运动产生的褶皱，湖岗之上林木茂密，郁郁葱葱，烟波氤氲，风光旖旎。小兴凯湖温柔恬静，鱼跃鸢飞，帆影点点；大兴凯湖烟波浩渺，横无际涯，气势磅礴。大小双湖点缀在大地之上，如同一大一小两块双生宝石。

盛唐时期，兴凯湖的名字第一次出现在中国文献中。在唐代，这片湖泊被称为湄沱湖，以盛产鲫鱼知名，当时称这种鲫鱼为"湄沱之鲫"，有诗言："湄沱之鲫大如斗，月琴海下有千秋。"唐朝灭亡后，北宋未能收复失地，导致其先后成为辽国和金国的领土。又因兴凯湖湖形如"月琴"，故金国人称之为"北琴海"。而在之后的元明清三个朝代，兴凯湖依然是中国的内湖，直至清代它才被正式命名为兴凯湖。

1860年第二次鸦片战争期间，清朝咸丰皇帝以狩猎为名，出逃至热河避暑山庄。英法联军火烧圆明园之际，沙俄逼迫清廷签订了《中俄北京条约》。该条约规定，中俄东段边界以黑龙江、乌苏里江为界，黑龙江以北、乌苏里江以东划归俄国。就这样，大约有40万平方千米的中国领土被俄国割走，包括兴凯湖三分之二的水域。从此，兴凯湖不再是中国第一大淡水湖。

现在，兴凯湖已建有国家湿地公园，开展多种湿地生态旅游项目。工作人员不断拓展相关项目，加强生态教育，引导生态旅游向高端发展。如利用兴凯湖的自然资源和景观优势，围绕"体验湿地，融入自然"的主题，开发参与性强、对湿地生态影响较小的生态旅游系列产品。同时，制定了科学合理的生态旅游路线：游湿地博物馆→湿地公园→观水生植物→水上观鸟→珍禽监控→观湿地全景。这样，既可满足游客亲近自然、了解当地文化的愿望，也能满足一些高端旅游者欣赏、探索、认识自然的需要，还能服务于保护区的科研监测。

兴凯湖白鱼

兴凯湖白鱼为鲤科淡水经济鱼类，色白如玉，俗称大白鱼。其成群栖息于淡水上层，体形长、侧扁，口大、斜或上翘，臂鳍延长；体形颀长，尾鳍发达，有"游泳冠军"之称。兴凯湖白鱼以鱼虾和水生昆虫为食，重量多在2.5～3.5公斤，大者可达5公斤。

兴凯湖水质清洁，没有任何污染，所有湖产水鲜均为有机食品。由于兴凯湖冬季寒冷，白鱼越冬前要大量捕食白虾，早早储备能量，所以冬季捕到的白鱼，脂肥肉嫩，口感滑而不腻。其生长季节相对较短，但成长过程比较长，所以肉质十分瓷实。兴凯湖白鱼不仅凭借肉质鲜美入选"中国四大名鱼"之列，同时还与乌苏里江的大马哈鱼、绥芬河的滩头鱼，并称为"边塞三珍"。兴凯湖大白鱼是淡水鱼中之贵族，在唐代就以"湄沱之鲫"名扬九州，曾被唐朝大诗人杜甫形容为"白鱼如切玉"。它曾是皇家贡品，如今也是贵宾餐桌上的一道

兴凯湖白鱼

压桌大菜。若有一日能亲临兴凯湖，一睹波涛滚滚如同大海的湖面，观赏秀美葱郁的生态景观，品尝名贵的兴凯湖大白鱼，不失为既饱眼福又饱口福的惬意旅行。

在兴凯湖岸，或野外或室内，有湖水炖白鱼的吃法。把活鱼剖腹洗净，加上湖水清炖，佐以精盐、胡椒粉、香菜末等。炖熟之后，汤白如牛乳，鱼肉鲜嫩，喝汤食肉，其味妙不可言。还有一种传统吃法，是把白鱼清蒸后，去骨刺阴干，肉切成丝状，食时再蒸10分钟，风味特殊，又名"赛蟹肉"。后一种吃法为清初名将、宁古塔将军萨布素发明。萨布素曾邀请江南才子吴兆骞到家中做客，并亲自下厨制作了兴凯湖白鱼请客人品尝。吴兆骞一口下肚，顿觉口中肉质紧致滑爽，初猜是松花蛇肉，品数口后，觉得鲜美异常，又猜是蟹肉。最终，萨布素说："此乃兴凯之大白鱼也，我常食之，每觉其味与长白山松花蛇、辽西河蟹之风味相似，故以特技制之，果得其妙。"大白鱼除味道鲜美外，还具有较高的药用价值，可以补肾益脑、润肠利尿，鱼脑更是不可多得的滋补品。

保护现状与管护举措

兴凯湖这片生命之湖庇佑了众多珍稀濒危鸟类等野生动植物，内陆水域湿地及森林生态系统均在这里存续。兴凯湖自然保护区自成立以来，保

护成效显著。湿地保护亦经历了社区群众从抵触到支持，从反对到参与，基础设施从小到大，从少到多，湿地保护工作由浅入深，从盲目混乱到科学有序，科研监测从无到有，从宏观到微观的渐进过程。

　　为保护该区环境，当地有关方面采取了许多措施：一是调查兴凯湖资源现状，全面规划与管理兴凯湖的自然环境保护、景区建设；二是全面整顿核心区及周围地区，实施排污综合治理，大力发展有机农业；三是开展鸟类资源监测、调查研究和鸟类环志工作；四是实施风沙口生态治理工程、还沼复湿工程，架设人工白鹳巢等；五是利用湿地日、爱鸟周、野生动物保护宣传月等契机和节点，开展大型宣传教育活动和学生的研学实践活动；六是建设培训中心、宣教中心、鸟类救护中心、办公楼和管护站、湿地公园、游船码头、观光平台等设施；七是成立中俄两国保护区委员会，按照统一的调查方法开展工作，共同申报国际性兴凯湖流域动植物科研课题。

参考文献

[1]姜作发，董崇智，战培荣等.大兴凯湖浮游动物群落结构及生物多样性[J].大连水产学院学报，2003（04）.

[2]李融，张庆忠，姜炎彬等.不同干扰下兴凯湖湿地植物群落的物种多样性研究[J].湿地科学，2011（02）.

[3]曾涛.兴凯湖湿地生态旅游资源评价、监测与开发研究[D].东北林业大学，2010.

[4]曾涛，邸雪颖，杨光等.湖泊湿地生态旅游资源评价——以兴凯湖国家级自然保护区为例[J].东北林业大学学报，2010（05）.

[5]战培荣，赵吉伟，董崇智等.兴凯湖翘嘴鲌（*Culter albarnus*）的生长特性[J].海洋与湖沼，2005（02）.

全国最大的寒温带森林湿地
——黑龙江南瓮河国家级自然保护区

　　黑龙江南瓮河国家级自然保护区位于大兴安岭地区松岭区境内，地处大兴安岭支脉伊勒呼里山南麓。该保护区保存了完整的原始森林湿地生态系统，有原始森林、沼泽、草甸、湖泊、溪流、河川、冰雪等景观。原始森林湿地、草丛湿地、灌丛湿地、冰湖湿地、岛状林湿地、湖泊湿地种类齐全，主要保护对象是森林湿地及其生物多样性和嫩江源头。在我国北部寒温带针叶林区，这是唯一保存下来的面积最大、纬度最高、最原始、最典型的内陆湿地和水域生态系统类型的区域。南瓮河的岛状林湿地全国独有。得益于种类多样的栖息地和丰富的食物资源，这

夏季的南瓮河湿地（张德凯 摄）

里容纳了大兴安岭寒温带森林所有的陆生、湿生、水生生物物种，是一座
天然物种基因宝库。

南瓮河湿地与嫩江

300多千米长的伊勒呼里山，绵亘于大兴安岭东侧，为黑龙江与嫩江
水系的分水岭。发源于岭北的河流流入黑龙江，发源于岭南的河流汇入南
瓮河湿地，最后经南瓮河汇入嫩江。因此，南瓮河是嫩江源头的核心区
域。南瓮河湿地因南瓮河得名，而南瓮河寓意为何则说法不一。有人认为
它取自鄂伦春语，说这里的地形像酒坛子，或像一口大锅。虽然名字的寓
意目前尚无定论，但这为南瓮河增添了一丝神秘色彩。南瓮河湿地是国内
唯一的寒温带岛状林国家级湿地，内有南瓮河、南阳河、二根河、砍都
河、库尔库河等河流。

嫩江位于黑龙江省中西部，全长1370千米。它虽是松花江最大的支
流，但历史名称极为复杂，这与周边民族语言变化有关。《北史》最早称
嫩江为难水或难河，又作樣河。《新唐书》称其为那河（水）。《辽史》称
其为乌纳水、纳河。《元史》称其为纳兀河、脑连水、孛苦江、那兀江。
《大明一统志》称其为脑温江。清《龙沙纪略》称其为诺尼江。蒙语称
其为诺尼木伦，"诺尼"为"碧绿"之意，"木伦"意为"江"，"诺尼木
伦"意为"碧绿的江"。

嫩江是流域经济发展的重要动脉。从20世纪70年代初开始，为解决
大庆油田用水、松嫩平原的农业灌溉用水以及当地居民的生活用水问题，
国家投资建设了北部、中部和南部三个引嫩工程，统称"三引"。"三引"
从嫩江干流讷河市拉哈镇渡口引水，直送到松嫩平原腹地，工程控制面
积3750万亩。嫩江水的到来，使已退化的草原、芦苇、泡沼又恢复了生
机，生态环境得到修复，鸟类来此栖息，当地的渔业养殖、粮食生产也
得到发展。

南瓮河湿地地跨寒带和温带，属温带过渡带湿地保护区。嫩江源头水量充沛，历史上嫩江从未断流。可以说，南瓮河湿地滋养着松嫩平原的千里沃野。研究表明，南瓮河湿地2米以下是永冻层，雨水及径流流入湿地后，湿地像一个超大的盛水器，把水留住，供给嫩江。值得注意的是，南瓮河湿地往南，就是冻土的边缘地带。保护好南瓮河湿地，不仅要保护好地表动植物及水系河流，也要防止冻土层缓慢退化。

貂熊

在整个中国，貂熊的数量仅有几百只。其最主要的栖息地在大兴安岭，如今已很难见到它们的身影。貂熊擅长奔跑、游泳和攀爬，无论是在丛林、沼泽，还是在湖泊江河，貂熊都能生活得游刃有余，因此又有"飞熊"之称。南瓮河湿地，就是貂熊这种珍稀动物的一个幸福家园。

貂熊，别名月熊，是鼬科、貂熊属动物，多分布在北极边缘及亚北极地区，少量分布在我国大兴安岭和新疆阿尔泰山区。其身体外形似貂像熊，身体和四肢粗壮如熊，但拖着一条像貂的长尾。其身体不大，体格粗壮，连头带尾长约80～100厘米，体重8～25千克。毛为棕褐色，体侧向后沿臀周有一淡黄色半环状宽带纹，形似"月牙"，故又有"月熊"之称。

貂熊看上去呆萌可爱，不过，野外见到，可千万不要招惹

貂熊

它们。它们视觉敏锐，善长途奔走、游泳、攀援，生性机警，异常凶残，敢跟虎、熊、狼、豹搏斗、抢食。很多猛兽都拒绝和它们正面交锋。其食性很杂，既捕捉狐狸、野猫、狍子、原麝、小驼鹿、水獭、松鸡、榛鸡、鼠类等动物，也吃蘑菇、松子和各种浆果。

貂熊为捕食可以说是无所不用其极。它们会隐蔽在大树上，耐心等待路过的猎物，一旦时机合适，就会从天而降，一击得手。有时貂熊像个侦察兵，会躲藏在某些动物经常路过的地方，伺机偷袭。貂熊不惧狼、熊，有时会冒险从它们口中夺取食物。貂熊夺食的绝招是它们的尖牙利齿。凭借其尖锐的牙齿，貂熊可以很快咬穿一块10厘米厚的木板。

貂熊之所以能独霸森林，除了尖牙利齿，还有多项独门绝技。貂熊的尿液，可以有效麻痹猎物的中枢神经，致使其行动迟缓。据鄂伦春人介绍，貂熊发现猎物后会迅速撒尿，一边撒尿一边跑，把猎物用尿液圈住，这时被困的猎物会像中魔一样待在原地不动，不再反抗。随后，貂熊会用尖刀一样的牙齿肢解猎物的身体，大快朵颐后，搬走吃不完的食物，将其分几处隐藏起来，以备不时之需。

鄂伦春和鄂温克猎人为了防止猛兽袭击，会千方百计收集貂熊的尿液，洒在自己的住所四周。据说萨满巫师亦用貂熊尿液配合其他草药，制成药剂。貂熊的尿液有特殊功效，而其皮毛更加珍贵。所以，人类疯狂猎杀貂熊，用其皮毛谋利。栖息地质量下降、食物资源减少、人类的疯狂猎杀，导致貂熊数量急剧下降，现貂熊已经濒临灭绝。虽然尝试过人工养殖，但貂熊性格刚烈，人工繁育并不成功。目前，在大兴安岭地区的貂熊仅存几百只，是比大熊猫还稀少的珍稀动物。

保护现状与治理措施

1999年，南瓮河湿地省级自然保护区成立；2003年6月，被晋升为国家级自然保护区；2011年，被列入《国际重要湿地名录》；2013年，入选

"中国50家最美湿地"。南瓮河湿地是我国最大的寒温带森林湿地，内有大兴安岭寒温带针叶林区所拥有的森林植物、野生动物、森林昆虫、大型真菌等，生物多样性异常丰富。作为寒温带典型的生态系统，该湿地具有重要的科研价值，是研究生态系统演替、候鸟迁徙、留鸟繁殖，以及冻土变化、植物演替、动物种群变化、森林资源可持续利用等的模式基地。

为更好地保护南瓮河湿地，保护区积极开展宣传教育工作，如举办湿地保护法律、法规、政策进社区活动。结合国际湿地日、世界水日等主题宣传活动，设立宣传牌、开辟电视宣传专栏等多种形式，深入开展湿地保护的宣传教育，增强了当地群众的生态保护意识。保护区还与中国科学院合作，开展多年冻土研究；与大兴安岭地区林业科学研究院合作，共同开展温室气体排放研究项目。同时，以生态定位监测站为基础，常年对保护区的土壤、气象、水文、生物及森林健康五项指标进行监测，为中国陆地生态系统监测网提供了翔实、科学的基础数据。

参考文献

[1]朴仁珠，张明海，田家龙等.大兴安岭林区貂熊冬季活动特征的研究[J].兽类学报，1995（03）.

[2]任健滔.南瓮河自然保护区生态旅游资源评价与开发策略研究[D].东北农业大学，2012.

[3]闫立海.南翁（瓮）河湿地自然保护区生态特征浅析[J].现代化农业，2014（07）.

[4]朱世兵.基于迁移行为、食性分析的貂熊冬季生境利用和评价[D].东北林业大学，2015.

[5]朱世兵.大兴安岭地区貂熊（*Gulo Gulo*）冬季生境评价[D].东北林业大学，2009.

两草一水七分苇　芦苇荡里听鹭声
——黑龙江七星河国家级自然保护区

　　黑龙江省宝清县北部的三江平原腹地上，坐落着七星河湿地。这里保存有完整的三江平原原始湿地景观，具有"两草一水七分苇"的特点。区内微地形发育，形成了以芦苇沼泽为主，草甸、湿草甸、浅水沼泽、深水沼泽、水域等共存的景观单元。本区属长白植物区系，受其他区系成分的影响和渗透，区系内多成分交叠混杂。植物种类虽然不多，但具有独特性，其植被类型主要包括草甸、沼泽和水生植被三种，自然植被以芦苇沼泽、小叶章和薹草为主。

七星河湿地局部

中国白琵鹭之乡

白琵鹭，属于鹳形目、鹮科、琵鹭属。白琵鹭为大型涉禽，脸部黑色少，喙的前端为黄色。白琵鹭的喙长直，上下扁平，前端扩大形成铲状或匙状，很像一把琵琶，故名琵琶嘴鹭、琵琶鹭，别称"飞鸟美人"，是荷兰的国鸟。它的体长为70～95厘米，体重2千克左右。作为大型涉禽，白琵鹭腿长脚长，适于在泥滩中觅食行走。

白琵鹭栖息于开阔的平原和山地丘陵地区的河流、湖泊、水库，也栖息于水淹平原、芦苇沼泽、沿海沼泽、红树林、河谷冲积地和河口三角洲等地。它们常成群活动，休息时常在水边呈一字形散开，长时间站立不动，受惊后则飞往他处。其性情机警畏人，飞翔时两翅鼓动很快，每分钟近200次。白琵鹭主要以虾蟹等甲壳类、水生昆虫、蠕虫、软体动物、蛙、蝌蚪、蜥蜴、小鱼等小型动物为食，偶尔也吃植物的种子。白琵鹭琵琶形的喙有如探雷器，便于帮助它们发现滩涂湿地浅层的各种细小生物。

全球白琵鹭的种群数量在3万只左右，但各地的种群数量普遍不高，多数国家都只有几百对繁殖种群，并且呈逐年下降趋势。白琵鹭在欧洲、印度、斯里兰卡和非洲北部海岸繁殖。全球有三个亚种，我国仅有指名亚种。夏季，它们在新疆西北部的天山至东北各省繁殖；冬季，经我国中部南迁至云南、东南沿海省份及其岛屿越冬。历史上，有过上千只白琵鹭集聚在鄱阳湖越冬的记录。

在中国北方繁殖的白琵鹭种群为夏候鸟。春季4月，它们从南方越冬地迁到北方繁殖地，秋季于9月末至10月末南迁至越冬地。迁徙时常为40～50只的小群，排成一纵列或呈波浪式的斜行队列飞行。通常它们多在白天迁飞，傍晚停落觅食，一般鼓翼飞翔，偶尔滑翔。飞行时两脚伸向后方，头颈向前伸直。江西鄱阳湖、江苏盐城、黑龙江七星河等湿地，都是白琵鹭种群的繁殖地或越冬地。

每年都有较多的白琵鹭在七星河湿地繁殖。2000年，七星河湿地被晋升为国家级自然保护区；2011年，七星河湿地被国家野生动物保护协会命名为"中国白琵鹭之乡"。目前，白琵鹭已被列为国家重点保护动物。

芦苇

作为广布种的芦苇，人们都不陌生。"蒹葭萋萋，白露未晞。所谓伊人，在水之湄。"2000多年前，芦苇就随着《诗经》走入中国人的生活，并传承着文明。芦苇茎直株高，迎风摇曳，野趣横生，曾有诗赞曰："浅水之中潮湿地，婀娜芦苇一丛丛。迎风摇曳多姿态，质朴无华野趣浓。"

芦苇为单子叶植物纲、禾本目、禾本科、芦苇属植物。它生长于浅水区，叶子呈披针形，茎中空，光滑，花紫色。芦苇具备发达的通气组织，根部耐长时间淹水。因其茎和叶绝大部分挺立出水，故属挺水植物。实际上，芦苇适应能力很强，如同两栖动物，在陆地和水中都能生长和繁殖。芦苇对水分的适应度很宽，从土壤湿润到常年积水，从水深几厘米至1米以上，都能形成芦苇群落。在水深20～50厘米、流速缓慢的河里或湖里，可以形成高大的芦苇群落。芦苇在水中被淹没数十天，待水退去照样能生长。

芦苇是湿地的财富。芦苇茎秆中的纤维含量高达48%～61%，是优质的造纸原料，也可用于制造人造丝或作为编织材料。其花絮俗称苇毛缨，柔软保温，可塞进冬季用的木底草鞋中保暖，可装枕头，其花穗亦可制作扫帚。冬季的七星河湿地会迎来大批收割芦苇的人。刀客是割苇人专门的称谓。那时，严冬时节，河流与沼泽都结了冰，春夏之际无法涉足的湿地变成了通途，这时收割芦苇的刀客便进入芦苇湿地。刀客们牵着牛在冰面上行走，牛拉着拖刀，贴着冰面将芦苇割下。这样不会伤害芦苇根，次年芦苇仍可以继续生长。除了拖刀，刀客们还使用5米长的大片刀。刀客们最古老的方法是，把大片刀抱在怀里，身动手不动，借助身体的力量把刀割向芦苇。瞬间，一排排芦苇整齐倒地。咔咔的刀割声

No crops

在湿地上空响起，巨大的声响甚至会吓跑野狼。

芦苇具有多种功能，就连芦苇荡，也曾在战争年代建立了功勋。如江南常熟沙家浜芦苇荡，是新四军伤病员开展敌后斗争的天然庇护所。著名作家贾平凹曾说："游了一次沙家浜，再

秋天的芦苇花（左平 摄）

也忘不了江南的这个古镇，记住了这片可能是中国最干净的水和水中浩浩荡荡的芦苇。"

水边芦苇，是湿地一道美丽的风景线，苇絮就像成群的仙鹤羽毛在半空中飞舞。芦苇深处，不时有水鸟掠过，时起时落。白鹤、野鸭甚至是天鹅们曲颈相和。纵横交错的河港、茂密的芦苇，构成了辽阔、幽深、曲折的水面或陆上芦苇空间，形成一个个迷宫。大面积的芦苇不仅可调节气候，涵养水源，其所形成的良好湿地生态环境，也为鸟类提供了栖息、觅食和繁殖的家园。

湿地现状与管护措施

七星河保护区始建于1991年；2000年，被晋升为国家级自然保护区；2011年，被列入《国际重要湿地名录》。该湿地生态系统在维持区域生态平衡、促进生态环境的良性发展方面起着重要作用。迄今为止，保护区内有鸟类100余种，其中有国家重点保护鸟类——丹顶鹤、白鹤、灰鹤、中

华秋沙鸭等多种珍稀鸟类。

每年春季，候鸟归来。湿地保护区内，碧草连天，河流纵横，滩水浩渺，成千上万只鸟儿铺天盖地，上下翻飞，蔚为壮观。群鸟争鸣，相互追逐，时而引吭高歌，时而嬉戏水中，游戏觅食两不误。放眼望去，空中有飞鸟飞翔，草地上有昆虫跳跃，河湖中有鱼翔浅底，原野充满盎然生机。

近年来，为了保护好湿地资源，七星河保护区管理局采取了很多措施。七星河保护区边界线长、管护难度大，保护区从2008年开始就与相邻的富锦市三环泡自然保护区、五九七农场和友谊农场达成联防共管协议，扩大了湿地保护范围。一方面严厉打击在保护区内偷猎、捕鱼、私搭滥建等行为；另一方面，通过严格管护，基本杜绝了湿地内毁湿开荒、放牧、捕猎和私搭滥建的情况，有效防范和打击了违法行为，案件发生率逐年下降，保护成效显著。

参考文献

[1]陈辉，高智晟，崔守斌等.黑龙江七星河国家级自然保护区白琵鹭巢区配置研究[J].湿地科学，2014（02）.

[2]郭玉荣，范丁一，李国忠等.七星河国家级自然保护区管理有效性评价[J].东北林业大学学报，2012（08）.

[3]单元琪，姚允龙，张欣欣等.三江平原七星河流域湿地植物多样性及影响因素[J].生态学报，2020（05）.

[4]王芳，高永刚，白鸣祺.近50年气候变化对七星河湿地生态系统自然植被第一性净生产力的影响[J].中国农学通报，2011（01）.

[5]王鸿浩，崔守斌，裴仲旭等.黑龙江七星河湿地自然保护区白琵鹭种群数量和巢址选择初步调查[J].哈尔滨师范大学自然科学学报，2013（01）.

"中国野生荷花之乡"

——黑龙江珍宝岛湿地国家级自然保护区

　　黑龙江珍宝岛湿地国家级自然保护区有"中国森林氧吧""中国野生荷花之乡""黑龙江十大最美湿地"之称，2011年被列入《国际重要湿地名录》。

　　珍宝岛，满语为"古斯库瓦郎"，意为"军队营盘"。它本是乌苏里江西侧江岸的一部分，与我国领土相连，后因江水长年冲刷，1915年才形成岛屿。由于该岛两头尖、中间宽，形状似中国古代的元宝，因而得名"珍宝岛"。在乌苏里江上作业的老一辈中国渔民，称珍宝岛为"翁岛"。全岛面积0.74平方千米，长约1700米，宽约500米，距西岸（中国领土）200米，距东岸（现俄罗斯领土）300米。枯水期一到，珍宝岛便与乌苏里江西侧的中国陆地连在一起，变成半岛。

　　珍宝岛湿地位于黑龙江虎林市东部、完达山南麓，以乌苏里江为界与俄罗斯隔江相望。该湿地是乌苏里江沿岸生态系统的重要组成部分，为湿地生物提供生长、栖息、繁殖及迁徙停歇地。该保护区内大面积的原生淡水湿地集中成片，是同纬度地区最具代表性和典型性的沼泽生态系统。珍宝岛湿地主要以沼泽湿地和岛状林为主，具有典型性、多样性、复杂性和稀有性，在地理学、生物学、生态学、医学等领域均有较高的科学研究价值。

大马哈鱼

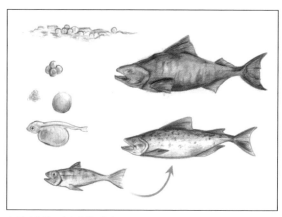

大马哈鱼的一生（高滢 绘）

大马哈鱼，又称大麻哈鱼。黑龙江渔民说大马哈鱼江里生，江里死。北太平洋是大马哈鱼成长的地方，它们在这里慢慢长大。大马哈鱼是鲑鱼的一种，为凶猛的肉食性鱼类，幼时在海里吃底栖生物和水生昆虫，长大后主要以玉筋鱼、鲱鱼等小型鱼类为食。当性成熟时，它们一定要历尽千辛万苦，进入江河，上溯到祖祖辈辈的产卵场繁殖后代。大马哈鱼一般在河里产完卵后即走完余生，直接进入死亡之旅。

有些鱼类，出生即开始旅游，江、河、湖、海、洋，有可能一个不落，按祖辈路线重复一遍。生物学上称它们为洄游鱼类，可分为溯河洄游和降海洄游两种。前者在海里长大，回到内陆河里产卵，如大马哈鱼、中华鲟。后者在江河里长大，回到海里产卵，如花鳗鲡。乌苏里江下游及黑龙江中游下段，是我国境内的大马哈鱼产卵场所。秋季来临时，成体大马哈鱼会成群结队地渡过鄂霍次克海，绕过库页岛，沿黑龙江逆流而上，日夜兼程，长途跋涉，不眠不休。不管是遇到浅滩峡谷还是急流瀑布，它们从不退却，冲过重重阻挠，越过层层障碍，直至在目的地找到合适的产卵场所。河流上的迁徙，是捕捉大马哈鱼的最好时机，所以人类和阿拉斯加棕熊都喜欢在河道里守株待兔。

大马哈鱼在做好产卵准备时，它们的体色会发生明显变化，变得非常鲜艳，比如北美大马哈鱼就会变成红色。当然，这一变色过程不是一蹴而就，而是从洄游至江河且性激素大量分泌时才开始的。为了越过瀑布或障碍物，大马哈鱼在前进中会以其尾部用力击水，借高速游泳而向前上方斜跃出水面，跳往空中的高度可达2～2.5米。

　　大马哈鱼为自己的溯河洄游旅程购买了单程票。它们在产卵后，都直接在江河中死去。从物质流动和能量循环的角度来看，它们的死亡并不仅是悲伤。数目众多的鱼群回到内陆，借助于它们的躯体，也把海洋中的营养物质带回内陆，养活了内陆的许多生物。以北美的大马哈鱼为例，在其洄游区域内，森林里80%的氮由大马哈鱼从海洋中带来，有200多个物种直接或间接地以大马哈鱼为食。大马哈鱼的洄游，在大自然的海陆之间，实现了物质流动和能量循环。

　　大马哈鱼全身都是宝。居住在黑龙江省的赫哲族人用鱼皮制革，做成皮衣服、长拉靴、烟包和钱包等。大马哈鱼的肉、肝、精巢和头，均有药用价值。其肉有补虚劳、健脾胃、暖胃和中之功效，可以治疗水肿、消瘦、胀饱、消化不良、呕吐酸水、抽搐、肿疮等症。其鱼肝可提炼鱼肝油，精巢可制作鱼精蛋白和多种鱼精蛋白制剂，用于治疗过量注射肝素所引起的不良反应，对上消化道急性出血、肺咳血等也有明显的抑制作用。

　　大马哈鱼，作为一种名贵的大型经济鱼类，在国际市场上享有盛誉。其肉质鲜美，营养价值很高，可鲜食，可胶制、熏制，也可加工成罐头。"大马哈鱼子"是闻名国际市场的"红鱼子"，极受欧美地区消费者的欢迎。

保护现状

　　黑龙江珍宝岛湿地国家级自然保护区是我国北方地区最具原始性、典型性和代表性的天然湿地之一，也是东北亚地区鸟类的重要栖息地。湿地保护区内蕴藏着丰富的野生生物资源。这里生活有东北虎、棕熊、丹顶鹤、东方白鹳等许多国家珍稀保护动物，"三花五罗"等名贵淡水鱼，以及国家珍稀濒危植物胡桃楸、水曲柳、乌苏里狐尾藻等。

　　近年来，随着经济发展，区域人口逐渐增加，林木乱砍滥伐现象时有发生，野生动物栖息地相应地发生了变化，湿地功能受到影响，湿地资源也受到一定程度的破坏。一系列生态修复工程的实施，使珍宝岛湿地生态环境得到了有效保护和恢复。在可以预期的未来，当地有关方面可以通过掌握水文动态与保护水源和生物多样性，控制和减少人类在保护区内的干扰活动，以提升对珍宝岛湿地的保护力度和水平。

参考文献

[1]韩英，王云山，范兆廷等.黑龙江流域大麻哈鱼（*Oncorhynchus keta Walbaum*）资源现状研究[J].水产学杂志，2002（01）.

[2]姜作发，霍堂斌，马波等.黑龙江流域鱼类资源现状及放流鱼类选择[J].渔业现代化，2009（02）.

[3]桑轶群.珍宝岛湿地自然保护区生态旅游资源及其评价[J].安徽林业科技，2015（03）.

[4]王振斌，李兴华，翟文涛.珍宝岛国家级自然保护区湿地资源现状与保护对策[J].防护林科技，2010（01）.

[5]张长虹.充分发挥红色文化资源的育人价值[J].红旗文稿，2015（12）.

完整的河漫滩沼泽和阶地沼泽类型
——东方红湿地国家级自然保护区

　　东方红湿地国家级自然保护区位于黑龙江省虎林市东部，乌苏里江中游西岸。2001年8月，经国家林业局和黑龙江省政府批准，成立了黑龙江东方红湿地国家级自然保护区。2013年，东方红湿地被列入《国际重要湿地名录》；2019年，加入黑龙江流域中俄边境保护区网络和黑龙江流域湿地保护网络。该保护区是我国长白山系老爷岭余脉与三江平原的过渡地带，保存有完整的河漫滩沼泽和阶地沼泽。区内森林、河流、泡沼分布广泛，拥有河流湿地、洪泛平原湿地、湖泊湿地、草本沼泽湿地、森林湿地和灌丛沼泽湿地等类型，植被以针阔叶混交林为主。天鹅浮水燕双飞，白桦静思草丰美。多样的生境类型为许多珍稀野生动物提供了良好的栖息场所和丰富的食物资源。保护区内生存着东北虎、梅花鹿、中华秋沙鸭、东方白鹳、丹顶鹤、紫貂、金雕等国家重点保护动物数百种。

东方红湿地（王维国　摄）

月牙湖与神顶峰

东方红湿地，神秘秀美，宛如一颗璀璨的明珠，依偎在乌苏里江河畔，是"黑龙江最美十大湿地"之一。该湿地地大、景美、人稀，自然资源丰富，被国际湿地专家评价为世界上最原始、最具观赏性和最具复合性的湿地，为依靠湿地生活的众多生物提供了生长、繁殖及迁徙停歇的优良环境。

月牙湖是东方红湿地胜景之一，因形似一勾弯月得名。月牙湖东侧有一条缓缓的细流与乌苏里江相连。湖面面积约5000余亩，湖内除盛产荷类产品外，还盛产鲫鱼、鲤鱼、鲶鱼、狗鱼等。湖心岛占地3万余亩，像一轮满月被月牙湖环抱，这里是保护区的核心地带，其植被有岛状层次林和小叶章、莎草等。一层草一层林呈放射状沿岛心向外分散，极富韵律，空中俯瞰，十分壮观。

月牙湖荷花堪称塞外一绝。"北国骄子虎林莲，塞外秀色别有天。风吹荷香千里外，不是江南胜江南。"盛夏季节，万亩野荷竞相绽放，千姿百态，月牙湖呈现出塞外奇绝的生态景观，是全国面积最大的寒地野生荷花聚生地。据考证，在1300多年前，有人从黄河中下游地区带来莲藕，并移栽到月牙湖。作为地球高纬度高寒地的奇葩，月牙湖荷花突破生长条件的限制，战胜严寒，扎根北方边陲，繁衍生息。2014年，中国野生植物保护协会授予虎林市月牙湖"中国野生荷花之乡"称号。

完达山的最高峰神顶峰，是东方红湿地的另一个重要旅游资源。日出、松涛、云海是神顶峰景观"三绝"。神顶峰山势险峻，登高望远，层峦叠嶂直接天边。这里是我国陆地上最早见到日出的地方。夏至当天，凌晨两点半就能见到太阳，是一年中日出最早的一天。日出之际，群山脚下，天边色彩变幻无穷。太阳像巨轮喷薄而出，大地披上霞光。云海是神顶峰的一大奇观。雨后初晴，站立峰顶，看云海变幻无穷，奇峰、古松在云海中若隐若现，更富诗情画意。山峦时而浮现，时而淹没在云海之中，如海市蜃楼。

乘车沿盘山路直达山顶，是游人欣赏、回归大自然的最佳选择。山间的浩瀚林海，遮天蔽日，清风吹过，松涛此起彼伏。这里四季分明，季季有景，风景宜人。春季群山吐绿，百花争妍；夏季鸟语花香，山野青青；秋季满山红叶，层林尽染；冬季白雪皑皑，山舞银蛇。树林中虎啸鹿鸣，蓝天上雄鹰盘旋，一幅天然画卷，让人赏心悦目。

紫貂

常言道："东北有三宝，紫貂皮、乌拉草，名贵人参天下晓。"紫貂，又名貂、貂鼠、赤貂、黑貂、大叶子，属于食肉目、鼬科、貂属动物。其体躯细长，四肢短健，体形似黄鼬，但总体稍大。耳大直立，略呈三角形，尾毛蓬松。野生紫貂性情孤僻胆小，一般独居生活在石窟树洞或树根下的土洞里。它们栖息于气候寒冷的亚寒带针叶林或针阔叶混交林中，小巧玲珑，昼伏夜出，善于爬树。

紫貂属于国家一级保护动物。借助于全身温暖又华丽的皮毛，它们得以在气候寒冷的林海雪原中生活。紫貂多在春夏季产仔，繁殖力不强，每胎产2～4只，成活寿命在16～18年。珍贵的紫貂皮成为它们的致命因素，不法猎人长期大量猎捕，大面积砍伐森林，喷洒鼠药，导致其数量锐减。全国野生紫貂总数目前仅有1000多只，已濒临灭绝。现在，人类已经开始驯化饲养紫貂，其野外种群威胁有所减弱。

紫貂多在树洞中或石堆上筑巢，活动范围在5～10平方千米。除交配期外，多独居；其视觉、听觉敏锐，行动快捷，一受惊扰便瞬间消失。它们多在夜间到地面或雪中觅食，食物有松鼠、花鼠、田鼠、姬鼠、鼠兔、野兔、雉鸡、松鸡、小鸟、鸟卵和昆虫等，有时也捕鱼，采食蜂蜜、松子和浆果等。

紫貂很喜欢干净，仓库、厕所、卧室，在其洞穴中一应俱全。为躲避

紫貂

危险，紫貂们会给自己的洞穴安排多个出口。有时猎人或者捕食者想"守株待兔"，在它的洞口蹲守。道高一尺，魔高一丈，狡猾的紫貂一定会从谁也想不到的洞口溜之大吉。紫貂的主要天敌是黄喉貂和猛禽。

紫貂全身都是宝。在化学工业方面，紫貂的皮下脂肪是高级美容化妆品的优质原料；在医学方面，貂心、貂肝可以入药；在饮食方面，紫貂肉营养丰富。紫貂的皮毛称貂皮，貂皮具有相当高的经济价值和使用价值。紫貂的冬毛皮以细密丰厚、富有弹性、滑润者为上品。用紫貂皮制成的名目繁多的高档衣物，不但柔软雅致，而且舒适耐用，深受女性消费者欢迎。

近年来，貂皮需求增加导致貂皮价格飙升，许多人在经济利益的驱使下大量捕杀紫貂，以获取其珍贵的毛皮。这是引起该物种濒危的主要原因。为保护紫貂，在严厉打击各类违法盗猎活动的同时，也要加强对其栖息地的保护。在紫貂资源较丰富的地区，需在管理条例中列入专项保护紫貂的内容，以保证该种群的延续和恢复。

鸟类环志

研究候鸟迁徙动态及其规律的手段有很多，鸟类环志是应用最广泛的一种。其常规操作方式是在鸟类集中的地点，如繁殖地、越冬地或迁徙中途停歇地捕捉鸟类，将环志固定在鸟的小腿或跗跖上，然后原地放飞，再次捕捉或观察其出现的地点。环志编号唯一，一般用特殊金属环或彩色塑料环制作，上面刻有环志的国家、机构、地址（信箱号）、鸟环类型和编号。通过回收环志鸟所提供的信息，可以解锁鸟类世界中的许多秘密，如候鸟迁徙的时间、所经区域、路线、范围、高度、速度、种群生态以及进行疫源疫病监测和研究等。

雁飞旧道，燕归故巢。生活在古代的人们，很早就对候鸟的迁飞极感兴趣。家燕是我国人民最为熟知和最常见的一种夏候鸟。"咫尺春三月，寻常百姓家。为迎新燕入，不下旧帘遮。"[①]自古以来，人们认为家燕来家筑窝会给家庭带来好运，故主动保护家燕，并为它们提供筑巢条件。保护家燕的习俗，成为民间传统。相传在2000多年前，吴国宫女为观察家燕返巢的习性，就曾以红线缚在其跗跖部位。1899年，丹麦教师H. C. 马尔坦逊（H. C. Martensen）给164只欧椋鸟佩戴了鸟环，这是环志首次应用于科学研究。

通过环志候鸟，我们可以获知鸟类世界中的许多秘密。以北京雨燕为例，它是北京紫禁城、十大王府、钟鼓楼、天坛等皇家建筑和数十座城楼、箭楼中的常客。多年来，雨燕一直居住在高大的皇城中，很少飞入寻常百姓家，因此得了一个势利的名字——楼燕。1870年，英国博物学家罗伯特·斯温侯在北京采集到第一只雨燕标本，将其命名为北京雨燕。北京雨燕是全世界唯一带有"北京"名字的野生候鸟。雨燕也是2008年北京奥运会吉祥物"福娃"中"妮妮"的原型之一，是极具北京特色的物种形象，象征着吉祥和好运。

北京雨燕是夏候鸟。每年4月初，它从非洲南部的越冬地抵达北京，在此筑巢搭窝、繁殖后代。7月底8月初，当年出生的小雨燕与成年雨燕离开北京返回南非。对北京雨燕来说，这一迁徙是一场史诗级的飞行。环志追踪记录显示，其从北京到南非的迁飞路线长达15000～16000千米，历时115天左右，雨燕飞行速度可达每小时110～190千米。北京雨燕作为鸟类

---

① 宋·葛天民：《迎燕》。

中的飞行冠军之一，虽然有高超的飞行本领，两只脚却很细弱，不能在地上跑跳。这是因为雨燕每只脚的4个脚趾都伸向前方，不能抓握树枝，只能像钩子一样钩住墙壁或岩石壁，悬挂着身体。电影《阿飞正传》中提到："我听人讲过，这个世界有种鸟是没有脚的，它只可以一直飞啊飞，飞到累的时候就在风里睡觉……这种鸟一生只可以落地一次，那就是它死的时候。"无脚鸟真的存在，那就是北京雨燕。

20世纪80年代，我们开始利用环志进行迁徙鸟类活动规律的研究。1981年3月3日，我国签订了历史上第一份保护候鸟的国际双边协定《中华人民共和国政府和日本国政府保护候鸟及其栖息环境协定》。《协定》第一条第一款即明确指出："本协定中所指的候鸟是：根据环志或其他标志的回收，证明确实迁徙于两国之间的鸟类。"1981年9月，国务院批准了林业部等八个部门《关于加强鸟类保护执行中日候鸟保护协定的请示》。1982年10月，中国林业科学研究院林业研究所成立了全国鸟类环志中心。1983年，在青海省鸟岛正式进行了我国首次鸟类环志试验，此次实验首次环志了304只斑头雁、711只鱼鸥。

环志候鸟可以给人类提供很多信息，我们每个人在捕到带环志的鸟后，应尽可能鉴定其种类。如果为活鸟，每个人都应将其放飞。如是死鸟，则应将环志和标本一同寄出，并将捡到该鸟的地点、时间、当地环境、环面标记等记录下来，把所有信息寄到全国鸟类环志中心。这不但可以使鸟类自由地翱翔在空中，更有助于鸟类科研事业的发展。

2012年，东方红湿地保护区的科研人员首次实时监测了6只东方白鹳的整个繁殖过程。他们在东方白鹳幼鸟生长40天后，对其中的4只成功地进行了环志。这是首次近距离成功监测东方白鹳从回归筑巢到产蛋孵化，再到幼鸟飞上蓝天的完整过程，为东方红湿地开展鸟类监测及科学研究提供了科学依据。

目前，该保护区已建成集生态保护、科研监测、科学研究、资源管理、生态旅游、宣传教育和生物多样性保护等多种功能于一体的湿地自然保护区。

参考文献

[1]姜兆文，徐利，马逸清等.大兴安岭地区紫貂冬季生境选择的研究[J].兽类学报，1998（02）.

[2]沐晨.归去来兮 北京雨燕迁徙路线谜底揭晓[J].中国国家地理，2017（05）.

[3]于晓芳，王春辉.东方红湿地自然保护区环境评价[J].黑龙江生态工程职业学院学报，2009（06）.

[4]张洪海，马建章.紫貂冬季生境的偏好[J].动物学研究，1999（05）.

[5]张雷，杨贺道.关于东方红湿地保护区资源条件的调查分析[J].林业科技情报，2007（03）.

[6]张维忠."黑龙江十大最美湿地"之东方红湿地[J].黑龙江画报，2016（10）.

植被类型多样的物种遗传基因库

——黑龙江友好湿地

　　黑龙江省伊春市，素有"中国林都""红松故乡"之称。黑龙江友好湿地位于伊春市境内，该湿地保护区地处小兴安岭山脉中段，横跨小兴安岭主脉的南北两坡，属北温带大陆性湿润季风气候区，昼夜温差较大，有6个月的冰封期。沼泽湿地生态系统极为发育，有森林沼泽、灌丛沼泽、草本沼泽等，其中森林沼泽面积大、类型多。植物群落有兴安落叶松—油桦—薹草群落、兴安落叶松—窄叶杜香—中位泥炭藓群落及白桦沼泽等。灌丛沼泽植被主要有油桦—修氏薹草群落、油桦—笃斯越橘—藓类群落等。草本沼泽中以薹草类型较多，有草甸形成的灰脉薹草—

友好湿地夏季景观（李楠　摄）

修氏薹草群落、湖泊沼泽化形成的毛果薹草—泥炭藓群落等。友好湿地保护区土地总面积60687公顷，其中林地面积52145公顷，占湿地总面积的85.92%；非林地面积8542公顷，占湿地总面积的14.08%。地带性植被为红松阔叶混交林，同时还分布有兴安落叶松林、云冷杉林、白桦林及杨桦林等次生林。

修氏薹草沼泽

"苔草延古意，视听转幽独。"古诗中的"苔草"，多指苔藓，苍翠青绿，思绪迅接千载。"苔痕上阶绿，草色入帘青"，静谧幽雅之感油然而生。但这里要讲的薹草，是莎草科薹草属多年生草本植物，具地下根状茎，秆丛生或散生，呈三棱形，叶片线形，小坚果亦为三棱形。全球薹草属植物约2000种，我国约有500种。薹草属植物主要观赏部位为叶片和株型，株型紧凑低矮，形态优美；叶片形状丰富、颜色多彩，不只有深深浅浅各种绿色，还有蓝色、黄色、橙色、棕色等。

修氏薹草属东西伯利亚植物区系，主要分布在我国东北、俄罗斯东西伯利亚及远东地区，在朝鲜北部、蒙古、日本也有分布。在此保护区内，修氏薹草分布于近河岸的低平阶地上，生长于林区积水湿地，团状丛生，远看如草丘，俗称"塔头甸子"。根据所伴生的植物不同，其湿地类型又分为草甸沼泽和典型沼泽两种。草甸植物占优势则属草甸沼泽，沼泽植物占优势则属典型沼泽。

修氏薹草沼泽群落高约1米，群落总盖度在90%以上，草丛茂密。其组成植物约有80种，以修氏薹草为建群种，沼泽化程度较高。此处的小叶章也是优势植物，其他混生的植物有沼柳、越橘柳等小灌木，另有乌拉薹草、唐松草、蚊子草、单穗升麻、兴安藜芦、黄连花、山黧豆和水芹等沼泽植物。薹草群落对调节气候、改善水分条件有着重要意义，也是很多动物的栖息之地。根据建群种的不同，此处的沼泽又分两个群丛：一是小白花地榆—小叶章—修氏薹草沼泽，二是狭叶甜茅—羊胡子薹草—修氏薹草沼泽。

　　薹草属植物是我国植物区系组合的主要成员之一，更是许多地区森林最下层的优势草种。该属植物中的很多种类，可以培养为草坪植物。它们具有草坪植物的许多优良特性，如返青早、色泽好、生长持续时间长；有极强的营养繁殖能力，地下根茎发达，耐践踏性强；林下薹草耐阴性好。薹草属植物作为一类新的草坪资源，具有广阔的应用前景。

　　有些薹草属植物可以适应极端环境，如高寒草原、高寒冰缘、湿地系统以及森林最下层。在长期的演化过程中，其固有的生殖对策、极强的繁殖能力、特殊的生理整合作用以及顽强的生命力，都使其成为极端生境的先锋物种。

小兴安岭林都

　　小兴安岭是我国最大的林木产区之一。坐落在小兴安岭怀抱中的伊春市，森林覆盖率近90%，是我国当之无愧的"林都"。伊春市，因境内有伊春河经过而得名。伊春，在满族语中的意思是"衣料毛皮"。松花江与黑龙江两江环抱的林都小城伊春，与俄罗斯隔江相望，辖1市（县级）1县15个区17个林业局。伊春拥有亚洲面积最大、保存最完整的红松原始林。伊春市有多处国家级自然保护区，素有中国林都、绿色伊春、恐龙家园、红松故乡、森林氧吧等美誉。

红松的枝条、松子与松果（高滢 绘）

红松属于松科，是国家二级重点保护野生植物，也是林都伊春的象征。红松又名海松、果松、塔松，分布在中国的东北和朝鲜、俄罗斯远东、日本的北海道等地区。红松出现在第三纪，称得上是地球上的古老树种。至第四纪冰期，许多物种灭绝了，高大的红松却逃过一劫，成功存活，红松被现代科学家称为第三纪孑遗种。红松可以与多个树种为邻，组成特有的阔叶红松林。高大挺拔的红松，是这个大家族的"家长"。为了保护小兴安岭这块珍贵的红松原始森林，2004年9月1日起，伊春市已全面停止对天然红松林的采伐，以确保伊春这块中国少有的"祖母绿"可以永世长存。

伊春地域辽阔，山峦起伏，参天大树挺拔俊秀，遮天蔽日；林间溪水潺潺，清澈见底，耳边鸟鸣啾啾。相对于我国西南地区横断山区的惊艳，这里的森林景致偏于宁静、内敛，苍翠幽深中尽显林海景观。秋天，借一辆单车，行走在树叶次第转黄的密林间，视野在前端打开，优美的拐弯处，一个又一个，风景无限。公路上躺满雨后的落叶，路牙子用石头砌得整整齐齐，静静地隔开了树叶与树根的距离。车行很久，一两处木头房子忽现，炊烟袅袅，似乎在招呼你稍作停留。

保护现状与发展前景

黑龙江友好湿地属长白植物区系小兴安岭亚区。由于地理气候因素和土壤永冻层的存在，植物种类多样性虽不如长白山林区那样丰富，却比大兴安岭林区的植物种类要多。保护区内地势平缓，河谷平坦宽阔，河曲发达，牛轭湖众多，加上气候冷湿，岛状冻土普遍，从而形成了大面积的沼泽植被。

友好湿地植被类型多样，是一个重要的物种遗传基因库。其主要保护对象为东北林区森林沼泽生态系统和珍稀野生动植物资源及其栖息地，尤其是以原麝、紫貂、东方白鹳、金雕、丹顶鹤以及红松、钻天柳、黄檗、紫椴等为代表的珍稀野生动植物资源及其栖息地。保护区内森林茂密、河流纵横，湿地面积广阔，生态系统保存完好。保护区在提高水源涵养、控制水土流失、减缓干旱和洪涝灾害、调节气候等方面，具有重要的科研价值和实用价值。

友好自然保护区成立于2001年；2006年，被晋升为省级自然保护区。保护区建立后，为便于保护区的巡护和森林防火，友好林业局在软硬件方面均投入巨大，保护与管控效果良好。根据保护区各种泡沼众多、不同季节都能吸引大量鸟类栖息的实际情况，保护区设置了专门的鸟类观测站，用于日常观测和保护鸟类，同时进行科学研究。2012年，友好湿地被晋升为国家级自然保护区；2018年，被列入《国际重要湿地名录》。

参考文献

[1]黄茂祝，胡海清，张杰等.伊春林区生态旅游资源综合评价[J].应用生态学报，2006（11）.

[2]巨文珍，王新杰，孙玉军.长白落叶松林龄序列上的生物量及碳储量分配规律[J].生态学报，2011（04）.

[3]李景才.伊春红松[J].森林与人类，2011（04）.

[4]满秀玲，刘斌，李奕.小兴安岭草本泥炭沼泽土壤有机碳、氮和磷分布特征[J].北京林业大学学报，2010（06）.

[5]牟长城，石兰英，孙晓新.小兴安岭典型草丛沼泽湿地CO_2、CH_4和N_2O的排放动态及其影响因素[J].植物生态学报，2009（03）.

人类水利工程成就的年轻湿地

——黑龙江哈东沿江湿地

　　哈东沿江湿地位于哈尔滨市道外区东北部，距哈市市区不远。湿地主要类型是沼泽和沼泽化草甸湿地，辅以永久性河流和洪泛湿地。以河流为轴向两侧扩展，就是沼泽和沼泽化草甸。局部有小面积的季节性或永久性湖泊。各类湿地分布于河流谷地及河漫滩上，在地势平坦、细流网布、河曲发达、水流缓慢之处，形成了绵延数十千米的大面积沼泽，当地居民称之为"沟塘"。该湿地具有湿地生态系统的完整性、典型性、自然性、稀有性，在维持湿地生物多样性、净化水质、涵养水源、调节气候、调蓄洪水、维持区域生态平衡和生态安全等方面，具有重要作用。

秋季的哈东沿江湿地（刘兴华　摄）

大顶子山航电枢纽工程

作为我国东北地区第一大内河，松花江曾有"黄金水道"的美誉。直至20世纪80年代末，松花江干流上还船来船往，一派繁忙景象，是包括哈尔滨在内的沿江市县大宗货物运输的水上大动脉。但由于上游工农业用水量大幅增长，松花江水流量日渐减少，通航期由原来的6个月减少到两三个月，断航期时间逐年增加。

为改善哈尔滨市水环境现状，兼顾航运、发电、交通、水产养殖、灌溉和旅游等功能，2004年，地方政府兴建了大顶子山航电枢纽工程，简称大顶子山水利工程。该工程位于松花江哈尔滨市下游46千米处，是松花江梯级开发规划中的七座枢纽之一。这是我国在平原封冻河流上建设的第一座低水头航电枢纽工程，人称"东北小三峡"。流域总面积55.68万平方千米，坝址以上集水面积43.2万平方千米。工程为大（一）型水库，设计洪水标准为100年一遇，校核洪水标准为300年一遇，正常蓄水位为116米。工程于2006年11月实现二期截流，2007年4月一期主体工程蓄水，2008年12月主体工程全部完工。

工程蓄水运行后，哈尔滨段的松花江水位将常年保持在116米，比枯水期水位高出6米多，极大地改善了航运条件。其上游来的江水，可以稀

2018年7月，大顶子山航电枢纽加开两闸泄水

释、净化城市污水。污水处理厂和净水设施投入运营后，江水质量有所提高。水环境的改善，大大提升了松花江哈尔滨段沿江地段的环境品质。大顶子山航电枢纽坝顶公路桥连通了松花江南北，是连接哈尔滨至佳木斯的第一座松花江大桥。它不只彻底结束了松花江440千米区间内无桥的记

录，也结束了江北哈市三县依靠摆渡过江的历史。

哈东沿江湿地曾因松花江枯水，大片湿地消失。大顶子山航电枢纽工程蓄水后，松花江北岸原有的湿地面积扩大数倍。2007年8月，松花江哈尔滨市道外区段水位由原来的110.4米上升到116米，原沿江堤坝外大量耕地被江水淹没，形成了大面积的人为水淹湿地。在这种情况下，当地政府顺势而为，将大片滩岛和沿江湿地打造成河湾湿地公园，有太阳岛湿地公园、阿什河国家湿地公园等一批临水生态园，南岸几十千米的沿江路线成为生态风景线和经济发展廊道。由于水位抬升，原本退化裸露的沼泽湿地得到较好的水源补给，尤其是回水区大量淹没的滩涂，给哈尔滨的沿江生态带来生机，沼泽湿地得以恢复。大顶子山航电枢纽工程的兴建和黄金水道的复兴，润泽了一座宜居名城，缝合了一条经济断裂带，打造了一条黄金旅游带，取得了显著的生态效应与经济效益。

小慈姑

"岸蓼疏红水荇青，茨菰花白小如萍。"茨菰，即慈姑。它生长于地下的球茎圆头圆脑，头部顶着圆圆的发髻，远观似蒜头，入口有苦涩味。慈姑食用历史悠久。其富含淀粉、蛋白质、糖类、无机盐、维生素B、维生素C及胰蛋白酶等多种营养成分，可作蔬菜食用。慈姑含有秋水仙碱等多种生物碱，有抗癌消肿、解毒消痈作用，药用价值高。它在唐代就被列入中药，"以盐渍之，治癫犬咬伤"[1]，"（慈姑）达肾气、健脾胃、止泻痢、化痰、润皮毛"[2]。慈姑与茭白、莲藕、水芹、芡实、荸荠、莼菜、菱角并列为"水八仙"。

小慈姑，又名浮叶慈姑、野慈姑、鹰爪子、驴耳朵等，为多年生水生

---

① 《岭南采药录》。
② 《本草纲目》。

被挖出土的小慈姑全身

浮叶草本植物。它是一种泽泻科、慈姑属植物，分布于黑龙江、吉林、辽宁、内蒙古、新疆的海拔在50～650米的地区，常见于池塘、水坑、小溪及沟渠等静水或缓流水体中。小慈姑属于水生蔬菜，对铅等重金属具有较强的吸收能力，其球茎表皮的铅含量较高，故在食用时，一定要掐掉顶芽，去除表皮。

　　小慈姑性喜温湿气候，7～8月开花。沉水叶呈披针形或叶柄状。浮水叶呈长椭圆状披针形，叶端钝而具短尖头。其花小洁白，花瓣呈倒卵形，远观如繁星，点缀于黑水之上。秋季结果，冬至前后慈姑长成，当地农民便会扛着铁叉，挎着竹篮，前往收获状如土豆的小慈姑。小慈姑的做法很多，炒、炖和煲汤都行。红烧的小慈姑吃起来鲜嫩润滑，炸出来的小慈姑片香脆可口，是茶余饭后的上佳零食。

　　小慈姑同其他慈姑属的主要区别在于，其叶片有顶裂片与侧裂片之分，果翅不整齐，无鸡冠状深裂。唐代著名诗人白居易曾在《履道池上作》诗中提到了小慈姑：

　　　　　　家池动作经旬别，松竹琴鱼好在无。
　　　　　　树暗小巢藏巧妇，渠荒新叶长慈姑。
　　　　　　不因车马时时到，岂觉林园日日芜。
　　　　　　犹喜春深公事少，每来花下得踟蹰。

　　这首诗描写了白居易洛阳居所的夏日景色。从这首诗反映的情况来看，当时北方广泛分布着慈姑，黄河流域应该也有不少。如今发现最早记载慈姑的是三国时期魏人张揖撰著的《广雅》。北魏末年农学家贾思勰的《齐民要术》引用了《广雅》之说："藉姑，水芋也，亦曰乌芋。"其中的藉姑就是小慈姑。

小慈姑分布虽广，然而野生植株较为稀少。1999年8月4日，它被列入《国家重点保护野生植物名录（第一批）》名单，为国家二级保护植物。在《世界自然保护联盟濒危物种红色名录》中，其评估级别为"近危"（NT）。由于环境污染和生境恶化，野生资源也在减少，小慈姑被列入国家级保护植物。目前，有些植物园将野生小慈姑引入栽培，但迄今为止尚无人工成规模栽培小慈姑的记录。

保护与发展现状

哈东沿江湿地非常年轻。2006年，松花江大顶子山航电枢纽工程建成后，该湿地才初具规模。松花江水位升高并长期保持在116米，导致哈市道外区民主镇、巨源镇坝外土地被淹没，形成了这片年轻的湿地。湿地生物多样性丰富：有维管束植物67科、227属、465种，其中包括野大豆、莲、小慈姑等；鸟类共有234种，每年春秋迁徙季，有大量水鸟在此停歇，数量超过2万只，包括东方白鹳、丹顶鹤等濒危珍稀鸟类。哈东沿江湿地在迁飞区开展候鸟保护工作，具有重要意义。

为保护哈东沿江湿地的生态资源和生物多样性，2010年2月，哈东沿江湿地自然保护区成立。哈东沿江湿地属典型的内陆湿地生态系统，以河流湿地、沼泽湿地、沼泽化草甸为主要湿地类型，主要保护对象为水鸟、水生动物、陆栖生物及其生态环境共同组成的湿地和水域生态系统。该湿地位于东亚—澳大利西亚鸟类迁飞区，是东北亚迁徙水鸟的重要停歇地及繁殖地。

2020年，哈东沿江湿地被列入《国际重要湿地名录》。哈东沿江湿地成为黑龙江省第10处国际重要湿地，也是我国64处国际重要湿地之一。为了做好国际重要湿地的保护工作，保护区创建了湿地修复台账，在全区明确村级自然资源管护责任，制定生态修复方案、还湿整改工作方案。根据保护区总体规划，拟开展湿地恢复工程及科研监测与宣教项目。针对保护区核心区水域、岛屿，开展湿地生态系统和生物物种恢复工程，并创建科研与监测中心、植物病虫害防治检疫站、宣教馆与培训中心等，以满足湿地保护与科普教育的需要。

参考文献

[1]范晶，肖洋.黑龙江省湿地植物资源特征及保护和利用[J].东北林业大学学报，2011（06）.

[2]郭伟，邓巍，孙备等.不同供氮水平下野慈姑生物量分配及形态可塑性的研究[J].江西农业大学学报，2011（03）.

[3]霍堂斌，刘曼红，姜作发等.松花江干流大型底栖动物群落结构与水质生物评价[J].应用生态学报，2012（01）.

[4]马德滨，王占江，李艳波等.哈东湿地浮游动物及底栖动物调查及污染评价[J].黑龙江环境通报，2016（04）.

[5]赵如皓，史传奇，孟博等.哈东沿江湿地自然保护区野生种子植物组成及区系划分[J].国土与自然资源研究，2022（02）.

被世界自然基金会认定的A级自然保护区

——向海湿地

　　向海，原名"香海"。向海国家级自然保护区位于吉林省通榆县境内，地处内蒙古高原和东北平原的过渡地带，在地质构造上属松辽凹陷的西部沉降带。松辽盆地自中生代以来大幅度下沉，有深厚的中生代和新生代沉积，地貌以沙化和盐渍化的平原为特征。保护区内有20多个大型泡沼和数以百计的小泡沼，泡沼之间是湿地和草甸。地势由西向东微微倾斜，海拔在156~192米之间，垄状沙丘与中间洼地相间排列，向西北东南方向延伸。这里草原、湖泊、沼泽、沙丘、榆林、灌丛、草原水域景观交错相间，多种生物共同生存，形成了向海特有的自然生态景观。

向海鹤舞

　　"东有长白，西有向海"，长白山和向海，是吉林省的两张旅游名片。到向海国家级自然保护区看向海鹤舞，是吉林八景的保留节目。向海如同一块绿色宝石镶嵌在草原森林湿地，是丰饶与美好的象征。鹤在我国传统文化中有着丰富的文化寓意，特别是丹顶鹤，在中华文化中，它是带有神性的存在，被视为来自云端的吉祥鸟。白居易借"共闲作伴无如鹤"，表达超凡脱俗的情怀；张九龄写"岂烦仙子驭，何畏野人机。却念乘轩者，拘留不得飞"，借此抒发对自由生活的向往。

向海湿地是鹤的天堂。根据最新数据统计，栖息于向海湿地的鸟类有173种，其中珍稀种类有丹顶鹤、白枕鹤、白头鹤、灰鹤、白鹤、天鹅、金雕等，是我国著名的"鹤乡"。丹顶鹤也是其中最美的"仙鹤"，它头顶如鲜红的宝石，脖颈修长，羽毛洁白，腿长而纤细，优雅而圣洁。在中华传统文化中，丹顶鹤也是鸟类中最高贵的一种鸟，代表长寿、富贵，民间传说丹顶鹤寿命千年，视其为"仙鹤"。因其仙风道骨，为羽族之长，仙鹤在中国古代是"一鸟之下，万鸟之上"的仅次于凤凰的"一品鸟"，明清一品文官官服上所绣的图案就是仙鹤。一品是中国明清时期最高的官阶，皇帝以下文武百官共分九品，一品最高。一幅仙鹤立在潮头岩石上的图案，象征"一品当朝"；仙鹤在天空中飞翔的图案，象征"一品高升"；日出之际仙鹤飞翔的图案，象征"指日高升"。

每年4月，丹顶鹤回到家园，便开始了它们的爱情故事。雄鹤主动求

鹤舞（陈国远 摄）

爱，引颈耸翅，向天长歌，雌鹤则随之翩翩起舞，以嘹亮长鸣作为应答。雄鹤雌鹤对歌对舞，你来我往，一旦相爱，从一而终。丹顶鹤夫妻常常白头偕老，因此自古以来，在我国特别是东北地区，人们会把丹顶鹤择偶过程中的对歌对舞看成吉兆，美其名曰"鹤舞"。曹植有诗："双鹤俱遨游，相失东海傍。雄飞窜北朔，雌惊赴南湘。弃我交颈欢，离别各异方。不惜万里道，但恐天网张。"如果一只丹顶鹤死了，另一只将怀着思念独自形影相吊，不再另结新欢。

"晴空一鹤排云上，便引诗情到碧霄。"该诗句被用来描述丹顶鹤故乡——向海湿地的瑰丽景观再恰当不过。在向海湿地，湖光潋滟，苇海茫茫，丹顶鹤振翼冲天，它们或结队高飞，或展翼低旋，如一只只精灵在广袤的天地间轻歌曼舞。鹤影掠过湖面的芦苇荡，鹤鸣声清脆高亢。每年4～6月的繁殖期和9～11月的迁徙期，都是观鹤的好季节。乾隆皇帝曾在向海亲笔题下"云飞鹤舞，绿野仙踪"和"福兴圣地，瑞鼓祥钟"两块碑文。荷兰亲王伯恩哈德到向海观光后，深有感触地说："这里真是人间仙境！"国际鹤类基金会主席乔治·阿其博先生考察向海后说："我到过世界上50多个国家的自然保护区，像向海这样完好的自然景观、原始的生态环境、多样性的湿地生物，全球也不多了。这不仅是中国的一块宝地，也是世界的一块宝地！"

蒙古黄榆林

黄榆，全称蒙古黄榆，榆科、榆属植物，是第四纪冰川时期的孑遗物种，非常珍贵。其生长非常缓慢，木质坚硬，是国家一级保护植物。黄榆系浅根树种，主侧根呈水平分布，侧根极其发达。一株9年生的黄榆，树高3～5米，其最大一条侧根长达14米，可达树高的4倍。树枝有木栓层，叶面有革质层，具有耐瘠耐旱的生物特征。黄榆抗病虫害能力很强，无论是纯林、混交林还是单木，均不受榆蓝金花虫及金龟子的危害。

2005年中国邮政发行的向海自然保护区邮票——榆林

向海保护区内的蒙古黄榆核心区，位于向海乡西南部，距通榆县城约80千米，面积25平方千米，是亚洲最大的蒙古黄榆林，更是这片土地和天空的守卫者。隆冬时节，呼啸的北风漫卷黄沙，所到之处满目疮痍。但恐怖的恶魔也畏惧这片绿色的卫士，一见到黄榆，便放慢了脚步。

阳春三月，别的树种刚伴着春雷苏醒，蒙古黄榆却早已枝繁叶茂，各种禽鸟筑巢其上。盛夏里，黄榆伸出绿枝，投下一方阴凉。无论怎样干旱、燥热的天气，只要置身黄榆林，无风自凉，无雨自润。这树种，江南没有，高原没有，连邻近的内蒙古大草原也极为罕见。只有在向海，苗壮的黄榆肆意生长在寂寞的沙丘、荒原和沼泽。黄榆们有的似古藤盘柱，有的如游龙过江，有的若霸王挥鞭，有的像八仙过海，用它们倔强的生命，装饰向海的原野。

关于蒙古黄榆树的来历，还有一个传说。看过《封神榜》的朋友都知道，有个老寿星叫南极仙翁。有一天，他辞别南海观音菩萨，去蓬莱、方丈、瀛洲三个仙岛去拜访道友。他左手持翡翠如意，右手握龙头拐杖，驾一朵莲花云，悠哉悠哉地走着，忽见下面美景如画：辽阔的草原绿水茫茫，湖泡河汉星罗棋布；泽边水畔，禽鸟嬉戏，浩瀚碧波翻腾，鹤鸣晨霞；地面风积沙丘起伏延伸，犹如条条黄龙驰骋大地。正当他欣赏美景之时，地面上忽然翻滚起巨大沙浪，犹如风暴中汹涌的大海，秀美画卷被撕成了碎片。仙翁心想，如此狂暴的风沙，桀骜不驯，常年如此，岂不是要把这里变成沙丘吗？仙翁沉思之后，把手中的龙头拐杖扔下云头。拐杖旋转着落到黄沙冈上，发出一阵轰鸣。响声过后，地上便生出了一片片繁茂的蒙古黄榆树，风沙随之散去。

作为向海的一大景观，黄榆和数以万计的珍禽一起构成了向海湿地必不可少的一部分。为了保护蒙古黄榆这些大自然的遗产，向海自然保护区建造了沙棘生物围栏和铁丝网工程围栏，使湿地的动植物受到了较好的保护。

湿地保护与利用

1981年，向海自然保护区经吉林省人民政府批准成立，主要保护对象为丹顶鹤、白鹤等珍禽及其栖息地的生态环境；1986年，被晋升为国家级自然保护区；1992年，被列入《国际重要湿地名录》，同年被世界野生生物基金会评定为"具有国际意义的A级自然保护区"；1993年，向海被纳入联合国教科文组织生物圈保护区网络。该保护区内资源十分丰富，在我国的动物地理区划中，东北区松辽平原亚区和蒙新区东部草原亚区的动植物资源均有分布，属内陆湿地和水域生态系统类型自然保护区。全球15种鹤类中，生活在该保护区内的有6种，其中3种为繁殖鸟，另有一定数量的东方白鹳也在这里繁殖。

向海地处半干旱区，储水量有限，流入水多为季节性河流，季节性缺水、土壤盐渍化问题比较严重。早在1969年，向海湿地曾经开展"引洮入向""引霍入向"工程，即引洮儿河和霍林河水注入向海。这是一项充分利用降雨和洪水给湿地补水的生态工程，在一定程度上保证了向海沼泽湿地的持续健康发展。

如今，为了改善鸟类栖息地生境，保护区工作人员加大了对湿地的管理力度。他们根据鹤类、东方白鹳、大鸨等重点保护对象的时空分布特点，充分考虑食物源地、水源地、筑巢场所等，重新确定单物种保护的核心区、缓冲区和实验区；综合考虑周围居民点及其生产生活情况，控制渔业生产规模，严禁狩猎、投毒、放牧等。

参考文献

[1]陈洪山.丹顶鹤故乡的黄榆树[J].生态文化，2005（03）.

[2]崔保山，杨志峰.吉林省典型湿地资源效益评价研究[J].资源科学，2001（03）.

[3]杜凤国，王戈戎，于洪波.向海自然保护区现状及可持续发展对策[J].北华大学学报（自然科学版），2003（06）.

[4]翟金良，何岩，邓伟.向海国家级自然保护区湿地功能研究[J].水土保持通报，2002（03）.

[5]王宪礼，胡远满，布仁仓.辽河三角洲湿地的景观变化分析[J].地理科学，1996（03）.

"中国白鹤之乡"

——吉林莫莫格国家级自然保护区

　　莫莫格保护区地处吉林、内蒙古、黑龙江三省区交界处，总面积为144000公顷。"莫莫格"一词源于蒙古语，听起来它和"妈妈"的发音有些相似。保护区内沙丘起伏，好像母亲的乳峰，所以这里被称为莫莫格。本保护区位于松辽沉降带北段、松嫩平原西部边缘，为嫩江和洮儿河汇合处，整体西北高、东南低，地势平坦，相对高差不过2～10米。区内多为嫩江及其支流形成的冲积、洪积低平原。保护区属温带大陆性季风气候，土壤可分为7个土类、17个亚类。沿江、河地区的草甸土、黑钙土和冲积土为主要土类，中部及中西部则分布有淡黑钙土、风沙土。

吉林莫莫格自然保护区远眺（来自莫莫格湿地保护区网站）

中国白鹤之乡

莫莫格湿地位于吉林省白城市镇赉县，是吉林省最大的湿地保留地。在中国所拥有的9种鹤中，镇赉县就有白鹤、丹顶鹤、白头鹤、白枕鹤、蓑羽鹤、沙丘鹤、灰鹤7种，其中以白鹤数量最多，镇赉县也由此拥有"中国白鹤之乡"的美誉。

白鹤是大型涉禽，略小于丹顶鹤，体长130～140厘米；体形优美，站立时通体白色，胸和前额呈鲜红色，喙和长足呈暗红色；飞翔时，翅尖乌黑，羽毛雪白。它们栖息于开阔的平原沼泽草地、苔原沼泽及浅水沼泽地带，可能单独、成对或成族群活动。迁徙季节和冬季则常常集成数十只甚至上百只的大群，特别是在迁徙途中的停息站和越冬地，白鹤会群集在一起过冬。白鹤主要以苦草、眼子菜、薹草、荸荠等植物的茎和块根为食，也吃水生植物的叶、嫩芽和少量蛙、螺等软体动物和昆虫、甲壳动物等食物。

白鹤在全球有3个种群。东部种群繁殖于西伯利亚东北部，在中国的鄱阳湖区越冬，迁徙路线约5000千米。中部和西部种群都在西伯利亚西北部的奥伯河流域繁殖，迁徙路线长达6000千米，其中中部种群在印度北部的珀勒德布尔湿地越冬，西部种群在伊朗北部的里海南部低地越冬。

莫莫格湿地是中国候鸟东部迁徙区北部水鸟的主要途经地，是白鹤从越冬地鄱阳湖前往繁殖地西伯利亚迁徙中的休息区、补给站。这里是北鹤南迁、南鹤北归时的食源地，是增强雏鹤体能的训练场，也是人们观赏鹤舞的最佳场所。迁徙过程中，大多数白鹤在春秋季节都会在莫莫格湿地停留70多天，它们在此处觅食休整，储备体力准备继续飞行。白鹤繁殖的时候每年产两枚蛋，由于其雏鸟攻击性强，一般情况下两只雏鸟会互相攻击，有一只会在生出飞羽前死去，所以白鹤成活率很低。据资料介绍，目前野生白鹤全球仅存数千只，是名副其实的鸟中"大熊猫"。

为保护白鹤及其赖以生存的自然环境，莫莫格保护区管理局积极务力，建立了白鹤保护站；实施生态修复工程，如通过适时适量补水来保护和恢复栖息地，以及实施科研监测、环保教育和社区共管等一系列有效措施，全力打造白鹤栖息的驿站，确保了白鹤迁徙停歇地的安全及食物供给。

猛犸象化石

猛犸象又名毛象，是一种古老的哺乳动物。它周身披黑色的细密长毛，皮很厚，脂肪层厚度达9厘米，可以适应寒冷的气候。"猛犸"是鞑靼语"地下居住者"的意思，它们曾经是世界上最大的象。一头成熟的猛犸象，身长达5米，体高约3米，体重有10吨，四腿如柱，脚生五趾，头特别大，嘴部长出一对弯曲的大门牙。其生活在距今300万～1万年前，以草和灌木叶子为生。猛犸象与现在的亚洲象是亲兄弟，与亚洲象不同的是猛犸象的头颅很高，毛多而长，象牙向上弯曲。

与现代象不同，猛犸象并非生活在热带或亚热带，而是生活在亚欧大陆北部及北美洲北部更新世晚期的寒冷地区。从猛犸象的身体结构来看，它们的御寒能力极强，在西伯利亚北部及北美的阿拉斯加半岛的冻土层中，都曾发现带有皮肉的猛犸象完整个体，胃中仍保存有当地生长的冻土带植物。猛犸象遗骸大小虽与现代象相似，但头骨短而高，无下门齿，上门齿很长且向上向外卷曲。臼齿由许多齿板组成，齿板排列紧密，约有30片。

在我国东北的镇赉、山

猛犸象骨架化石

东长岛、内蒙古、宁夏等地，都曾发现过猛犸象化石。科学家研究认为，地球上的猛犸象死于突如其来的冰期，寒冷使其死亡后的尸体冻结而避免了腐烂。数万年来，它们的躯体被冰雪和冻土掩埋，从而得以完整保存下来。在阿拉斯加和西伯利亚的冻土和冰层里，曾不止一次发现这种动物的尸体。2005年9月28日，在镇赉县白沙滩引嫩入白渠首泵站的施工现场，距地表21米深处，发现了一具猛犸象遗骸，有象牙、头骨化石和两个门齿化石。其中门齿一只长2.70米，另一只长2.41米，头骨中保留有猛犸象臼齿化石。该猛犸象化石存放在镇赉县博物馆。博物馆运用图板、浮雕等形式，复原了古动物骨骼和猛犸象的日常生活场景，再现了镇赉古动物群的形态。

保护现状与发展

吉林莫莫格省级自然保护区建于1981年3月，是吉林省西部面积最大、最为典型的湿地类型保护区，其中湿地面积占全区总面积的80%以上。保护区的主要保护对象是鹤、鹳、天鹅等珍稀濒危物种，以及它们赖以生存的栖息环境。莫莫格自然保护区具有物种珍稀濒危性、生物多样性、物种代表性、生境原始性等多种显著特征，引起国际、国内各类保护组织的极大关注。1997年12月，被晋升为国家级自然保护区；2013年10月，被列入《国际重要湿地名录》。

该湿地丰富的生物多样性与其复杂多样的地貌类型密切相关。区内河流纵横、湖泡洼地星罗棋布，生境复杂多样。该区生态景观分为江河湖泊水域湿地、薹草小叶章湿地、芦苇沼泽湿地、碱蓬草湿地四种。湿地植被以小叶章为主，混有多种薹草、灯心草、泽泻、慈姑、节节草等。芦苇沼泽以芦苇为主，混有水葱、海三棱藨草、香蒲、酸模叶蓼等。

由于气候干旱等因素的影响，保护区湿地面积逐渐萎缩，环境质量持续下降，生态环境不断恶化。面对这一现状，保护区采取措施，引水恢复湿地。如引嫩入莫水渠工程，通过提、引、蓄、留等多种办法向湿地注水，使退化的湿地得到修复，为鹤、鹳等珍稀濒危鸟类提供了理想的生存环境。同时恢复了芦苇、渔业生产，发挥了湿地的经济效益。另外，针对油田开采区进行生态环境治理，恢复了薹草小叶章湿地的生态环境，修建排污池、鸟类觅食区及投食点等设施。通过这些有效措施，进一步恢复了湿地植被和生态功能。

保护区还积极与高等院校、科研单位、国际组织合作，启动了多个科研项目。保护区与国际鹤类基金会，世界自然基金会，国际鸟类保护理事会鹤、鹳及琵鹭专家组以及省内外高等院校、科研单位建立联系，增进了彼此间的合作与交流，在濒危鸟类救护、人工繁殖驯化等方面取得了良好进展和显著成效。

参考文献

[1]崔保山，杨志峰.吉林省典型湿地资源效益评价研究[J].资源科学，2001（03）.

[2]崔桢，章光新，张蕾等.基于白鹤生境需求的湿地生态水文调控研究——以莫莫格国家级自然保护区白鹤湖为例[J].湿地科学，2018（04）.

[3]何春光，宋榆钧，郎惠卿等.白鹤迁徙动态及其停歇地环境条件研究[J].生物多样性，2002（03）.

[4]林峰.吉林莫莫格国家级自然保护区管理存在问题及建议[J].吉林林业科技，2019（02）.

[5]吕金福，肖荣寰，介冬梅等.莫莫格湖泊群近50年来的环境变化[J].地理科学，2000（03）.

中国典型的熔岩堰塞湖发育的泥炭沼泽

——吉林哈泥湿地

　　吉林哈泥湿地保护区位于吉林省长白山麓龙岗山脉中段的通化市柳河县东南，保护区沿哈泥河谷呈东北西南走向。该保护区总体地貌以龙岗山脉为主体，属于中低山地及玄武熔岩台地区，最高点海拔1212米，最低点海拔557米。湿润大陆性气候，让这里四季分明。春季，干燥的暖风吹醒睡了一冬的植物；夏季，潮湿温润的雨水润泽花草林木；秋季，温和的凉风奏响丰收的序曲；冬季，寒风凛冽，雪花舞蹈着降临大地。区内人为活动干扰极少，保持着原生自然状态，是全国乃至亚洲少有的独具特点的火山地貌和泥炭沼泽湿地。这块以沼泽为主的高山湿地，是中国典型的熔岩堰塞湖发育的泥炭沼泽，也是我国东北地区单层厚度较大的泥炭地，是古北界东北区长白山亚区非常重要的碳库之一。

泥炭层标

　　泥炭作为一种环境信息载体，在全球变化研究中占有重要地位。泥炭地具有分布广、连续性好、时间分辨率高，以及气候信息含量丰富等特点。其赖以存在的条件极为狭窄，对环境变化反应敏感。我国东北地区泥炭层最厚、储量最大的泥炭矿床，就位于吉林哈泥泥炭沼泽中。这就意味着该地有世界上不可多得的高分辨率泥炭层。

除了美国佛罗里达州的大沼泽区，几乎所有的泥炭区都位于高纬度地区。世界上约60%的湿地都是泥炭的蕴藏区，其中约6%的面积已被开发为农耕或育林用地，因而遭受到不同程度的人为破坏。生长在沼泽中的植物的枯枝败叶必须没入水中，隔绝空气，才能防止氧化分解，在还原条件下发生生物化学反应，产生腐植酸等泥炭物质。如果没有水体沼泽条件，植物遗体暴露在空气中，在自然界的化学反应中就会被分解掉，不可能成为泥炭。如果植物的遗体堆积在水中，迟早会使水体变浅，最后植物遗体暴露于空气中风化，也不能成为泥炭。

从万年尺度看全球气候，我们会发现，气候并非一成不变，而是冷暖交替，一直处于剧烈动荡之中。泥炭形成后，因其分解慢，保存完好，成为记录过去全球变化，特别是气候变化的天然地质记录器。反演气候变化有很多种方法。就泥炭来说，泥炭纤维素中的碳、氮、氧同位素可以完美地诠释其形成时的温度和湿度。另外，作为辅助，泥炭埋藏地的古树，其中保存的孢粉、植硅体、泥炭地层、堆积速率、夹杂的火山灰等，均给我们提供了高分辨率的反演气候变化的方法。

泥炭沼泽在较长的时间尺度内是不断沉降的，当其沉降的速度与植物遗体堆积的速度相当时，泥炭层堆积会越来越厚；当沼泽的沉降速度大于植物遗体的堆积速度时，植物会被水淹死，泥炭化作用终止；当沼泽基底沉降速度小于植物遗体堆积速度时，植物的遗体会分解，同样泥炭化作用停止。所以，当泥炭层的堆积厚度在没

泥炭

有大的气候环境变化影响时，主要受控于植物遗体堆积速度与沼泽基底沉降速度。当两者速度相当时，植物遗体便成为高分辨率的泥炭层标。

哈泥泥炭地受人类干扰少，泥炭层标保存完好。葛勇等人基于3.5米的泥炭岩芯，提取了泥炭中的植硅体和孢粉，并由此重建了古环境信息。通过测定泥炭岩芯中的腐殖化度、有机碳含量、干容重，结合^{14}C测年数据，与泥炭纤维素δ^{18}O（氧同位素之一）时间序列相耦合，已经获得了哈泥地区全新世气候演变的5个阶段信息：

111.5 ~ 9.8kaBP	气候温暖阶段
29.8 ~ 9.0kaBP	气候急剧降温寒冷阶段
39.0 ~ 4.8kaBP	气候温暖阶段
44.8 ~ 1.8kaBP	气候冷暖交替波动阶段
51.8 ~ 0kaBP	气候寒冷阶段

哈泥泥炭沼泽起源于火山岩浆活动充填山间谷地形成的堰塞湖地貌环境，是我国典型的熔岩堰塞湖发育的泥炭沼泽。沼泽平面近于梯形，东西向展布，东宽西窄，周围群山环绕。表面平坦微向西斜，海拔882 ~ 900米，地表径流从各个方向洼地汇集，进入沼泽形成伏流。哈泥泥炭沼泽是我国东北地区泥炭层最厚、储量最大的泥炭矿床，它有沉积速率快、植物残体类型多样的特点，是世界上不可多得的高分辨率泥炭层标。其在全新世环境演化研究方面有重要的科学价值，同时对涵养和提供水源、净化水质、调节气候等都具有重要作用。

东北红豆杉

"红豆生南国，春来发几枝。"红豆杉作为一种生长缓慢的第三纪孑遗树种，在地球上已有250万年的历史，被称为植物活化石。用红豆的果实来寓意长长久久的相思，再妥当不过了。红豆杉属植物在全球约有11个种和数个变种，全部分布于北半球。我国的红豆杉主要有东北红豆杉、云南

挂果的红豆杉

红豆杉、西藏红豆杉。

　　东北红豆杉又名紫杉、米树、赤柏松，人称"植物黄金"，喜阴、耐旱、抗寒，生命力顽强，全身都是宝，集药用、材用、观赏于一体。其树高可达20米，胸径达1米。木材坚硬细腻，纹理光泽优美，具有结构致密、组织细小、硬度高、耐腐蚀性强、韧性好等特点，是一种可以用于制作高档家具及木雕等的优质木材。

　　东北红豆杉原产于我国东北部、日本、韩国及俄罗斯东南部。从我国东北红豆杉分布区来看，其纯林已很少见。东北红豆杉属植物对生境的要求非常严格，喜阴抗寒，在天然林中多散生于红松、长白鱼鳞松、紫椴、蒙古栎等为主的针阔叶混交林中。在我国，野生东北红豆杉现主要分布在吉林省长白山地区和黑龙江部分海拔高度为600~1200米的地区。受天然更新缓慢等一些因素限制，红豆杉资源稀少，成为极小种群的物种，当前正处于濒临灭绝的境地。

　　红豆杉是世界上公认的濒危天然珍稀抗癌植物。1964年以来，美国科学家从红豆杉的树皮中分离出了具有高抗癌活性的紫杉醇。它所具有的良好抗癌活性，尤其是其独特的抑制微管解聚、稳定微管的作用，使其成为备受瞩目的抗癌新药。随后，为了提炼抗癌药物谋利，大量野生红豆杉被盗伐，红豆杉资源遭到了严重破坏。1996年，联合国教科文组织将野生红豆杉列为世界珍稀濒危植物；1999年，红豆杉被我国列为一级珍稀濒危野生植物。目前，红豆杉属的所有种均被列为国家重点保护植物。

红豆杉具有驱蚊防虫作用，抗病虫能力强，无需施药也能健康生长。据说它的树龄可以长达五千年。在我国一些地区，人们认为红豆杉可以带来吉祥、幸福。红豆杉也可用作家植盆景，象征长寿，人称"长寿树"；因其果实象征相思之情，又被称为"相思树"。由于红豆杉喜阴、耐干、抗寒，极易养护，而且四季常青、造型美观，既适合在起居室以及办公室、宾馆、饭店等公共场所摆放，又可用于庭院、公园等城区绿化，所以广受人们欢迎，市场空间巨大。

保护情况与发展现状

1991年，通化市人民政府批准成立哈泥市级自然保护区；2002年，哈泥湿地被晋升为省级自然保护区；2009年，哈泥湿地获批国家级自然保护区；2018年，哈泥湿地被列入《国际重要湿地名录》。哈泥湿地在我国植被区划中属于温带红松针阔叶混交林区，区内主要保护对象是以哈泥泥炭沼泽为主的湿地生态系统和哈泥河上游水源涵养区。

水波荡漾、草长莺飞、雁舞鸟鸣，这是现在哈泥湿地的真实写照。但是，20世纪80~90年代，湿地生态系统曾遭受严重破坏，作为通化市饮用水源的哈泥河也面临严重的生态危机。为了更好地保护哈泥湿地，促进人与自然和谐发展，保护区从2014年开始，一方面划出湿地生态保护红线，全面实施封山禁牧；另一方面，建设湿地保护设施，加大湿地宣传、执法、监测的工作力度，大力开展专项行动，严厉打击非法狩猎、围垦湿地、挖沙取土、采挖泥炭藓，以及违法违规占用湿地等现象，有效保护了湿地资源。

为了突破生态保护的"瓶颈"，创新"以湿养湿"模式，保护区管理部门还与周边社区居民合作，在湿地上以合作社的方式发展蓝莓产业。蓝莓是国家林业和草原局确认的退耕还林的主要树种之一。种植蓝莓使用的生物有机肥，降低了畜禽粪便对哈泥河流域的面源污染，提高了土壤中的有机质含量，遏制了土壤退化，改善了哈泥湿地的生态环境，化解了生态保护与经济社会发展的矛盾。

参考文献

[1]董静.哈泥湿地资源保护初探[J].黑龙江科技信息，2011（36）.

[2]葛勇.长白山西麓哈尼（泥）泥炭地全新世植硅体与孢粉信息记录的古环境重建[D].东北师范大学，2012.

[3]刘佳.泥炭记录的长白山区中-晚全新世以来的气候变化[D].东北师范大学，2018.

[4]邱正秋，李岩，祁洪义.通化市湿地保护工作发展现状及建议[J].绿色科技，2018（24）.

[5]陶发祥，洪业汤，李汉鼎.泥炭地对全球变化的贡献及对全球变化信息的自然记录[J].矿物岩石地球化学通报，1995（02）.

[6]王小禹，林叶彬，杨恬.哈泥河高山泥炭沼泽湿地的现状与恢复研究[J].安徽农业科学，2013（31）.

大东部平原区

海河、黄河、淮河、长江、珠江是我国大东部地区的重要水系。这些水系的中下游平原区地势低平，水系发育，支流众多，是我国淡水湿地数量最多、分布最密集的地区。该区域湿地以湖泊为主体，有洞庭湖、鄱阳湖、洪湖、网湖、沉湖、南四湖等。从分布来看，湖泊是面状湿地，河流为条状湿地，两者通过水流连接在一起。这些湖泊多为过水性的，干季时补给河水，湿季时调蓄洪水，是调节旱涝水量的天然蓄水池。保护河流、湖泊湿地水文、生态过程的自然连续性，是保持湿地生态系统健康的基础。

广义上的大东部平原区，包括河南、河北、北京、湖北、湖南、安徽、江西、山东、浙江等地。结合本书的湿地分类，本章专门介绍淡水型国际重要湿地。该区域共有13个淡水型国际重要湿地，其中湖北4个，湖南3个，江西2个，河南、山东、安徽、浙江各1个。浙江西溪湿地为城市环境中的人工湿地，目前是我国国际重要湿地中唯一的一块人工湿地。

华北地区最大的淡水湖湿地
——山东济宁南四湖湿地

　　南四湖又泛称微山湖，由南阳湖、独山湖、昭阳湖和微山湖组成，是华北地区最大的淡水湖泊。前两个湖位于山东境内，后两个湖介于苏、鲁两省之间。它北起济宁小口门，南至徐州蔺家坝，南北长约120千米。南四湖保护区是由湖泊、岛屿、农田、森林等组成的自然综合体。

南四湖

　　山东境内，从黄河南岸到南部苏、鲁省界处，分布着两个大湖群，北

微山湖湿地红荷风景区（张永战 摄）

边是以东平湖为首的"北五湖",即安山湖、马踏湖、南旺湖、蜀山湖和马场湖,南边是微山湖、昭阳湖、独山湖、南阳湖组成的"南四湖"。其中,南四湖之间没有明显界限,湖水荡荡,一望无际,又以微山湖面积最大,故南四湖也泛称"微山湖"。

广义的微山湖是断陷湖,其形成是地壳运动、黄河决溢改道、人类活动共同作用的结果。它形成于4亿年前,当时华北地区整体下沉,形成浅海和湖沼。700万年以来,由于地壳运动,再次大面积凹陷,鲁中山区形成涝洼区,为微山湖的诞生创造了条件。另外,黄河不断决溢亦淤积抬高了泗水西岸的高地,导致黄河水长期滞留于此,从而形成了大面积湿地。现在的微山湖成形于明朝万历年间的黄河决口,可以说微山湖就是黄河夺淮入海的结果。

岁月悠悠,沧海桑田。走过漫长的时间,南四湖终被你我遇见。黄河的频繁泛滥与改道,给这里带来了大量的河水,黄河水填满了坑坑洼洼,进而形成了大大小小、错落分布的湖泊。元代之前,南四湖一带曾是人烟阜盛的繁华之地。1128年,黄河夺淮入海以后,黄河流域下游泥沙淤积,地势抬高,河水逐渐潴积,再加上运河改道与历朝历代对运河的人工开挖,如开凿新渠、修筑堤坝、围垦造田等,使这里的大小湖泊连成一片,最终形成了现在的南四湖。

南四湖整体呈西北东南走向,是京杭大运河的主要通道。南四湖面积固然大,却是浅水湖泊,平均深度仅为1.5米,最大深度才6米左右。因此,人们常常提及的我国四大淡水湖中并没有南四湖,但"中国北方第一大淡水湖"这一头衔,南四湖是当之无愧的。

南四湖中有四个比较大的岛屿,分别为微山岛、南阳岛、独山岛、黄山岛。其中微山岛最大,东西长6千米,南北宽3千米,最高海拔91.6米。据史料记载,微山岛原为沂蒙山西部边缘的一座小山,微山湖形成后遂成为湖中岛。微山的名字,来自微子这位传奇人物。微子是商纣王的兄长,因其封国名微,子为其爵位,故称微子。微子死后,葬于一座小山,百姓称之为微子山或微山。大湖形成后，微山成为湖中第一大岛，进而得名微山岛。微山湖亦得名于湖中的微山岛。微山岛上还葬有另一位名人——汉朝开国皇帝刘邦的军师张良。"运筹策帷帐之中，决胜于千里之外"的谋臣张良，在汉朝建立之后，张良不要富庶的3万户封地，明智地选择了仅有千户的留城退隐，方得善终。留城旧址，位于微山岛西南6千米处，如今已被水封于茫茫微山湖中，而张良的传奇故事还在代代流传⋯⋯

南阳岛位于南四湖北侧的南阳湖中，由东西长3500米、南北宽500米的主岛和100多个自然小岛组成。南阳古镇位于主岛，于湖中静静伫立了两千余年，是微山湖运河线上最有特色的历史名镇。元代南北运河通航后，南阳成为运河沿线的重要商埠。明清两代，南阳渔船、酒船、商船、米面船往来相接，帆船林立如街市。明朝时，南阳古镇与扬州、镇江、夏镇并称为"运河四大名镇"，其繁盛一时无两。清政府曾在此设守备及管河主簿，康熙、乾隆皇帝下江南时也曾慕名在镇上逗留，古镇至今留有康熙御宴房、皇帝下榻处等历史遗迹。除此之外，南阳古镇还有皇宫所（现存）、皇粮殿、二爷庙、古运河闸、魁星楼、文公祠、大禹庙、杨家牌坊、不沾地旗杆等多处名胜古迹。

南阳古镇素有"江北小苏州"之美称，气候宜人。蓝天碧水、荷花水鸟、野鸭芦荡构成了一幅优美的画卷。当地居民以打鱼为生，以舟代

南四湖中的南阳古镇（张永战 摄）

步，闲时操持手工，手工作坊里各类特色用品琳琅满目。自然水乡的优美环境造就了诗画般的小镇生活，这让南阳古镇在诸多受到工业污染和城市化侵袭的古镇当中增添了一抹诗意的青绿。古运河从南阳岛中间穿流而过。中国的岛很多，但是河流穿岛而过的很少，"岛在湖中浮，河穿岛上过，镇在河岸驻"的特殊景观在国内独一无二，小岛、古镇、运河、大湖浑然一体。2014年，中国大运河入选世界文化遗产名录，南阳镇入选第六批"中国历史文化名镇"。

南四湖微山岛上西汉元帝丞相匡衡立的殷微子墓碑，碑上方四字为"仁参箕比"（张怡梅 摄）

中华人民共和国成立后，南四湖开始兴建水利枢纽与控制工程，在湖内开辟了运河航道。韩庄和蔺家坝枢纽工程是南四湖的两大口门。韩庄枢纽工程位于微山湖东南，下接伊家河与韩庄运河；蔺家坝枢纽工程位于南四湖湖西大堤南端，下接大运河不牢河段。经过治理，南四湖现已成为南水北调东线的重要保障工程，在蓄水、防洪、排涝、引水灌溉、工业与生活供水、通航、水产养殖和

南四湖湖西大堤南段蔺家坝节制闸（张怡梅 摄）

旅游方面起到重要作用。

> 西边的太阳快要落山了，微山湖上静悄悄。
> 弹起我心爱的土琵琶，唱起那动人的歌谣。
> 爬上飞快的火车，像骑上奔驰的骏马。
> 车站和铁道线上，是我们杀敌的好战场。
> 我们扒飞车那个搞机枪，撞火车那个炸桥梁，
> 就像钢刀插入敌胸膛，打得鬼子魂飞胆丧。
> 西边的太阳就要落山了，鬼子的末日就要来到。
> 弹起我心爱的土琵琶，唱起那动人的歌谣。
> ……

　　这首歌曲，充满豪情与浪漫，久唱不衰。有一个地方，充满传奇色彩，令人心生敬意。作为电影《铁道游击队》的插曲，《弹起我心爱的土琵琶》以悠扬的曲调道出了铁道游击队的传奇故事，表现了游击队员在艰苦环境中的革命乐观主义精神，具有极强的感染力。说起铁道游击队，60后、70后们并不陌生。铁道游击队扬名于小说《铁道游击队》，后经影视改编，名声大噪。其塑造的人物形象，成为几代人挥之不去的记忆。

　　铁道游击队是抗日战争时期活跃在山东鲁南地区的一支抗日武装。该游击队成立于1940年1月25日，成立时称"鲁南军区铁道大队"，人员最多时有300余人，隶属于八路军一一五师苏鲁支队。它以临城（今枣庄市薛城区）为中心，依靠群众，运用游击战术，在铁路线上截军列、打洋行、扒火车、炸桥梁，创造出许多动人的英雄事迹。

　　作家刘知侠将铁道游击队的真实故事改编成小说，作品中的人物均有原型。比如，大队长刘洪的原型是洪振海和刘金山，作者把两任大队长的姓组合在一起塑造出刘洪这一英雄形象。洪振海，滕州市大北塘村人，从小随父亲在煤矿谋生，因生活所迫经常与火车打交道，练就了一身扒飞车

的好本领，在铁道游击队中的扒车技术最高，特别快的车也能上去，人称"飞毛腿"。他足智多谋，英勇善战，后在黄埠庄作战中牺牲，之后由刘金山继任大队长。另一位大队长王强的原型是王志胜，枣庄市市中区陈庄人，出生在铁路工人家庭，兄弟五人，排行第四，15岁开始跑火车，做小本生意。王志胜和洪振海打小就是好朋友，扒飞车的本领也很高强，在战斗中也发挥了十分重要的作用。

微山湖是铁道游击队的战场之一。临城是临枣和津浦铁路的连接处，是铁道大队的活动中心，也是日本侵略

微山岛上的铁道游击队纪念碑（张怡梅　摄）

微山岛上的铁道游击队雕塑（张怡梅　摄）

军防守的重点地区。微山湖游击队成立后，配合活跃在微山湖地区的兄弟部队——铁道游击队、运河支队、湖上区中队等抗日武装，坚持湖区斗争。铁道游击队一边挥戈于铁道线上，一边出没于微山湖中，与日本侵略者顽强斗争，奏响了抗日救亡的强音。

皖南事变后，新四军军部开辟了一条从华中盐城地区北上、经山东南部西去延安的秘密交通线。铁道大队接受任务后，在鲁南军区、湖西军区和沛滕边县委的领导下，开辟和巩固了由延安至华东的湖上交通线。从1942年到1944年，他们先后护送千余名干部往返于延安与华东抗日根据地之间，未出现一次差错，相继成功地护送刘少奇、陈毅、陈光、罗荣桓、萧华、叶飞等穿越临城附近的津浦铁路，安全顺利通过敌占区。

1996年8月，铁道游击队纪念碑于微山岛落成，以铁道游击队为主基调，集教育、游览、娱乐为一体。碑名由国家原副主席王震题写。三尊铜铸铁道游击队成员塑像身高三米，有的伫立远望凝思，有的怀抱琵琶弹奏，有的持枪站立警戒，表现的是他们在执行任务胜利归来后在营地休整的情景（如上页图）。

南水北调东线工程与南四湖

南水北调东线工程简称东线工程，是指从江苏扬州江都水利枢纽提水，途经江苏、山东、河北三省，向华北地区输送生产生活用水的国家级跨省界区域工程。南四湖是南水北调东线的输水通道和调蓄湖泊。这个我国北方最大的淡水湖，曾是位列全国大型湖泊污染前三位的"酱油湖"，险些因为污染而失去渔舟唱晚的美丽景象。

南水北调东线工程建成通水前，南四湖周边仍然存在煤矿、造纸厂、化肥厂、水泥厂等重污染企业，入湖河水水质超标，湖区鱼类、鸟类和水生植物种类大幅减少的状况。东线工程的成败，曾被认为"一线命悬南四湖"。由此，出现了倒逼南四湖水质提升的生态修复工程。为了护送一湖清水北上，"酱油湖"必须重现昔日清荷照水、鱼跃鸟飞的美景。为此，"关、停、并、转"与技术提升并行，持续实施退渔还湖、退池还湖、退耕还湿工程，建设人工湿地，保护修复原始生态湿地，增加生态涵养林等，逐渐形成了环南四湖的生态屏障。

现在，曾经让南水北调东线工程"命悬一线"的南四湖，如今已跻身于全国14个水质良好湖泊行列，生物多样性得到系统恢复。南水北调东线山东段工程建成并已顺利通水。该工程优化了受水区水资源的配置，补充了受水区水资源总量，改善了受水区生态环境，保障了华北部分重要城市的应急供水，也为小清河补水提供了有力支撑。2018年，济宁南四湖被列入《国际重要湿地名录》。

参考文献

[1]范强，杜婷，杨俊等.1982—2012年南四湖湿地景观格局演变分析[J].资源科学，2014（04）.

[2]韩昭庆.南四湖演变过程及其背景分析[J].地理科学，2000（02）.

[3]张祖陆，梁春玲，管延波.南四湖湖泊湿地生态健康评价[J].中国人口·资源与环境，2008（01）.

[4]张祖陆，沈吉，孙庆义等.南四湖的形成及水环境演变[J].海洋与湖沼，2002（03）.

[5]张祖陆，辛良杰，梁春玲.近50年来南四湖湿地水文特征及其生态系统的演化过程分析[J].地理研究，2007（05）.

黄河改道形成的豫东平原上的"小江南"

——河南民权黄河故道湿地

历史上，黄河夺淮入海曾从民权境内经过，引起大水灾。河南商丘境内，有南北两段黄河故道：南段为金哀宗时期至明朝弘治时期所留，北段为明朝弘治时期至清朝咸丰时期的黄河故道。民权黄河故道是清咸丰五年（1855）黄河改道山东以后遗留下来的旧河槽，今属淮河水系。黄河北迁后，这里的河水一改咆哮汹涌之势，舒缓慢流在宽而浅的黄河故道里，慢慢浸润出百里水域，形成了现在的民权黄河故道湿地。该湿地以黄河故堤为界，南北形成不同的地形地貌，北属高滩地，南为平原及风成沙丘沙地。故道长52.4千米，水面平均宽约1000米，平均水深3米。黄河故道蜿蜒流过的民权西北方向地段，树木郁郁葱葱、遮天蔽日。总面积近6万亩的申甘林带和黄河故道，如同两道美丽的平行线，在民权境内绵延。

民权黄河故道湿地局部（左平 摄）

黄河故道上的绿色长城——申甘林带

常言黄河"斗水七沙"。任性的黄河南渡又北归,携滔滔河水奔腾而去,但民权土地上印记犹在,故道河底的漫漫黄沙随风肆虐。黄沙保水保肥能力极差,植被无法生长,故道两侧"白茫茫,野荒荒,三里五庄无牛羊,端起碗来半是黄沙汤"。为根治风沙危害,1949年12月,河南省人民政府决定营造豫东防护林带(民权林场的前身),横贯郑州、开封、商丘、许昌、淮阳等19个市县(区)。商丘市民权林场是河南省最大的平原国有林场,地处民权黄河故道中心地带。20世纪50年代以来,三代民权林场人怀抱"筚路蓝缕,以启山林"之信念,在风吹黄土遮天蔽日、盐碱遍地寸草不生的沙荒地上风餐露宿,朝乾夕惕,硬是在100多平方千米的茫茫沙丘上培育了10万余亩人工林带,铸成了一条"绿色长城",有效地封禁了风沙,保护了农田。

申甘林带是民权林场的主林带,地处民权县北部黄河故道腹地,距民权县城8千米。它是豫东防护林体系的重要组成部分,也是亚洲十大人工防护林之一,被誉为"黄河故道上的绿色长城"。该林带西起民权县程庄镇申集村,东至城关镇甘庄村,东西长20余千米,南北宽2~4千米,沿商丘干渠呈西北东南走向,面积3万余亩。申甘林带主要为人工栽植植被,主要植被类型为落叶阔叶林,在林冠下层分布有少量的草本植物。

在这片一眼望不到边的林带,你可以抛开一切喧嚣与烦恼,嗅着树木花草的芬芳,欣赏四时变换,享受静谧美好。民权县政府充分利用申甘林带广阔的林下土地资源优势,鼓励、动员各村村民林下种菇、畜禽养殖、养蜂酿蜜、果园采摘,实现了经济效益、社会效益的同步增长。中原的黄土地越来越绿,百姓的口袋也越来越鼓,黄河故道走出了一条绿色发展之路。

党的十八大以来,林场转变经营理念,调整经营方式,大力调整树种结构,把原来以生产木材为主的杨树、泡桐逐步更换成优质乡土树种和观赏性较高的珍稀名贵树种,如银杏、美国红枫、苦楝、紫荆、杜仲、皂荚、榆树、椿树、大叶女贞、百日红、千层木槿等。林场原来以生产木材为主，现在转变为以生态建设和生态修复为主；原来以直接获取使用价值为主，现在转变为保护森林、提供生态服务为主。

目前，民权林场已建成各类生态纪念林七处、国家种质基因库三处。近年来，民权县提出建设黄河故道生态走廊，明确了"一廊连两园，一线牵多点，一带连全境"的大格局，旨在以申甘林带为核心，以鲲鹏湖、秋水湖、龙泽湖等国家湿地公园为重点，着力打造连接湿地公园和生态公园的绿色廊道，计划沿黄河故道两侧再打造数万亩生态林带。

青头潜鸭

"花鸭无泥滓，阶前每缓行。"圆滚滚的身体，两片蹼状大脚，走起路来摇头摆尾，这样的鸭子大家都见过。青头潜鸭作为家鸭的表亲，属雁形目、鸭科、潜鸭属。雄鸭的头和颈是黑色，并具绿色光泽，上体黑褐色，下背和两肩杂以褐色虫蠹状斑，腹部白色，并向上扩展到两肋前面，下腹杂有褐斑。雌鸟体羽纯褐色。青头潜鸭很少鸣叫，善于收拢翅膀潜水。它们不挑食，既吃各种水草的根、叶、茎和种子等素菜和五谷杂粮，也吃软体动物、水生昆虫、甲壳类、蛙等荤菜。它们可以潜水取食，也可在水边浅水处伸头摄食。

青头潜鸭为迁徙性鸟类。每年3月中旬从南方越冬地迁往北方繁殖。繁殖期雄鸭协助雌鸭选择营巢地点，在地面刨出浅坑或收集一堆苇草筑巢。雌雄鸭共同参与雏鸟的养育。它们于10月中旬开始迁往南方，在沿海或较大的湖泊越冬。它们迁徙时集成十余只或数十只的小群，也有近百只的大群，组成楔形队形，在空中飞行。虽然飞行高度不高，多在低空飞行，但它们翅硬而有力，飞行很快。它们有时与凤头潜鸭或其他潜鸭一起生活，性情胆怯，善于潜水和游泳，在水面起飞很灵活，受惊时即刻从水面冲起，是真正的水陆空三栖飞行动物。

青头潜鸭曾广泛分布在东北亚及印度次大陆。由于栖息地萎缩或消失等原因，青头潜鸭种群数量急剧减少。目前，全世界青头潜鸭种群数量不足1000只。其繁殖区域缩小为俄罗斯东南部和我国的华中、华北地区，越冬区域缩小为中国中部和缅甸南部地区。2012

青头潜鸭（石建斌 摄）

年，青头潜鸭被世界自然保护联盟认定为极危物种，其保护行动计划和专项保护工作组相继启动和成立。

我国有关青头潜鸭的关注度亦不断提高。2011年以后，青头潜鸭在我国的分布情况相继被报道：2017年1月16日，首次在民权黄河故道国家湿地公园监测到4只；2018年10月22日，监测到150只；2019年4月5日，监测到132只；2019年6月，监测到青头潜鸭繁殖巢8个。民权黄河故道国家湿地公园，已成为青头潜鸭的重要栖息地和繁殖地。

保护黄河故道湿地的意义

2013年，经国家林业局批准，民权黄河故道国家湿地公园进行试点创建工作；2019年，顺利通过国家验收。依托黄河故道、申甘林带旅游资源，民权县提出了沿黄河故道打造"两园一廊"，即国家森林公园、国家级湿地公园和沿黄河故道生态廊道的发展思路。经过数年发展，民权黄河故道湿地形成了水色与天光争辉，绿苇与红荷争妍的景象，这里被称为豫东平原上的"小江南"，近可观万亩河田金鳞飞跃，远可思庄周所作《秋水》。

根据国际《湿地公约》议定条款，河南民权黄河故道湿地有极危、濒危等级的多种水鸟，定期栖息约有3.2万只以上的水禽，是东亚—澳大利西亚候鸟迁徙的停歇地，部分物种种群数量超过全球该物种种群数量的1%，符合国际重要湿地指定标准。2020年，民权黄河故道湿地被列入《国际重要湿地名录》。该国际重要湿地对保护华北平原特有的湿地资源，实现中原人口稠密地区湿地资源的有效保护，维护区域水生态安全，弘扬黄河文化，促进地方经济的可持续发展具有重要意义。

河南民权黄河故道湿地规划区分布有丰富的动植物资源，其中，属于国家一、二级保护鸟类就达27种。保护黄河故道湿地、维护其生态系统结构及其湿地生境，是保护该区域生物多样性的迫切需要。黄河故道湿地是民权县城市生活供水、生态环境供水和农业灌溉供水的主要水源地，同时也在补给地下水、调蓄水量、调节气候、保护生态环境，以及为野生动物提供栖息地等方面，具有不可替代的作用。

参考文献

[1]郭玉民，闻丞，林剑声等.青头潜鸭（*Aythya baeri*）在中国的近期分布[J].野生动物学报，2016（04）.

[2]李长看，李杰，邓培渊等.民权黄河故道国家湿地公园鸟类区系和物种多样性分析[J].河南农业大学学报，2019（04）.

[3]涂业苟，俞长好，黄晓凤等.鄱阳湖区域越冬雁鸭类分布与数量[J].江西农业大学学报，2009（04）.

[4]闫鹏亮，杨丙乾.雨中静访"绿长城"——申甘林带纪事[J].河南林业，1998（03）.

[5]张琦，李浙，吴庆明等.河南民权湿地公园青头潜鸭越冬行为模式及性别差异[J].生态学报，2020（19）.

"华中地区湿地资源的基因库"
——湖北洪湖湿地

　　洪湖位于湖北省中南部、长江中游北岸，行政区划隶属于荆州市。燕山运动造成内陆断陷盆地后，在新华夏系第二沉降带上，形成了江汉沉降区。历史上，洪湖属云梦泽东部的长江泛滥平原，地势自西北向东南缓缓倾斜。洼地两侧为河流沉积物、天然堤或人工堤，中间洼地排水不畅，壅塞成洪湖。洪湖湖区由"四湖"组成，即长湖、三湖、白露湖、洪湖。诸水汇集之地，成就了极具江南特征的水网。湖泊占保护区总面积的82%，素有"百湖之市""水乡泽国"之称。洪湖地处北亚热带中纬度南缘，属北亚热带湿润季风气候区。

扬子鳄

　　《聊斋志异》中提到的猪婆龙，形状似龙，常在江边捕食鹅鸭。有科学家考证认为，猪婆龙就是扬子鳄，古称"鼍（tuó）"，属爬行纲、鳄目、短吻鳄科、短吻鳄属，其祖先曾与已灭绝的恐龙生活在同一年代，也曾经称霸过地球。扬子鳄是得名于长江的一种鳄鱼，是世界上最小的鳄鱼之一，素有"活化石"之称，不仅具有很高的科研价值，还有巨大的潜在经济价值，系统开展扬子鳄研究有利于扬子鳄种质资源的保护及合理利用。

　　史料研究表明，扬子鳄曾在我国广泛分布，东起上海、浙江余姚，南至海南岛，西北延伸至新疆准噶尔盆地，都有扬子鳄的足迹。1981年，文焕然先生根据出土文物和古籍记载，将扬子鳄分布的历史地理变迁划分为5个时期：

1. 战国到南北朝，扬子鳄分布在西安、江淮沿岸及浙江余姚一带；

2. 南北朝到唐宋，扬子鳄主要集中在江淮之间和长江中下游的广大地区；

3. 唐宋至元，江陵、太湖、淮河以南、常德、绍兴都有其足迹；

4. 明清至1950年，集中在长江下游干流沿岸的广德、芜湖、当涂、南京、镇江、庐州、扬州、常州、湖州及太湖一带；

5. 1950年至今，扬子鳄分布区逐渐缩小，仅长江中游地区尚有残存。

扬子鳄分布区的逐渐缩小和不断南迁，有气候变迁、生态恶化及人为捕杀等原因。江南地区的地理和气候条件原本适合扬子鳄生存，但因人类活动等影响，自宋代始，扬子鳄数量减少。北方人口大量南移，不可避免地影响了江南生态。北宋中期以后，在苏皖浙的长江、太湖流域遍布官私围（圩）田。围田虽有利于农业发展，但使湖泽水域减少，易致水灾，致使扬子鳄难以生存；圩坝高大，如万春圩宽6丈、高1.2丈，阻碍扬子鳄交配、觅食。从古籍中所记载鼍的次数推断，元明清时期是江南扬子鳄种群急剧减少的时期。苏、浙、皖、鄂等省森林覆盖率从公元前2700年的64%、90%、69%、79%，至1937年分别降为2.6%、8%、5%、13%。同时，长江中

2000年中国邮政发布的扬子鳄小型张特种邮票

下游和江浙一带的湖荡洲滩几乎全部被垦殖，清末扬子鳄分布区域已经破碎化，由面状连续分布变为点状孤立分布。

20世纪50年代以来，扬子鳄的栖息环境受到了严重破坏，野生鳄的分布区域不断缩小，种群数量严重下降。1981年，中美专家联合调查发现，野生扬子鳄的数量只有300～500条，成为全球23种鳄类中极为濒危的物种之一。其后20多年里，尽管有关部门采取了一系列的保护措施，如将一定数量人工繁殖的饲养种群补充到野生种群中，但因野生鳄栖息地生态环境没有得到根本改观，野生种群数量并未摆脱徘徊减少的状态。

2001年，我国将野生扬子鳄列为"全国野生动植物保护及自然保护区建设工程"15个重点优先拯救的物种之一。至2005年，安徽南部野生扬子鳄已不足120条，分布在至少19个相互隔离的生境中。2006—2011年，安徽扬子鳄国家级自然保护区通过改善野生鳄的栖息环境，恢复扬子鳄栖息地建设，实施"再引入"工程。近年来，随着长江大保护战略实施，各地积极开展野外孵化和幼鳄辅助保护活动，野生扬子鳄种群面临的严峻形势得到一定程度的缓解。

洪湖赤卫队

洪湖，是一片革命热土，曾经是全国农村土地革命的中心之一。洪湖岸边的瞿家湾镇曾是湘鄂西苏区的首府。贺龙、周逸群等人在洪湖地区领导游击战争，长达数年之久。后来当地革命武装与红六军团会合，形成了三大红军主力之一的红二方面军，并为后来的革命战争积累了宝贵经验。为此，毛泽东曾评论道，红军时期的洪湖游击战争坚持了数年之久，都是河湖港汊地带能够发展游击战争并建立根据地的证据。以洪湖为中心的湘鄂西革命根据地，配合各地区革命斗争，为积蓄和发展中国革命力量做出了重要贡献。

发生在洪湖地区的这段革命传奇与光荣壮举，由湖北省歌剧团以民族音乐剧的形式，谱写了一部英雄歌剧《洪湖赤卫队》。歌剧以土地革命战争为背景，描写了洪湖地区群众在中国共产党领导下，与地主恶霸、反动势力的殊死斗争。1930年前后，中共湖北沔阳县委撤离后，在国民党军队的支持下，彭家墩恶霸、白极会头子彭霸天卷土重来。赤卫队在乡党支部书记韩英和队长刘闯的率领下与敌人周旋。有勇无谋的刘闯因枪打密探而暴露目标，在掩护队伍撤退时，韩英与分队长王金标一同被捕。后来王金标叛变，韩英视死如归。敌人抓来韩英的母亲劝降韩英，没想到母女二人互相勉励，宁死不屈。回到赤卫队后，韩英枪毙了叛徒，配合贺龙总指挥率领的红二军团作战，消灭了敌人。此后，许多赤卫队队员加入红军，随部队开赴新战场。韩英留下同乡亲们一起，继续为保卫洪湖革命根据地而斗争。这部歌剧深受各界群众欢迎，北京电影制片厂、武汉电影制片厂联合将其拍摄成革命战争题材的歌剧艺术片，于1961年春节开始在全国公映。

　　歌曲《洪湖水浪打浪》创作于1958年，由梅少山等作词，张敬安、欧阳谦叔作曲。它先是歌剧《洪湖赤卫队》中一个场次的主题曲。1961年，歌剧被改编成同名电影后，它成为电影的主题曲，得到了更大范围的传播。该歌曲旋律悠扬，节奏宽广，配合曲折的剧情，深深地打动着每一位听众，被人们广为传唱。周恩来称赞它是"一首难得的革命的抒情歌曲"。的确，

歌剧《洪湖赤卫队》剧照

自《洪湖水浪打浪》问世以来，其优美动听的旋律荡漾在一代又一代中华儿女的心间。它不仅讴歌了一个革命的时代，而且将继续激励着新一代为全面建成社会主义现代化强国而奋斗。

湿地管护现状

洪湖是湖北省最大的湖泊，也是我国第七大淡水湖。洪湖湿地生物多样性很高，仅鸟类就有138种，其中水禽63种，是全球重要的水鸟越冬地和候鸟迁徙停歇地；鱼类57种，是名副其实的"鱼米之乡"。许多珍稀野生动植物在这里栖息、繁殖、越冬，保存有淡水湿地的代表物种，被誉为"华中地区湿地资源的基因库"。洪湖湿地的主要保护对象是洪湖水生和陆生生物及其生境共同组成的湿地生态系统、未受污染的淡水资源和生物物种多样性。

2003年以来，国家林业局和当地各级政府积极开展洪湖湿地保护与恢复工作，洪湖生态环境逐步好转。水质从Ⅳ类（局部地区达到劣Ⅴ类，国家地表水标准）恢复到Ⅱ～Ⅲ类；水草覆盖率从不到40%恢复到80%以上，植被结构趋于合理；冬候鸟从2004年的不到2000只，恢复到近10万只。2005年，洪湖湿地自然保护区管理局成立，此后保护区面积由37088公顷扩大到41412公顷。2006年，在第十一届世界生命湖泊大会上，洪湖湿地自然保护区管理局获得"生命湖泊最佳保护实践奖"。2008年，洪湖湿地被列入《国际重要湿地名录》。2010年，洪湖湿地被国家林业局和世界自然基金会授予"长江湿地保护先进集体"荣誉称号。近年来，洪湖湿地保护工作得到各级政府部门和有关社会组织的高度重视，在依法管理、生态恢复、资源可持续利用等各方面均取得了明显成效。

参考文献

[1]邓建明，蔡永久，陈宇炜等.洪湖浮游植物群落结构及其与环境因子的关系[J].湖泊科学，2010（01）.

[2]高琳.歌剧《洪湖赤卫队》研究之综述[J].黄钟（武汉音乐学院学报），2004（S1）.

[3]马晓晨.歌剧《洪湖赤卫队》中韩英唱段研究[D].南京艺术学院，2007.

[4]王飞，谢其明.论湿地及其保护和利用——以洪湖湿地为例[J].自然资源学报，1990（04）.

[5]文焕然等.中国历史时期植物与动物变迁研究[M].重庆：重庆出版社，2006.

[6]许倍慎.江汉平原土地利用景观格局演变及生态安全评价[D].华中师范大学，2012.

国际重要鸟区和国家级野生动物疫源疫病监测站

——湖北沉湖湿地自然保护区

武汉市蔡甸区西南部长江与汉江交汇的三角地带，有一块江汉平原最大的淡水湖泊沼泽湿地——湖北沉湖湿地自然保护区。该湿地由沉湖、张家大湖和王家涉湖组成，区内广布沼泽、湖滩和草甸，生物资源丰富。该湿地成土母质为湖沼沉积物和湖积冲积物，质地为均质中壤，养分含量高，具有良好的保肥供肥性能，适宜植物生长。沉湖湿地是全球同纬度地区生态保护最好的湿地之一，这里气候适宜，林木茂盛，水网密布，物种丰富，环境优美，具有独特的生态农业资源和军垦文化资源。

湖边的黄菖蒲（左平　摄）

沉湖湿地

浅湖与农田交错，沼泽与草甸相连，飞鸟与水牛相映成趣，"鱼米之乡"的江汉平原，一年四季，风光无限。沉湖湿地保护区由汉江泛溢沉积而成，为汉水与长江漫滩交汇而形成的低洼地段，地势平坦，海拔仅17.5~21米。土壤为潮土、水稻土、草甸土三类。气候属亚热带季风气候，年平均气温16.5℃，年均降水量达1250毫米，年平均日照时数为2112小时。雨热同期，阳光充足，适宜各类生物生长。因此，该区域野生动植物资源极为丰富，具有南北过渡带特征。沉湖湿地自然保护区的主要保护对象，是典型湿地生态系统、珍稀濒危野生动物资源及其栖息地，生态学专家称之为"湿地水禽遗传基因保存库"。

碧波荡漾，万鸟翔集，田园意趣，湿地风光，沉湖湿地和这里的鸟儿与居民为我们构筑了一幅和谐动人的画卷。原始的水泽、茂密的芦苇、丰富的水生植物……沉湖良好的生态，使得这里成为候鸟的天堂。2013年，沉湖湿地被列入《国际重要湿地名录》后，保护区开始禁止围网养殖；2019年，保护区加快推进沉湖"退养还湖（湿）"工作；至2019年12月30日，沉湖7.5万亩的"围湖鱼塘"全面退出历史舞台。没有了人为因素的干扰，沉湖又成了当地村民们儿时记忆里的美丽湖泊。人们可以任由自己融入这辽阔的水泽之地，赏一湖野趣，看微风吹皱湖面，漾起粼粼碧波；望群鸟低掠高翔，惊艳一湖秋色；抑或在静谧的夜晚，注视着轻柔的月光洒落在芦苇荡里，照见几尾鱼儿跃出水面……

为使沉湖的绿水青山变为金山银山，引导周边地区的经济绿色发展，沉湖湿地保护区结合湿地自然风貌，重点发展芦花荡、渔鸟趣、田园风光等特色景区，并根据各个景点的特征和交通游览方式，综合考虑游览时间、游览目的、审美趣味及服务设施等条件，合理紧凑地安排游人的吃、住、行、游、娱、购等活动，提供多种类型的旅游方式，使旅游路线具有丰富多变的效果，以满足不同类型旅游群体的需要。

目前景区已开发成熟的旅游线路一是休闲玩耍游：罗汉农家乐景区—沉湖鱼鸟趣景区。主要景点有罗汉农家乐、丰收园、水上观鸟台、罗汉庄园、沉湖渔渡、芦苇迷宫、沉湖渔庄农家乐、溜子湖渔场生态园。二是生态科普游：王家涉芦花渡景区—沉湖鱼鸟趣景区—罗汉农家乐景区。主要景点有芦花渡、芦苇迷宫、沉湖渔渡、七壕观鸟长廊、七壕鸟类保护站、水上观荷台、沉湖湿地科普园。三是湿地景观游：沉湖鱼鸟趣景区—王家涉芦花渡景区。主要景点有七壕观鸟长廊、七壕鸟类保护站、沉湖渔渡、芦苇迷宫、芦花渡、芦花荡、堤脚草甸。四是农业民俗风情游：沉湖鱼鸟趣景区—罗汉农家乐景区。主要景点有沉湖渔庄、沉湖渔渡、"金海银湾"、丰收园、罗汉庄园、高科技农业园、罗汉农家乐。

此外，保护区还开展了农耕深层次体验、避暑农庄度假、观鸟节、荷花节、芦花节等多种活动，打造品牌名片，展现湿地魅力，深入发展生态旅游，促进生态保护与经济社会高质量发展。

军垦农场

沉湖军垦农场位于湖北省天门市东南部，地处天门、仙桃、汉川三市交界处，是湖北最大的军垦农场。它东距武汉90千米，南离仙桃8千米，靠近汉宜铁路上的天门南站。1966年，中国人民解放军同天门地区的30多万民众一道，围湖造田，修渠筑路。围垦沉湖的战役从1966年冬开始，至1971年春基本结束，历时六个年头。

围垦工程共分为五个阶段，参加施工的人员有民工、部队指战员、民兵、待分配的大学毕业生。建成后的沉湖军垦农场，使用权归部队。2001年9月，解放军总后勤部把沉湖基地移交地方政府管理。汉川市政府在接管后设立了汉川市沉湖开发总公司，对其实行公司化运作、企业化经营，总体规划是发展生态农业、观光农业。沉湖林业科技示范区保持了原生态的湿地风貌。这里气候适宜，林木茂盛，水网密布，物种丰富，环境优美，还有独特的生态农业资源和军垦文化资源，是野营探险、乡野体验、田园狩猎的好去处。

在沉湖湿地中，人文景观与自然景观相融合，既有湖北最大的军垦农

沉湖湿地的越冬水鸟——小天鹅（冯江 摄）

场，也栖息着至少五种国家一级保护鸟类。目前，沉湖开发总公司已成为国家级农业产业化龙头企业，沉湖湿地则成为湖北省最大的生态旅游观光园区。

湿地保护与管理

湖北沉湖湿地自然保护区是长江中下游地区湿地网络的重要一环，是东方白鹳、白头鹤等珍稀濒危水鸟的重要停歇地和越冬区。沉湖作为湖北省级重要湿地，其保护和恢复工作已引起了各级政府的高度重视。为更好地保护湿地资源，保护区开展了一系列生态修复工程，如疏浚原淤积巡护水道、恢复退化湿地、退养还滩、科普宣传等。

2000年，沉湖湿地被列入《中国湿地保护行动计划》；2002年，被列入《全国湿地保护工程规划（2002—2030年）》；2003年，国际鸟盟公布沉湖湿地为首批长江中下游流域五个重要鸟类分布区之一；2004年，被列入《全国湿地保护工程实施规划（2005—2010年）》；2006年8月，经湖北省人民政府批准被晋升为省级自然保护区；同年10月，国家林业局将沉湖野生动物疫源疫病监测站升格为国家级监测站；2007年11月，被确定为"全国陆生野生动物疫源疫病监测标准示范站"的首批三个标准示范点之一；2009年，国际鸟盟将沉湖湿地列为国际重要鸟区；2011年，被列入《全国湿地保护工程实施规划（2011—2015年）》；2013年10月，被列入《国际重要湿地名录》。

参考文献

[1]曹国斌，朱兆泉，胡鸿兴等.湖北沉湖自然保护区鸟类多样性研究[J].四川动物，2004（04）.

[2]陈君.沉湖湿地的保护与恢复[J].湿地科学与管理，2008（03）.

[3]葛继稳，蔡庆华，胡鸿兴等.湖北省湿地水禽资源研究[J].自然资源学报，2004（03）.

[4]胡鸿兴，康洪莉，贡国鸿等.湖北省湿地冬季水鸟多样性研究[J].长江流域资源与环境，2005（04）.

[5]周文昌，庞宏东，杨国祥等.湖北省水鸟的种类和数量[J].湿地科学，2018（01）.

神农架上的亚高山泥炭藓湿地
——湖北大九湖湿地

　　神农架，位于湖北省西北端大巴山脉东麓，有"华中屋脊"之称。大九湖国家湿地公园，是神农架的空中明珠，位于神农架西南边陲。该湿地在汉江流域的堵河上游，西南与重庆市巫山县、巫溪县接壤，东南直通神农溪、大三峡，北与竹山县、房县毗邻，素有"一脚踏三省六县"之说。大九湖湿地地理位置独特，生态环境具有很强的封闭性和原始性，为典型的亚高山沼泽型湿地气候。其湿地生态系统主要包括亚高山草甸、泥炭藓沼泽、睡菜沼泽、薹草沼泽、香蒲沼泽、紫茅沼泽以及河塘水渠等湿地类型，极具典型性、代表性、稀有性和特殊性。

大九湖国家湿地公园局部景观

大九湖湿地

大九湖又名九湖坪，四面群山环绕，平均海拔为1730米，最高峰海拔为2800米。四周高山重围，中间是一抹17平方千米的平川，在"抬头见高山，地无三尺平"的神农架群山之中，这是一片深藏不露的平地。九个大山梁自东向西展布，山梁气势雄伟，梁上森林密布，苍翠神秘。云雾之间，九条小溪犹如九条玉带，自山梁间飘摇而下。环山溪流，一路流淌前行，串起九个湖泊，大九湖由此而得名。一山之隔，另有一条小溪连着九个约5000亩的小湖泊，是为小九湖。大、小九湖如同一对姊妹，隔山为邻，静守着华中屋脊。

大九湖位于群山之中，如妙龄少女深藏闺楼，环境极似"桃花源"，有"神农江南"之称。作为群山中的平原湖泊，大九湖还被称为湖北的"呼伦贝尔"。九个如同精灵般的湖泊，一直以来都没有自己真正的名字，只以数字作为代号。2015年，湖北神农旅游投资集团面向社会征名，大九湖中的九个湖泊从此拥有了各自极富诗意的名字：天籁湖、天问湖、天语湖、地缘湖、地脉湖、地神湖、人和湖、人道湖、人寿湖。

41个神奇的落水洞，隐藏在大九湖盆地周围的低洼地区，只闻水声，不见水流。其中北侧落水洞最多，形成了落水洞群。整个盆地的地表水和地下水都汇集到这里，通过落水洞流到竹山境内，成为堵河源头。大九湖周边有九座山峰倒映于湖面，如同九条苍龙在争饮大九湖的甘泉，龙头、龙须、龙身、龙尾均活灵活现。据传九龙争饮神农氏酿制的药酒，全部喝醉后，整个身子醉卧在这里。它们长年累月吸取日月精华，化为"四周山纵横，中间一地坪，绿树满坡生，水接天坑渗"的神妙景观。当地百姓还传说，倒映在湖中的九座山峰如九条牛尾，山头恰似牛腿、牛屁股，因此当地又有"四川过来九条牛，走到九湖未回头。何时识得其中味，不出天子出诸侯"的民谣。

大九湖地处堵河上游，是堵河上游水源地生态保护的屏障。其湿地质

大九湖秋色（刘建初 摄）

量直接或间接地影响着堵河的水质，进而影响到汉江的水质。大九湖森林植被和沼泽植被对涵养水源、防止水土流失起到了重要作用。该区作为汉江中游生态保护的屏障，具有特殊的保护价值。同时，大九湖冰川地貌景观、高山湖沼景观，以及"薛刚反唐"的秘密屯兵地和练兵场、川鄂古盐道等历史遗迹，又为其增添了历史文化的内涵。这些稀缺的自然景观和历史文化资源具有巨大的旅游开发价值。大九湖湿地地理位置独特，其生态环境具有很强的封闭性和原始性。这些丰富而又独特的自然资源又为开发湿地公园提供了优越的资源条件。

湖北大九湖湿地作为华中地区亚高山泥炭藓湿地，具有极高的科学研究价值，是华中地区生态环境保护最好、生物多样性最丰富的地区之一。2006年9月，大九湖国家湿地公园经国家林业局批准，成为中国第四个、华中地区首个国家级湿地公园，规划面积5083公顷；2009年，大九湖国家湿地公园荣获中国"全国最美六大湿地公园"评选活动第一名；2010年，大九湖国家湿地公园被正式吸纳为长江中下游湿地保护网络成员，并荣获最佳保护范例奖；2011年，大九湖湿地荣获湖北省"生态文明教育基地"称号；2013年10月，被列入《国际重要湿地名录》。

川鄂古盐道

川鄂古盐道被学者们称为"南方丝绸之路"。川鄂古盐道的源头在四川，那里的采盐历史可以上溯到公元前316年，秦灭巴蜀后，李冰出任蜀守，在广都（今成都市双流区）首开凿盐井的历史。据说"盐巴"一词的由来即与巴蜀井盐有关。与盛产盐巴的四川不同，由于官盐供应量有限，当时中国许多地区的居民常受淡食之苦，贩卖私盐活动应运而生。

清朝中叶以来，不少游民从四川贩运盐巴到湖北进行交易。为了避开官府的缉私检查，盐商多从人烟稀少的神农架往返，由此形成了一条沟通川东、鄂西的古代盐道。神农架古盐道的主要路线有两条：一条是从保康县的马桥镇沿南河水路逆流而上，进入神农架的阳日镇，再从山路经松柏、宋洛、徐家庄、黑水河、板仓，最后穿过大九湖到四川大宁厂；一条从房县上龛到神农架官封，经塔坪、红举、板仓进入大九湖。这两条古盐道在神农架境内均长达100千米。

神农架古盐道沿途穿越密林深谷、旷野平坝，宽敞之处可以行车，险峻之处"山从人面起，云傍马头生"，令人心频惊而畏缩，足将进而趑趄。天池垭海拔2100米，顶有积水，下有深潭，登百步梯而过，惊险之状如上九天。神农架的古盐道曾给神农架的经济带来繁荣。据有关资料记载，清朝至民国初年，湖北的阳日湾有商船40余艘、骡马10余匹，镇上居民有60余户、商铺50余家，是盐、木耳、玉米、皮革、药材等产品的集散地。

历史学家认为，古盐道的国际意义虽然不能与海陆两条"丝绸之路"

相提并论，它对促进国内地域之间的交流却意义非凡。同时，作为当时重要的通道，它打开了西南地区通往外部世界的一扇大门，对当地的经济、军事、文化等产生了举足轻重的影响。如今神农架古盐道对我们来说，最重要的不再是其作为一条经济纽带，而是它所展示的神农架历史和文化发展轨迹。

大九湖景区入口处的坪阡是一个新建的仿古盐道古镇，历史上这里是川盐入鄂的必经之路，马帮挑夫跋山涉水，肩担背扛，风餐露宿，输出山珍，贩送食盐，一时间，商贾云集，繁盛经年。随着神农架旅游的发展，如今的坪阡再现辉煌，依山傍水的盐道古栈，旧貌换新颜。

湿地保护与生态恢复

大九湖森林茂密，可以涵养水源、减少水土流失。这里地处堵河上游，既是汉江的源头，又是汉江中游生态保护的屏障，具有重要的保护价值。大九湖生态环境质量很高，其巨大的蓄水、保土、保肥、减灾增产、调节气候等功能，给鄂西北山区的动植物生长、繁育提供了得天独厚的场所。

有一段时间，由于种种原因，大九湖湿地面积减少，地下水位下降，生物多样性降低，湿地功能退化，威胁到南水北调中线工程的水源环境质量。高山泥炭沼泽开始向中生—旱生草甸演替，湿地植被群落向陆生植被群落演替。随着人们对湿地重要性认识的提高，政府官员、科研人员和其他社会人士开始关注大九湖湿地的保护，并着手实施湿地恢复工程，取得了显著成效。

为保护与恢复湖北大九湖湿地的生态环境，自2008年起大九湖湿地实施退耕还湿、还林、还草和核心区移民工程。2013年初，湖北省政府批准撤销大九湖乡新建大九湖镇，同时启动大九湖湿地公园生态移民整体搬迁工作。2015年6月，大九湖国家湿地公园管理局、大九湖镇及其13个二级单位整体迁移到坪阡古镇所在地。从建立湿地保护区，到被晋升为省级湿地自然保护区、国家湿地公园，再到被列入《国际重要湿地名录》，大九湖湿地的保护等级不断提高，保护力度不断加大。

参考文献

[1]杜耘，蔡述明，王学雷等.神农架大九湖亚高山湿地环境背景与生态恢复[J].长江流域资源与环境，2008（06）.

[2]付小沫，刘胜祥，熊姁.大九湖国家湿地公园景观生态评价[J].南阳师范学院学报，2007（06）.

[3]何报寅，张穗，蔡述明.近2600年神农架大九湖泥炭的气候变化记录[J].海洋地质与第四纪地质，2003（02）.

[4]李杰，郑卓，Rachid Cheddadi等.神农架大九湖四万年以来的植被与气候变化[J].地理学报，2013（01）.

[5]罗涛，伦子健，顾延生等.神农架大九湖湿地植物群落调查与生态保护研究[J].湿地科学，2015（02）.

物种遗传基因保存库　中华绢丝丽蚌栖息地
——湖北网湖湿地

　　湖北网湖湿地位于幕阜山脉向长江中下游平原的过渡地带，富河与长江交汇处的汇水区。区内大中小湖泊星罗棋布，互相连通，自高空俯瞰，如同从天而降的湖网，故得名网湖。湖北网湖湿地地处华中湖泊湿地群，是典型的湖泊、沼泽和森林复合生态系统，又是热带向温带的过渡地带，东西、南北多种物种集结于此，生物多样性丰富。湿地南北两边是低山冈丘，中间为平原湖泊区，富河水由西向东贯穿其中，通过富池口注入长江，是典型的峡状湖区地貌。网湖湿地的主要保护对象是网湖湿地生态系统、珍稀濒危野生动植物资源及其栖息地，以及中华绢丝丽蚌天然养殖区。

网湖湿地夏日荷塘（左平　摄）

网湖湿地

　　湖北网湖湿地主要由网湖和朱婆湖组成。核心区四周中小型湖泊星罗棋布，湖网水系明显。东有王港湖、杨赛湖和新湖，南边从东到西有夹节湖、大坡湖、小坡湖、神灵湖、吴家晒湖、下羊湖、小赛湖、绒湖、牛湖、下西湖、中西湖和朱家义湖，西北有赛桥湖、道士湖和下司湖，北有碧山湖。在西边的缓冲区还有红星塘和东风塘，宝塔湖和十里湖内有众多精养鱼池，区外还有石灰寨湖等湖泊群。

　　保护区隶属富河水系，直接承受周边河流来水。富河、良荐河、樟桥河和清江河这四大河流汇入湖区，来水充沛。湿地位于长江中下游区域，受季风气候影响，湖区水量及湖面均有明显的季节变化。夏季，网湖受长江涨水，富河洪水的顶托、倒灌以及过量降水的影响，沟渠河道便和湖区连成一片汪洋。秋冬及早春枯水季节，湖水补给河水，部分湖底出露水面，周围是大片的泥泞沼泽草甸，构成了浅湖—沼泽—草甸与丘陵相连的独特湿地生态系统。

　　解放前，每逢泛水季节，湖面有百余里，如同大海。秋冬之际，水位下落，各湖始分。当网湖水位大于21.5米时，五里湖、十里湖、牧羊湖、北煞湖等一百多个湖泊连成一片，形成总面积有400多平方千米的大湖，湖水容积有5亿立方米。20世纪60～70年代，由于修筑堤坝、围湖造田，各湖自成封闭型水体，水陆面积相对稳定。目前，分洪道两岸，只有网湖、朱婆湖未被围垦成农田，仍为常年积水湖泊群。网湖、朱婆湖和绒湖三湖紧紧相连，仅一河堤之隔，所有湖水经富河汇合流入长江。

　　网湖湿地集水域、自然和人文景观于一体，风光秀美。区内渔民有种草、护草养鱼的传统养殖习惯，一直保持着良好的原生湖泊湿地景观。在堤坝上遥望，湖面烟波浩渺、水天相接、无边无际。极目远眺，两岸的群山，层峦叠嶂，连绵起伏。河湖水退，滩涂尽露，置身青青草丛如同身在茫茫草原，顿感无限自由、畅快。分布在保护区四周的各类人文景点，为整个水域景观增辉良多。壮丽的自然景观、夺目的人文景观交错融合、相辅相成,使得网湖湿地成为阳新乃至黄石、武汉的"美丽后花园"。

湖泊—沼泽—森林复合生态系统景观,拥有水域、湖漫滩、草甸、水塘、鱼池、农耕地、竹林、樟树林等不同生境,为各种水鸟提供了良好的栖息地和繁殖地,是澳大利亚—中国—日本北极鸟类迁徙路线的一个重要驿站,也是夏候鸟繁衍消暑的繁殖地。网湖湿地生态旅游资源丰富、物种繁多。大批水鸟的栖息繁衍,使网湖湿地成为观鸟赏鸟的好去处。

中华绢丝丽蚌

珍珠作为珠宝之一,备受人们推崇。由早期的天然采珠,到现在的人工养殖,珍珠亦由最早的价高难得到走入寻常百姓家。养殖珍珠需要珠核,那珠核何来?让我们从中华绢丝丽蚌说起吧。

绢丝丽蚌属于软体动物门、瓣鳃纲、古异齿亚纲、蚌目、蚌科、丽蚌属,为中国特有淡水经济蚌类。它生活在淤泥或泥沙中,在长江流域一带的湖泊、水库、河流及沟渠中均有发现。绢丝丽蚌的繁殖期为10月至翌年1月。10月中旬为排放精子、卵子盛期和妊娠盛期。胚胎发育时间为40～60天。12月至翌年1月为成熟钩介幼虫排放期。绢丝丽蚌性成熟年龄为4～5龄,性成熟后一年一个生殖周期。雌蚌两片外鳃为育儿囊。钩介幼虫呈三角形,排出体外可存活28天,排出体外15天后仍具寄生能力。钩介幼虫寄生变态发育时间为90～120天。生态条件适宜时,绢丝丽蚌生长3～5年,即可制作珠核、可溶性钙粉和珍珠粉等。

绢丝丽蚌全身都是宝。软体部分营养丰富,斧足粗蛋白质含量为74.3%,富含各种氨基酸和矿物质,粗脂肪含量较低,营养价值很高。其贝壳坚硬,打开后,珍珠层皎白闪亮,可谓出淤泥而不染。加工珠核的优质材料便来自这光泽均匀的内壳,中华绢丝丽蚌在国际上享有盛誉。其边角料可以制作一些手工艺品,粉碎后还可作为动物的饲料。绢丝丽蚌非常

绢丝丽蚌与人工养殖蓝珍珠

低调，它生活在水体底部，主要取食底层的浮游植物和有机碎屑，从不与其他水生经济动物争夺生存空间和饵料生物。如果移植、增殖和养殖绢丝丽蚌，还可以增加水体产量，提升水体生产潜力。

网湖湿地出产的绢丝丽蚌，可以制作经济价值较高的珠核。近年来，由于国内外市场对珠核需求量增加，造成无计划的滥捕，导致绢丝丽蚌资源急剧减少，有些湖泊等水体中绢丝丽蚌资源面临灭绝或者已经枯竭。就质量控制来说，要保证加工后的珠核直径在6毫米以上，就只能起捕70毫米以上的个体。但在实际生产中，约有40%的贝壳长度小于70毫米。这种状况，不仅对资源保护和资源增殖不利，而且从长远看，也会降低经济效益。所以，要做到合理永续地利用网湖中的绢丝丽蚌资源，就应保护壳长在70毫米以下的个体，只捕捉70毫米以上的个体。

为了拯救我国的这一独有特种水产动物，让其发挥产业化经济效益，必须研究如何合理永续地利用网湖湿地中的绢丝丽蚌资源。可喜的是，有关绢丝丽蚌的生物学、生态学、增殖技术和苗种繁育及其捕捞方法研究已比较成熟，可以为其可持续发展提供技术保障。

湿地价值与管护现状

网湖湿地生物多样性异常丰富，除常见种外，还分布有丰富的极危、濒危、易危物种和国家一、二级保护动物。为更好地保护网湖湿地的生态系统和生物多样性，2001年6月，县级网湖湿地自然保护区成立；2004年3月，网湖湿地被升格为市级自然保护区；2006年8月，被晋升为省级自然保护区；2018年被列入《国际重要湿地名录》。

湖北网湖湿地保护区可容纳4.6亿立方米水量，是长江、富河重要的分洪区和调蓄区，是阳新县主要地表水、生活污水及部分工业废水的过滤器、降解器，其在固碳减排、调节气候、抗灾减灾等方面，也有着不可估量的作用。在经济方面，网湖是著名的鱼米之乡，养育着周边50多万人口，为人们提供生产生活用水和每年超1万吨的水产品。在社会服务方面，它不仅可以发展生态旅游、生态渔业、有机农业，还是珍贵的天然课堂、教育阵地。

参考文献

[1]龚世园，朱子义，杨学芬等.网湖绢丝丽蚌食性的研究[J].华中农业大学学报，1997（06）.

[2]胡鸿兴，康洪莉，贡国鸿等.湖北省湿地冬季水鸟多样性研究[J].长江流域资源与环境，2005（04）.

[3]吴少斌，吴法清，查玉平等.网湖湿地自然保护区鸟类初步研究[J].华中师范大学学报（自然科学版），2006（03）.

[4]杨杰峰，杜丹，田思思等.湖北省典型湖泊湿地生物多样性评价研究[J].水生态学杂志，2017（03）.

[5]朱子义，龚世园，张训蒲等.绢丝丽蚌的繁殖习性研究[J].华中农业大学学报，1997（04）.

人与自然和谐共处的典范
——东洞庭湖湿地

　　湖南省东洞庭湖湿地位于长江中游荆江段南侧，濒临湘北历史文化名城岳阳市。该湿地地处亚热带湿润气候区，日照充足，雨量充沛，气候条件优越，自然资源丰富，孕育了独特的生态环境和生物多样性。东洞庭湖湿地既是我国湿地水禽的重要越冬地，也是其重要繁殖地、停歇地。东北亚鹤类迁徙网络、东亚雁鸭类迁徙网络和东亚—澳大利西亚涉禽迁徙网络三大鸟类迁徙网络在此交会，生态地位十分重要。

水天一色的洞庭湖（姚毅东　摄）

岳阳楼

　　岳阳市古西门城头，矗立着久负盛名的岳阳楼。登临此楼，可下观洞庭波涛，北望长江东流。悠久的历史、深厚的文化积淀和独特的文化内涵，使它与黄鹤楼、滕王阁并称为"江南三大名楼"。自唐朝始，该楼成为迁客骚人、风流雅士游览观光、吟诗作赋之胜地。由于历史原因，古黄鹤楼、滕王阁已不复存在，唯有岳阳楼保持着清代的面貌与格局，伫立在洞庭湖畔。

　　相传岳阳楼始建于三国时期，其前身为东吴大将鲁肃的阅兵楼。清光绪朝《巴陵县志》称："岳阳楼或曰鲁肃阅军楼。"陈寿《三国志》载，赤壁大战之后，周瑜病逝于巴陵。为加强防卫，孙权于东汉建安十九年（214）"使鲁肃以万人屯巴丘为城"，在马援所筑巴丘邸阁的基础上扩建了巴丘邸阁城。鲁肃为操练水军，又在西南临湖处修建了阅军楼。南朝宋元嘉十六年（439），巴丘改名为巴陵郡。城池"沿肃旧围再筑"，鲁肃阅军楼也同样得到了重修，岳阳楼初具规模。

　　《岳阳风土记》中提到，唐开元四年（716），中书令张说贬谪至岳州，"每与才士登楼赋诗，自尔名著"。宋庆历年间，滕子京谪守巴陵郡，次年开始集资修建岳阳楼，"楼成，极雄丽"。尔后，滕子京又力邀当时文章、器业为天下时望的范仲淹作《岳阳楼记》，其"先天下之忧而忧，后天下之乐而乐"更是成为千古绝句。楼以文存，文以楼显，至此岳阳楼声名远播。然自宋至清末的800多年间，岳阳楼屡遭兵燹、水患等各种灾害，屡毁屡修，有史可查的修葺就有30多次。现今保存的岳阳楼，是清光绪六年（1880）的古建筑遗存。

　　岳阳楼作为"江南三大名楼"中唯一保存完好的古建筑，其独特的盔顶结构体现了中国古代劳动人民的聪明智慧及高超的建筑技能。岳阳楼主楼为长方形体，高19.42米，共3层，进深14.54米，宽17.42米，纯木制造，飞檐、斗拱、盔顶、榫卯结构。楼中有四根楠木金柱直贯楼顶，四周以

岳阳楼远眺（姚毅东 摄）

廊、枋、椽、檩围绕并互相榫合，结为整体；楼顶覆盖着琉璃黄瓦，棱角分明，造型庄重大方。岳阳楼内，一楼悬挂着《岳阳楼记》雕屏及诗文、对联、雕刻等；二楼正中悬有紫檀木雕屏，上刻清朝书法家张照写的《岳阳楼记》；三楼悬有毛泽东手书的杜甫《登岳阳楼》雕屏，檐柱上挂着李白"水天一色，风月无边"对联。岳阳楼四周由背面的"朝晖夕阴""气象万千"和两侧的"南极潇湘""北通巫峡"四座牌坊连接，周围有石砌栏杆。它们和层楼主阁形成和谐的整体，既古朴端庄又雄伟壮丽，与洞庭湖的湖光山色交相辉映。

渔歌文化

依水而生的湖区渔民几乎一生都在船上漂泊，过着日守孤舟、夜宿河坡的日子。在辛苦劳作的间隙，他们唯一的消遣，就是将生活的苦闷与对未来的期盼化作随性的小调，哼唱几支渔歌。悠扬婉转的渔歌，反映了渔民们淳朴、真实的内心世界。

洞庭湖是湘、资、沅、澧四水汇聚之地，也因此集中了风格不同的排筏、渔民号子和民间小调。洞庭渔歌在保留自己独特风格的基础上，吸收了附近各地的音乐精华，内容涵盖了湖区渔民生产生活的方方面面。渔歌有合唱、对唱，也有独唱。反映渔民劳动场景的渔歌，节拍强烈；描写渔民生存环境的渔歌，多抒发心中所想，表达向往美好生活的愿望。此外，还有歌颂、追求爱情的情歌，送亲友远行时的送别歌，向神明祈求平安的祈祷歌……一代代口耳相传的洞庭渔歌，反映或记录了湖区渔民的人口迁徙、生活习俗、精神信仰等。

早在战国时期，渔歌就已萦绕漂荡在洞庭湖畔。《隋书·地理志》中记载："屈原以五月望日赴汨罗，土人追至洞庭不见。湖大船小，莫得济者，乃歌曰'何由得渡湖？'因而鼓棹争归，竞会亭上。习以相传，为竞渡之戏。其迅楫齐驰，棹歌乱响，喧振水陆，观者如云。诸郡率然，而南郡、襄阳尤甚。"这段文字描述屈原投江后，洞庭湖区渔民自发地汇聚于湖面，一边撑船打捞诗人尸体，一边传唱歌曲的场面。后来，这个场面流传并演变成龙舟竞渡盛会，也是洞庭湖区渔歌的起源。

三国时期，战乱纷纷，大批逃难的农民从江西迁徙到洞庭湖区，异地文化开始融入湖区渔民生活。诸葛亮为了教化民众，将一些道德观念融入民歌，教民众传唱，侧面推动了湖区渔歌的发展。隋唐时期，当地社会经济进一步发展，洞庭渔歌进入兴盛且稳定发展的阶段。随着船运与排筏的兴起，渔民逐渐形成了稳定的群体。宋朝时期，这里出现了"渔歌互答，此乐何极"的盛大场面，洞庭渔歌已成为当地文化生活的一大盛事。到元代，渔歌逐渐融入说唱话本，发展了亦歌亦舞的表演形式，演唱内容更加丰富。遗憾的是，到明清之际，民间音乐文化受到官府严厉管控，部分愤世嫉俗的渔歌被官府禁绝，洞庭渔歌逐渐由繁盛走向衰落。

晚清时期，列强入侵，社会动荡，百姓生活在水深火热之中，许多人挣扎在生死线上，哪有精力分给渔歌呢？洞庭渔歌就这样大部分流散失传。为继续发扬这一地方的文化瑰宝，1977—1978年，岳阳市文化部门相继组织了君山渔歌会、兰溪端午渔歌会等。1978年10月，洞庭渔歌会吸引了150多条渔船、1000多名渔民前来参加，共演唱渔歌41首，吹响了渔歌传承的前奏。

洞庭渔歌是湖湘文化的重要组成部分，作为一种鲜活的文化形态，具有珍贵的历史人文价值。2006年，洞庭渔歌成功进入湖南省首批省级"非遗"名录；2014年，升级为第四批国家级"非遗"代表性项目。事实上，随着渔民数量锐减，人们审美观念的转变，加之民间老艺人相继过世，今日渔民的后代没有了继承传统的动力，渔歌传唱者已寥寥无几，洞庭渔歌正在逐渐丧失其生存的土壤和空间，所以洞庭渔歌的存续仍然面临着严峻的挑战。

保护现状与发展情况

在此越冬的全球濒危物种小白额雁，占全球种群数量的70%以上；还有数百万只雁鸭类、鸻鹬类水鸟，以及自然野化的麋鹿种群，在这里生息、繁衍。其丰富的生物多样性被国内外专家学者一致认可。因此，东洞庭湖湿地被誉为"世界巨大基因宝库""拯救世界濒危物种的希望地""人与自然和谐共处的典范"。1982年，东洞庭湖自然保护区成立，是当时湖南省唯一的国家级湿地类型保护区和中国51个国家示范保护区之一；1992年，被列入《国际重要湿地名录》，为我国首批加入《国际重要湿地公约》的六大湿地之一；1994年，被晋升为国家级自然保护区；2015年1月，入选首批世界自然保护联盟（IUCN）绿色名录。

保护区成立后，通过各种渠道，积极向国家和相关国际组织争取湿地保护项目资金，有力推动了洞庭湖湿地保护的进程。通过近几年的科学监测，洞庭湖的生态环境已有较大程度的改善，生物多样性正在逐渐恢复。2002年，东洞庭湖国家级自然保护区举办了内地第一届国际观鸟节，此后每届观鸟节都有来自美国、日本、芬兰、英国、瑞典等20多个国家和地区的观鸟爱好者齐聚洞庭湖，洞庭湖成为观鸟者的乐园，岳阳因此又被中国野生动物保护协会授予"中国观鸟之都"的称号。

参考文献

[1]曹顾豪.东洞庭渔歌之船歌音乐特征及演唱研究[D].四川师范大学，2020.

[2]彭桂云.洞庭渔歌的艺术特征及人文价值[J].艺海，2011（01）.

[3]庄大昌.洞庭湖湿地生态系统服务功能价值评估[J].经济地理，2004（03）.

[4]张沛佩.城市滨水空间活力营造初探[D].中南大学，2009.

长江中下游洪流的首个"承接器"
和防旱"前哨站"
——西洞庭湖自然保护区

西洞庭湖自然保护区位于湖南省汉寿县境内。西洞庭湖是洞庭湖的西部咽喉，吞吐长江松滋、太平洪流，承接沅江、澧水，是长江中下游洪流的首个"承接器"和防旱"前哨站"。它受东亚季风和长江—洞庭湖庞大水体影响，气候温和湿润、光热充足，多风多雨，四季分明。湿地内拥有河流、湖泊、沼泽、人工湿地等多种湿地生态类型。保护区植物区系主要以世界广布成分、泛热带成分和北温带成分为主，动植物及景观资源丰富，具有极高的保护和科研价值。同时，作为长江—洞庭湖生态系统的调节器，西洞庭湖湿地具有强大的自然调蓄洪水功能，是构建洞庭湖湿地乃至长江中下游湿地安全体系的战略要地。

江豚

长江江豚，俗称"江猪"，其头部钝圆，额部有一个稍向前凸的隆起；吻部短而阔，上下颌几乎一样长。因为嘴天生的弧度看上去像是在笑，所以它又被称为"微笑天使"。江豚全身铅灰色或灰白色，体长一般在1.2米左右，最长的可达1.9米，寿命约20年。长江江豚属哺乳纲、鲸目、鼠海豚科，曾经是窄脊江豚的指名亚种，2018年升级为独立物种。其在地球上已存在2500万年，是世界自然基金会确定的13个全球旗舰物种之一。

　　人类女性十月怀胎，而江豚的妊娠期比人类还要多一个月，且每胎只产一仔，因此雌豚对自己的幼仔总是呵护有加，寸步不离。江豚的家庭单元由一母一子组成，有时雄豚也参与抚养幼仔。幼仔会游在雄豚与雌豚之间，但总是和妈妈更亲近，相距大约5～10米，在水中共沉浮，会同步露出水面。有些雌豚还会将幼仔背在身上，呼吸时幼仔和雌豚相继露出水面。幼仔长大一些后，雌豚就用鳍肢或尾叶托着幼仔游动。雌豚有极强的母性，如果幼仔不幸被捕捉，雌豚往往不忍离去，导致同时被捉走。

　　长江江豚主要分布在长江中下游一带，以洞庭湖、鄱阳湖以及长江干流为主要活动领域。它们性情活泼，常在水中自在地游泳。在长江里面，江豚处于食物链顶端。它们不挑食，一般是吃小型鱼类，但偶尔也食小虾和螺蛳。江豚们一般三五成群一起活动，最多有过87头在一起活动的记录。

　　历史上，江豚的数量曾经很多，它们和白鳖豚一起，成为长江流域里仅有的淡水哺乳动物。但自20世纪80年代以来，长江江豚种群的数量急剧减少。调查显示，1991年，长江江豚数量为2700多头；2006年，国际科考队考察发现，长江江豚已不足1800头；2012年，长江江豚约为1045头；2017年12月，长江江豚生态科学考察结果公布，长江江豚种群数量约为1012头，其中干流约有445头，洞庭湖约有110头，鄱阳湖约有457头；2019年的

江豚（杨河 摄）

调查数据显示，长江江豚仅剩1000余头，其中约450头生活在鄱阳湖。

长江江豚面临的威胁主要来自人类活动。长江干流航运繁忙，来自高密度船只的噪声和螺旋桨，是江豚的最大威胁。另外，洞庭湖区滥捕乱捞、非法渔具的大量使用、水质污染、水利设施建设、围湖造田等，均影响到江豚的栖息地。在白鱀豚功能性灭绝后，江豚成为长江中最后仅剩的鲸豚类动物。近些年来，应该说，长江江豚也面临着与白鱀豚同样的威胁，野外数量急剧下降。

可喜的是，国家已经从多个层面关注这个物种。2017年5月9日，农业农村部长江流域渔政监督管理办公室组织的"长江江豚升级为国家一级保护动物专题论证会"在上海召开，会议最后一致通过决议，将江豚由二级国家保护动物提升为一级国家保护动物。目前，湖北石首、洪湖，湖南洞庭湖，江西鄱阳湖，安徽铜陵，江苏镇江等地先后设置了就地、迁地保护区，中国科学院水生生物研究所一直在调查了解湿地保护区内江豚的数量、分布区域、活动规律，掌握其种群现状，并开始对其进行人工饲养和繁殖。

杨幺水寨

历史上的农民起义领袖挺多。这不，洞庭湖区就有一位，名叫杨幺（1108—1135），杨幺是南宋起义军首领。他出身雇工，幼时读私塾二年，辍学后在商船上做佣工糊口。南宋建炎四年（1130）二月，他跟从钟相起义，最早提出"等贵贱，均贫富"的口号。但随着起义节节胜利，起义军领导层的杨幺和钟相之子钟子仪等渐渐背弃初心，不仅生活穷奢极欲，而且滥施兵威，将野蛮烧杀与反抗朝廷压迫混为一体，给洞庭湖地区造成了极大的破坏，以致民不聊生。

钟相、杨幺的起义虽以失败告终，但仍在当地产生了不小的影响。当地不少地名便来自杨幺的传说，如子母城、杨幺头、万子湖等。"子母城"

的名称来源于杨幺的母亲。其母为了起义军和官军作持久战，召集当地农民在沅江县黄茅洲东北角筑了一座城池，命名为子母城。

起义后期，前来围攻起义军的官军越来越多，杨幺兵力不敌官军，决定避实就虚，派部将张彪去敌人后方。张彪带人马来到沅江与资江相汇处的一条小河边，找不到渡船，便在此扎营，准备第二天设法过河。谁知当天夜里小河突然干涸，张彪率军顺顺当当过了河，所以人们管他宿营的地方叫"张家寨"，称那条小河叫"干溪港"。后来张彪中了官军的埋伏，困在芦苇荡中的一万多人被火烧死，所以该地被称作"万子湖"。

溃败的杨幺带着残部与官军苦斗。他率手下几十个亲兵逃跑，车里推着起义军最后一点粮饷。刚跑不远，追兵逼近，只好将车子丢弃，这丢弃车子的地方就叫"车洲"。杨幺最后逃到湘阴西北部的青山，问当地渔民此处地名，渔民回答"这是犬口"。杨幺一听，感觉不妙，因"杨"与"羊"谐音，羊入犬口，必死无疑。恰好官军大将牛皋赶到，杨幺见状便抛下手中铁叉，拔剑自刎。现在的"铁叉湖"，就是当年他抛下铁叉的地方。

官军见杨幺已死，就割下他的头颅示众，在湘阴南湖垸北与益阳交界

连环画《杨幺义军》封面（宋定国 绘画 湖南美术出版社1981年版）

的资江南岸挂了三天，故此处地名叫"晒头"，后因"晒"与"赛"同音，"晒头"又变为"赛头"。最后是杨幺的部下偷了他的头颅，将其埋在了青山岛下山村一个如今名叫"杨幺头"的地方。杨幺死后，他的事迹在洞庭湖区广为流传，形成了具有地方特色的民间故事。古

典文学作品《说岳全传》《后水浒传》等都有关于杨幺的故事。

如今，为了纪念以杨幺为首的农民起义，且因杨幺在花坳村附近的莲花坳永域去世，西洞庭湖国家湿地公园便将花坳村的杨幺水寨建成了核心景点。

守望八百里洞庭

八百里洞庭，水天一色，浩浩荡荡。洞庭湖湿地拥有浩渺无垠的水域，风情万种的湖汊岛屿，以及芦荻连天碧水寒的寂寥意境。2000多年前，屈原吟咏的洞庭湖是"袅袅兮秋风，洞庭波兮木叶下"。杜甫用"吴楚东南坼，乾坤日夜浮"来形容洞庭湖的雄伟壮阔。刘禹锡则以"遥望洞庭山水翠，白银盘里一青螺"来描绘洞庭湖的秀丽姿容。

西洞庭湖湿地由沅江、澧水汇聚而成，水浸为湖，水落为洲，沼泽遍地。洞庭湖衔远山、吞长江，碧波万顷，横无际涯，素以气象万千、美丽富饶闻名天下。历史上，洞庭湖是重要的战略要地、中国楚文化的发源地。湖区名胜众多，以岳阳楼为代表的历史文化胜迹是重要的旅游资源。这里是湖南省乃至全国最重要的商品粮油基地、水产养殖基地，也是全国著名的鱼米之乡。这里旅游景点众多，如杨幺水寨、龙王庙、水上长城、洞庭烟云、洞庭秋月、远浦归帆、平沙落雁、渔村夕照、江天暮雪等。自然景观、人文景观相得益彰，神话故事、美丽传说引人入胜。移步其间，处处诗情画意；泛舟湖上，令人心旷神怡、流连忘返。

1998年，经湖南省人民政府批准，西洞庭湖成立了省级自然保护区。2002年，西洞庭湖自然保护区被列入《国际重要湿地名录》；2005年，被国家建设部批准为国家城市湿地公园。保护区管理部门经过不断的实践与探索，建立完善了湿地保护社会化管理机制和湿地恢复长效机制，构建了"政府统管、部门配合、乡镇协助、社区共建、协会引导、社会参与"六位一体的社会化管理体系，开创了湿地保护与恢复工作的新局面。2014年

5月，经汉寿县人民政府批准，成立了全国第一个具有综合公安（司法）执法权的湖南西洞庭湖国家级自然保护区派出所，克服了以往行业派出所执法的局限性，切实改变了湿地保护管理和违法犯罪行为打击行动中权力受限、四处协调的被动局面。

目前保护区的重点工作是依法打击滥捕乱猎等破坏野生动植物资源的违法犯罪行为；发展生态旅游业、畜牧业、水产养殖业和农渔产品加工业，为退田还湖的渔民寻找合适的替代产业；继续搞好青山湖垸的社区共管，增加渔民收入，缓解西洞庭湖面临的生态环境压力；加强环境保护的宣传教育工作，提高社区居民的环境保护意识；监测鸟类、鱼类动态，掌握鸟类动态及与人类活动的关系，为鸟类保护工作提供基础性的研究资料。

参考文献

[1]曹文宣.长江鱼类资源的现状与保护对策[J].江西水产科技，2011（02）.

[2]郝玉江，王丁，张先锋.长江江豚繁殖生物学研究概述[J].兽类学报，2006（02）.

[3]黄代中，万群，李利强等.洞庭湖近20年水质与富营养化状态变化[J].环境科学研究，2013（01）.

[4]卢宏玮，曾光明，谢更新等.洞庭湖流域区域生态风险评价[J].生态学报，2003（12）.

[5]魏卓，王丁，张先锋等.长江八里江江段江豚种群数量、行为及其活动规律与保护[J].长江流域资源与环境，2002（05）.

连接整个洞庭湖湿地生态走廊的桥梁

——南洞庭湖湿地和水禽自然保护区

南洞庭湖湿地和水禽自然保护区位于洞庭湖西南。"三分垸田三分洲，三分水面一分丘"是对该区域总体地貌的写照。其北部为冲积平原，东南多芦荡沼泽，湘江、资水、沅江、澧水和长江水相继汇入，河汊纵横，洲岛密布，118个人迹罕至、生态多样的岛屿星星点点地散布湖中，时隐时现。南洞庭湖湿地的土壤主要为潮土、沼泽土和沼泽化草甸土。该湿地是各种珍稀、濒危物种的重要栖息地和繁殖场，同时也是它们的天然物种基因库。

白鱀豚

"长江女神"是谁？白鱀豚当之无愧。白鱀豚分化自海豚支系，原始的海豚诞生于2500万年前。白鱀豚自成一科，是古老的孑遗生物。出土的白鱀豚化石表明，530万年前的中新世晚期白鱀豚就已在长江水域出现。白鱀豚是白鱀豚属、鲸目、白鱀豚科，是我国特有的一种小型淡水鲸。1981年9月，中国地质学家在广西桂平发现了一块2000多万年前的白鱀豚下颌骨化石，该化石中记录的白鱀豚的古老性状与现代白鱀豚相差不大，白鱀豚因此被称作水生动物的"活化石"。

白鱀豚身体呈纺锤形，脐处最粗，体长1.5～2.5米，体重约230千克。

有着约30厘米的狭长吻部，前端略微上翘，显得活泼可爱。纵长的喷气孔长在头顶偏左处，眼极小。背面一般是蓝灰色或灰色，腹部呈乳白色，在阳光下闪烁着银光，因此被称为"长江女神"。美丽而独特的白鱀豚仅生活在中国长江中下游一带水域。历史上西起宜昌西陵峡，东至上海长江口的长江段，包括洞庭湖、鄱阳湖等毗连长江干流的大小湖泊及河港，甚至包括富春江，都曾有白鱀豚出没。现在，这种可爱的生灵已被宣布为功能性灭绝。

白鱀豚种群里曾经有过一个"动物明星"，在国内外引起广泛关注。这位大明星叫"淇淇"（1979年—2002年7月14日），它是一头人工饲养的雄性白鱀豚。1980年1月11日，它在洞庭湖湖口处被渔民捕获，后被送至中国科学院水生生物研究所，一直被饲养至自然死亡。它在人工饲养条件下存活了22年185天，是唯一一头被人类长期饲养的白鱀豚，也是人类研究白鱀豚唯一长期接触的对象，是世界上获知白鱀豚有关信息的主要渠道。淇淇为白鱀豚的各种研究，如行为学、血液学、生物声学、人工饲养、疾病诊断与防治等都做出了巨大贡献。

有关它的生物声学研究，推翻了之前认为淡水豚类不能表达感情的观点。"淇淇"成为白鱀豚这一物种的代言人，其形象被用作中国野生水生动物保护徽标，曾两次被绘入中国邮票，多次被选为体育赛事和文化活动的吉祥物，频频在电视荧屏中现身。无数的电视观众由此认识了白鱀豚，也由此唤醒了

2000年中国邮政发布的白鱀豚邮票

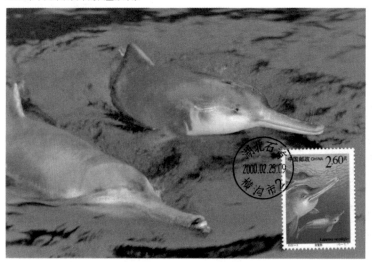

保护生物多样性、保护环境和保护自然的意识。

白鱀豚完全依赖声音通讯。近几十年来，航运业的迅猛发展，给水中生灵带来了前所未有的水下噪声污染。在航道疏浚和水利设施建设过程中，水下爆破时常发生，这更使白鱀豚的生存境遇雪上加霜。沿江修建的水利设施等，隔断了很多水生生物的洄游通道。过度捕捞，致使长江鱼类资源大量减少，亦对白鱀豚的生存和繁衍造成不利影响。这种影响，一方面改变了水下声音的反射环境，另一方面破坏和减少了小型鱼类的栖息繁殖场所。在如此短的时间内，白鱀豚来不及适应这种环境巨变。

1997—1999年，国家农业部组织了三次大规模考察，长江下游南京至江阴段再未发现白鱀豚。在2000—2004年的几次观测中，其分布主要限于长江洪湖段、九江段和铜陵段三个区域。最后一次发现白鱀豚的确凿记录，是2004年8月在长江南京段搁浅的一具白鱀豚尸体。2006年11月6日至12月13日，中国科学院水生生物研究所与瑞士白鱀豚保护基金会联合开展"2006长江淡水豚类考察"，中国、日本、美国、加拿大、英国、德国和瑞士七国的鲸类专家，对宜昌到上海的长江干流进行了为期六周的科学考察。令人痛心的是，这次有史以来规模最大的地毯式搜索，也未发现白鱀豚的任何踪影，最终只能宣布其为功能性灭绝。2018年11月14日，《世界自然保护联盟濒危物种红色名录》更新发布，暂未确认白鱀豚灭绝，继续保持了原定评级"极危"。近年来，媒体时有在长江水域发现白鱀豚的报道，但有关报道都使用了"疑似"一词。我们衷心希望白鱀豚真的重新出现，也真心希望"疑似"二字从有关报道里彻底消失。

巴陵全鱼席

湘菜里，洞庭湖鱼肴占有重要地位。而其中，巴陵全鱼席的名气最大："未尝巴陵全鱼席，不算真正到岳阳。"巴陵全鱼席由洞庭湖中的27种鱼为原料烹饪而成，《舌尖上的中国》曾对其专集播报。巴陵全鱼席上的菜品，从小碟、主菜到点心，食材全部取自洞庭湖里的鲜鱼，其烹饪技艺在色、香、味、形上独出心裁，别具一格。

全鱼席选用桂花鱼、凤尾鱼、红鲤鱼、鳊鱼、水鱼、银鱼、鳜鱼、草鱼、青鱼、金鱼、鲫鱼、鳝鱼、泥鳅、河蚌、乌龟等湖鲜为主料烹制。每席少则12道，多则32道菜肴。头菜是清蒸全水鱼，不仅汤清肉嫩、味鲜肉烂，而且鱼形完整、鱼头伸出，鱼鳍平展、色泽不变，栩栩如生。配以湖产优质特色蔬菜，如藜蒿、藕、荷叶、芦苇等，令人赏心悦目的同时，又让人食欲大增。用君山银针茶、洞庭湖荷叶烹制的"君山银针鱼片"，造型美观，芳香扑鼻。

巴陵全鱼席最大的特点是"吃鱼不见鱼，品鱼不见其形，一形一味，一味一形"。加工刀法变化多端，有片、丁、丝、条、块、茸、球等13种。烹调方法有煎、炒、爆、炸、焖、酥、蒸、煨、烩、烤、熏、冻、拔丝、蜜汁等20余种，佐以葱、姜、蒜、干椒、胡椒、酱油等20余种调味料。口味有酸、甜、鱼香、糟香、麻香、怪味等多种。在色彩方面注意红、绿、蓝、白、青和谐统一。每桌全鱼席一般由一花拼、八围碟、四热炒、八大菜、一锅汤、四点心、四随菜等30个菜组成。一菜一格，多菜多法，加工精细，讲究滋味，注重营养。有名的菜品有竹筒鱼、松鼠鳜鱼、红煨乌龟、藕丝银鱼、冰冻鱼胶、清蒸全水鱼、蝴蝶过海、松子鳝鱼等，鲜嫩适口，别有风味。

岳阳人对鱼的熟悉程度不亚于庖丁解牛的庖丁，鱼的每个部分都被充分利用。鱼头和鱼尾炸熟定型，摆入盘子两头。大鱼头的骨髓可以用吸管吸。取出的鱼骨砍成一寸长，加盐和小米辣椒煎炒入味，再加水煮成高汤。这样熬出的高汤，鲜美中透出丝丝香辣味，是烫鱼肉的最好材料。鱼片用盐和醋腌制好后，放入汤中迅速烫熟，盖在鱼骨上，淋上煮鱼的原汤，再浇一层热油增加肉质的鲜美，一道色、香、味俱全的美味菜品就做好了。

靠山吃山，靠水吃水。洞庭湖丰饶的物产，不仅养成了岳阳人吃鱼的习惯，还形成了烹制、品味鱼肴的餐饮文化，正如岳阳古谚语所云："洞庭鲫鳜鲤鲂，美如牛羊。""鳙鱼头鲤鱼尾，鲢鱼肚皮草鱼嘴，青鱼中段肉最美。"1988年，巴陵全鱼席有16个菜品入选《中国名菜谱》；1989年，巴陵全鱼席被评为湖南省"金牌菜"；1991年，巴陵全

巴陵全鱼席之剁椒鱼头

鱼席被编入湖南《名菜名点》；1993年，巴陵全鱼席被纳入《世界旅游菜谱》。

南洞庭湖湖区烟波浩渺，山岛竦峙，芦苇荡漾。绝佳的生态环境成就了丰富的鱼类资源，也使这里自古便成为繁华之地。著名的潇湘八景中的远浦归帆描述的就是此地：夕阳晚照，沐浴在金色余光中的码头，千帆归来，渔火点点亮起，渔歌互答。这里有原始的造船手艺、淳朴的渔民生活、美味的全鱼宴，还有洞庭秋月、渔舟唱晚、渔村夕照等美景，值得人们前来欣赏。

保护与利用现状

在漫长的历史长河里，洞庭湖曾长期占据着我国第一大淡水湖的位置，素有"洞庭天下水"之称。但由于长江和湘江、资水、沅江、澧水等河流夹带的泥沙首先在此沉积，湖盆逐渐垫高，加之不断围垦，湖面逐渐被割裂为东、西、南三片水区。20世纪70年代，洞庭湖的中国第一大淡水湖地位不保，湖面小于鄱阳湖，退居到第二位。伴随着淤积和围垦，湖区农业、工业的发展和人口增加，洞庭湖为此付出了沉重的代价，生态环境

状况逐年恶化，湿地生物资源逐年减少，一些曾经繁盛的物种如白鹳、白头鹤、中华秋沙鸭、大鸨、胭脂鱼等渐趋稀少甚至绝迹。

2002年，南洞庭湖湿地和水禽自然保护区被列入《国际重要湿地名录》。至此，作为全球200个重要生态区之一的洞庭湖湿地，其三个重要组成部分——南洞庭湖、东洞庭湖及西洞庭湖都加入了《湿地公约》，是中国乃至世界上唯一一个分成三个国际重要湿地加以保护的湖泊。南洞庭湖国际重要湿地位于洞庭湖腹地，是连接整个洞庭湖湿地生态走廊的桥梁，而且由于其原生湿地生态系统、生物多样性及栖息地而被赋予独特的重要地位，所以做好这里的生物多样性保护和湿地资源的可持续利用，具有重要的生态、经济和社会意义。

参考文献

[1]陈佩薰，刘沛霖，刘仁俊等.长江中游（武汉—岳阳江段）豚类的分布、生态、行为和保护[J].海洋与湖沼，1980（01）.

[2]卢宏玮，曾光明，谢更新等.洞庭湖流域区域生态风险评价[J].生态学报，2003（12）.

[3]谢平.长江的生物多样性危机——水利工程是祸首，酷渔乱捕是帮凶[J].湖泊科学，2017（06）.

[4]杨健，肖文，匡新安等.洞庭湖、鄱阳湖白鳘豚和长江江豚的生态学研究[J].长江流域资源与环境，2000（04）.

[5]庄大昌.洞庭湖湿地生态系统服务功能价值评估[J].经济地理，2004（03）.

世界上种群数量最多的白头鹤越冬地
——安徽升金湖国家级自然保护区

　　升金湖位于安徽省东至县境内，因湖中日产鱼货价值"升金"而得名。升金湖的形成可追溯到300万年以前的地质时代，经喜马拉雅运动后，长江沿岸抬升形成河流，河流汇聚形成湖泊。升金湖东南岸属于九华山山脉的一部分，为低山丘陵，西北岸沿江是冲积平原。湖床自南向北逐渐倾斜，泥沙淤积，形成现代冲积层。境内土壤种类较单一，地带性土壤为红壤类的黄红壤，非地带性土壤主要有潮土和水稻土。土壤质地为黄色亚黏土和粉砂、砂砾。升金湖自西向北自然分成三个相连的水面：小路嘴以南为上湖，又称小白湖；八百丈以北为下湖，又名黄溢湖；上下湖之间为中湖，即升金湖。

升金湖一隅（王继明 摄）

"中国鹤湖"及其传说

　　升金湖四周地形复杂，群山环绕于东南，西边丘陵遍地，北侧为江滩洲圩，芦苇水草在湖面摇曳。升金湖湖岸长达165千米，湖汊交错，湖岸线曲折，三片水面自西向北，自然相连。该湿地位于亚热带季风气候区，夏季炎热潮湿，冬季寒冷干燥。升金湖属过水性湖泊，水质优良，含钙量高，适宜多种水生动植物生长。湖里生产的虾、蟹、鳊鱼、鳜鱼、乌鳢、螺等水产品，味道鲜美。众多野生植物菜蔬，如藜蒿、芡实、菱角、香椿等，亦是当地重要的物产。

　　除水生生物外，鸟类是升金湖中最引人注目的群体。保护区已监测到的鸟类有230种，占安徽鸟类的46.8%。其中国家一级保护鸟类有7种，分别是白头鹤、白鹤、白枕鹤、白鹳、黑鹳、白肩雕、大鸨；国家二级保护动物有多种，如灰鹤、白琵鹭、黄嘴白鹭、小天鹅、白额雁、小白额雁、鸳鸯、花脸鸭、白鹇、乌雕、白头鹞、草鸮、小鸦鹃、鸢、白尾鹞、普通

升金湖的鸟（王继明 摄）

鸳、红隼等。

升金湖是大鸨、黑鹳等珍稀鸟类的重要栖息场所，也是鸻鹬类的主要越冬地之一。9月底开始，鸟儿们便结队陆续到达升金湖，12月达到高峰。每年11月至次年1月为观鸟的最佳时机。在升金湖越冬的雁类有鸿雁、豆雁、白额雁、小白额雁、灰雁等，其中鸿雁、豆雁最常见，数量也最多，越冬鸿雁的总数在4万只以上。升金湖有"中国鹤湖"之称，每年的11月至翌年的1月被定为东至县的观鹤节。

升金湖原名叫深泥湖，现今的名字来自一个神话故事。传说很久很久以前，深泥湖畔有座阴阳岭，阴阳岭住着一位阴阳先生和一位人称渔哥的后生。一天，渔哥捕蟹回家，听到阴阳先生家里的一只叫鹤姑的小仙鹤求救，渔哥答应第二天去救她。次日，渔哥应约划船来到阴阳先生家，送阴阳先生去湖对岸。渔哥将计就计地拖延时间，中途回阴阳先生家放走了小仙鹤。小仙鹤临走时拔下一根羽毛感谢渔哥，并告知他，今后如遇灾难，可点燃羽毛，必来相救。第二年，深泥湖破圩，鱼跑入了长江，渔哥点燃羽毛。小仙鹤果然从天而降，伸颈向湖中吸了三口湖水，又连续向湖里喷出三口水，然后便化作一缕青烟消失了。此后，湖水风平浪静，水中群鱼竞游。渔哥带领村民划船捞捕鱼虾，日产鱼货价值升金，从此深泥湖便易名为"升金湖"或"生金湖"。为感恩小仙鹤，村民们在湖畔建了一座仙姑庙以示纪念。

白头鹤

在15种鹤类中，最飘然若仙的应该就是白头鹤了。成年白头鹤体长95厘米左右，体重大约在4千克，虽然在鹤科家族中算不上大，但其体态格外婀娜，进食姿势优雅，因而得名"修女鹤"。白头鹤作为湿地的旗舰物种，全世界仅存14500～16000只，而其在升金湖的数量就超过了300只，占中国白头鹤总数的两成以上，是世界种群数量最大的白头鹤天然越冬地。

白头鹤主要栖息于河流、湖泊的岸边泥滩、沼泽及湿草地中，也出现在林缘和林中开阔的沼泽地上。白头鹤分布范围很广。据调查，其出现过的保护地有34个之多，如升金湖、豫北黄河故道湿地等。为了更好地保护"修女鹤"，研究人员追踪了它们一年的生活足迹及活动规律，发现它们每年都要"跨国旅游"，自带飞行器，无须购买机票，不要办理护照，自由得让人类羡慕。

保护好已知的繁殖地、迁徙途经地和越冬地的沼泽湖滩，是当前白头鹤保护的重要任务之一。摸清白头鹤的活动轨迹和规律，人类可以更好地在时间、空间尺度上对其采取更精准的保护措施。

湿地的历史沿革及保护、管理举措

升金湖自然保护区自设立以来，在国家林业和草原局、安徽省农林厅等主管部门的支持与指导下，在保护与管理方面取得了显著的生态效益和环境效益。这可以从以下重要历史事件时间表中窥见一斑：

1980年，首次在升金湖发现白头鹤越冬种群。

1986年，安徽省政府批准建立升金湖水禽自然保护区，原安庆行署正式组建了升金湖水禽自然保护站。

1992年，国家林业局与世界野生生物基金会将升金湖列为中国具有国际意义的40个自然保护区之一。

1995年，升金湖自然保护区加入中国人与生物圈自然保护区网络。

1997年，国务院批准建立安徽省升金湖国家级自然保护区。

2000年，成立安徽省升金湖国家级自然保护区管理局。

2002年，加入东北亚鹤类网络保护区。

2005年，加入东亚—澳大利西亚鸻鹬类网络。

2007年，保护区加入长江中下游湿地保护网络。

2008年，与中国科技大学生命科学院共建湿地生态系统和生物多样性教学科研实习基地。

2010年，与内蒙古达赉湖国家级自然保护区结成姊妹保护区。

2015年，升金湖保护区被列入《国际重要湿地名录》。

2021年，中国林学会将升金湖保护区列为第五批全国林草科普基地。

目前，安徽升金湖国家级自然保护区已完成了基础设施一期建设工程，保护管理工作迈入了法治化、规范化和科学化的管理轨道，同时扩大了对外交流，积极与国际自然保护组织开展考察交流与技术合作，进一步提升了升金湖湿地资源与水鸟的保护力度和国际知名度。

参考文献

[1]江红星，徐文彬，钱法文等.栖息地演变与人为干扰对升金湖越冬水鸟的影响[J].应用生态学报，2007（08）.

[2]刘政源，徐文彬，王岐山等.白头鹤在升金湖上湖越冬期环境容纳量的研究[J].长江流域资源与环境，2001（05）.

[3]苏化龙，林英华，李迪强等.中国鹤类现状及其保护对策[J].生物多样性，2000（02）.

[4]许李林，徐文彬，孙庆业等.升金湖植物区系及其群落演变[J].武汉植物学研究，2008（03）.

[5]周波，周立志，陈锦云等.升金湖越冬白头鹤集群变化及领域行为[J].野生动物，2009（03）.

世界生命湖泊最佳保护实践地
——鄱阳湖湿地

　　江西鄱阳湖湿地位于江西省北部，地跨新建、永修和庐山三地，属内陆型湿地，主要湿地类型有湖泊、永久性河流、时令湖和永久性淡水草本沼泽、泡沼等。鄱阳湖处于亚热带季风气候区，阳光充足，热量丰富，气候暖湿，无霜期长，优越的气候条件和独特的水文环境，在这里孕育了丰富的湿地生物资源。漫山遍野的苦草、眼子菜、薹草等湿地植物，为栖息在此的水鸟提供了充沛的食物资源和良好的栖息环境。鄱阳湖湿地是白鹤、东方

鸟类天堂（周继根　摄）

白鹤、鸿雁、大鸨、黑鹳、小天鹅、白额雁、白琵鹭等鸟类的重要越冬地。

鄱阳湖

鄱阳湖，古称彭蠡泽。古代文献记载，早在秦汉时期，长江在今皖赣交界区域的九江分流，形成诸多湖泊，面积最大的便是彭蠡泽。今天的鄱阳湖就是古代彭蠡泽的江南部分。鄱阳湖以湖中的松门山岛为界，大致可分为南北两片湖区。北湖被西侧的庐山和东侧的丘陵抢去空间，湖面狭长。南湖形成得晚些，面积却比北湖大很多。汉代以来，长江主河道南移，九江分流减少，彭蠡泽江北部分萎缩成诸多小湖。唐宋时期，气候温暖湿润，长江流域降水充沛，径流量变大，湖水向南扩展，大体奠定了今日鄱阳湖的形态。南朝时江汉平原的云梦泽已基本消失，江北的彭蠡泽被雷池取代。这个雷池，就是有"不敢越雷池一步"之称的雷池。

赣江、抚河、信江、饶河、修河五大主要河流日夜不息，从东、南、西三面注入鄱阳湖。最终，这些短暂停留在鄱阳湖的汹涌河流，由湖口注入长江。鄱阳湖的流域面积占江西总面积的97.2%，长江流域总面积的9%。经鄱阳湖调蓄注入长江的多年平均水量高达1457亿立方米，占长江总水量的15.5%，超过黄河、淮河和海河三河全年水流量的总和。鄱阳湖湖体面积及容积相差极大。最高水位时湖体面积约4550平方千米，最低水位时湖体面积仅有239平方千米，出现"高水是湖，低水似河""洪水一片，枯水一线"的巨大差异。

京杭大运河建成后，鄱阳湖的地理位置尤其重要，直接关系到江西水运与贸易通道的生死存亡。大运河—长江—赣江—大庾—广州的水运交通干线，成为中国古代中后期最重要的内陆南北水运大通道。一船船的瓷器、药材等大宗本地物资，源源不断地由江西省输送到外省。鄱阳湖作为江西内部五水的汇集之地，一时繁荣兴盛，风光无两。江西古代四大商镇之一的吴城镇，就是凭借鄱阳湖西岸的物资集散优势兴盛起来的。吴城镇通过水路又与上游三大商镇（"瓷都"景德镇、"药都"樟树镇、"造纸业中心"河口镇）产生联动，共同勾绘出一幅繁荣的商业图景。

作为世界第三长河的长江，虽然只有152千米的主河段流经江西，但是这段长江支流众多，时有洪水发生。秦设九江郡时，所取"江至浔阳九派分"之意，便泛指长江在此处分叉形成众多支流。鄱阳湖的围垦始于东汉，到了明清时期鄱阳湖区人口激增，江西成为全国重要的水稻产区。唐代诗人姚合曾写道："鄱阳胜事闻难比，千里连连是稻畦。"湖区居民通过围湖垦田增加粮食生产，虽然产量提升了，但围垦的大量农田占用了湖泊的蓄洪空间，加大了湖区发生水患的风险。

1940年以来，在长江中下游地区，有1000多个湖泊因围垦而消亡；连通长江的大型湖泊，由102个减少到2个（鄱阳湖与洞庭湖）。受江湖水位变化影响，洞庭湖、鄱阳湖的水位变化波动异常：枯水位和特枯水位时间提前，持续时间增长；湖泊丰水期维持时间缩短。湖泊水位的提前下降，会使许多洲滩过早出露，水淹时间大幅缩短。长此以往，湿地土壤含水量低，不能满足湿地植物的生态需水，湿生植物被耐旱植物所取代，湿地生态系统受到严重威胁。比如，每年秋季，鄱阳湖进入枯水期时，很多湖洲变为草地。

地质构造运动、泥沙淤积，以及人为围淤垦田、过度捕捞、滥采湖沙、水库大坝建设等人类活动，使得鄱阳湖水域面积不断萎缩。这已成为中国南方地区大多数湖泊生态危机的典型写照。在哀叹鄱阳湖令人担忧的生态现状时，我们必须采取措施保护生态环境。只有保护好湖区的生态环境，才能保障湖区社会经济的可持续发展。

白鹤与鹤文化

白鹤，这个在地球上生活了6000万年的物种，堪称动物"活化石"。它脸红眼黄，除翅尖、覆羽、足为黑色外，其他身体部位洁白无瑕，形态优雅。白鹤起舞，轻盈优美，恰似白衣仙子乘风而来，给人们带来了自然、丰富、纯洁的意境。白鹤在中国被尊称为仙鹤，是吉祥、长寿、高贵的象征，中国古人多用白鹤比喻那些具有高尚品德的贤能之士，

曲颈向天歌的白鹤（石建斌 摄）

把洁身自好而有时誉的人称为鹤鸣之士。道教人物大都是以仙鹤或者神鹿为坐骑。中国传统文化里，年长的人去世有驾鹤西游的说法。

　　不仅在我国，在日、韩等国，白鹤也被赋予重要的文化意象。崇尚白鹤可以说是东亚文化圈共同的文化现象。作为一种吉祥之物和文化标志，在数千年的历史演变过程中，白鹤与宗教神话、政治理念、民俗故事相结合，被赋予了多层次的思想文化内涵。出土于安阳小屯殷墟商朝妇好墓的玉鹤，是我国有史可查的最早的鹤工艺品，距今已有3200多年的历史。《诗经·大雅·灵台》中有"白鸟翯翯"，这或是对白鹤最初的命名。古代文人对鹤亦极尽喜爱，以唐诗为例，在1999年版的《全唐诗》中，咏鹤诗102首，咏画鹤诗4首，另有1876首唐诗涉及鹤意象的描写。

　　明清时期，在官服胸前或后背上有一块圆形或方形织物，被称作"补子"，又称"胸背"或"官补"。文官的补子图案用飞禽，武将的补

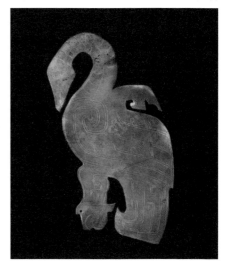

妇好墓出土的玉鹤

子用猛兽。纹样形式与官位、职位相对应。不同品级的官职，其补子上所绘制的图案有着明显的区分。一品至九品文官的补子分别是：一品仙鹤，二品锦鸡，三品孔雀，四品云雁，五品白鹇，六品鹭鸶，七品鸂鶒，八品鹌鹑，九品练雀。仙鹤补子位居一品，充分显示其在中国人心目中的地位之高。

清代一品文官补子，主纹为立鹤，鹤单腿立于寿石之上，周围饰以如意云纹，杂以蝙蝠、寿桃、灵芝等。仙鹤高雅圣洁，在古代是仙风道骨的象征，被赋予忠贞清正、品德高尚的文化内涵。云纹与蝙蝠寓意"洪福齐天"。鹤头所朝上方有红色日形纹，寓意"朝日"。事实上，鹤在传统的鸟文化中也具有"一鸟之下，万鸟之上"的地位。众所周知，凤纹是皇后的象征。因此，以鹤纹作为一品官员的补子，也有"人臣之极"的含义。鹤在中国古代的传统认知中还寓意长寿。鹤本身寿命不是很长，可存活数十年，但仍然被中国古人作为长寿的象征，"鹤寿延年""龟鹤齐龄""松鹤长青"等成语即与此相关。《淮南子·说林训》："鹤寿千岁，以极其游。"王建《闲说》诗："桃花百叶不成春，鹤寿千年也未神。"故吉祥图案中多

清朝文官一品官员补子上的仙鹤图

鹤纹，以团鹤或双鹤、灵芝、桃子等组成鹤寿延年纹样，均寓意长寿。

应该说，自从地球上有了人类以后，白鹤便成为人类的朋友。不幸的是，随着环境污染、人类捕杀，在地球上生活了数千万年的白鹤，曾经濒临绝迹。1980年，国际鹤类基金会曾经宣布全世界仅存白鹤320只，世界自然保护联盟红皮书把白鹤列入极危特种。正当全世界为白鹤担忧的时候，

同年冬天中国科学院动物研究所的研究团队发现，在鄱阳湖地区的大湖池观察到1482只白鹤。一时间，这个振奋人心的消息成了"爆炸性新闻"。

跟踪调查发现，鄱阳湖是白鹤的重要越冬地，它们每年在此停留5个多月。寒来暑往、循环往复，鄱阳湖湿地成为白鹤越冬的天堂。目前，其种群数目约有3600～4000只，98%在鄱阳湖越冬。2018年4月，为了救助一只落单的小白鹤"爱爱"，江西省野生动植物救护繁育中心与吉林莫莫格湿地展开了千里救援行动。繁育中心工作人员乘飞机飞越2000多千米，护送"爱爱"远赴吉林莫莫格国家级自然保护区，追赶即将北迁西伯利亚的白鹤种群。白鹤"寻亲"的故事，引发了社会的广泛关注。2019年12月，白鹤"爱爱"成为鄱阳湖首届"国际观鸟周"吉祥物原型。2019年，江西省把白鹤正式确定为"省鸟"。

保护现状与前景展望

鄱阳湖自然保护区建立于1983年，1988年被晋升为国家级保护区，1992年被确认为中国40个A级保护区之一，并被列入《国际重要湿地名录》。1994年，鄱阳湖自然保护区被"中国生物多样性保护行动计划"确定为最优先的生物多样性地区；1995年，成为全球环境基金（GEF）资助的"中国自然保护区管理项目"五个示范保护区之一；1997年，加入东北亚鹤类保护网络；2000年，被世界自然基金会（WWF）定为全球重要生态区；2002年，加入中国生物圈保护区网络；2006年，加入东亚—澳大利西亚鸟类保护网络。在第十四届世界生命湖泊大会上，鄱阳湖国家湿地公园管委会被全球自然基金会（GNF）授予"生命湖泊最佳保护实践奖"。鄱阳湖湿地所获的其他荣誉，还有"全国自然保护区示范单位"（国家林业局）、"2006年百姓喜爱的江西十大特色美景"等。

鄱阳湖保护区因独特的湿地景观、壮观的栖息鸟群，被世人誉为"珍禽王国""候鸟乐园"、野生动物的"安全绿洲"。鄱阳湖湿地是以湖泊为核心的复合湿地生态系统，具有重要的生态服务功能，其最大特点是珍稀、濒危鸟类的种类多、数量大。每年到鄱阳湖湿地越冬的白鹤最少有1000只，最多达3100只。近年来，有1000只以上的东方白鹳也到此越冬，最多达1873只。野鸭寻鱼鸥击水，丛丛芦苇雁鹄藏。这里还是鸿雁越冬的天堂，每年有上万只齐聚于此，最多时超过4万只。这里是当今世界重要的候鸟越冬栖息地，也是国际重要湿地和全球重要生态区。

鄱阳湖湿地的重要性在国内外闻名遐迩。2013年2月，"零灭绝联盟"（AZE）发起"世界七大濒危野生动物栖息地奇观"评选，鄱阳湖因每年有大量白鹤栖息而入选。保护好鄱阳湖湿地生态系统，不仅对我国生物多样性及其生态系统多样性具有重大的现实意义，而且在保存物种基因、维护生态系统平衡方面具有全球性意义。

参考文献

[1] 崔丽娟. 鄱阳湖湿地生态系统服务功能价值评估研究[J]. 生态学杂志，2004（04）.

[2] 胡振鹏，葛刚，刘成林等. 鄱阳湖湿地植物生态系统结构及湖水位对其影响研究[J]. 长江流域资源与环境，2010（06）.

[3] 燕然然，蔡晓斌，王学雷等. 长江流域湿地自然保护区分布现状及存在的问题[J]. 湿地科学，2013（01）.

[4] 熊彩云，蔡海生，张学玲等. 鄱阳湖湿地管理现状及对策分析[J]. 湿地科学与管理，2011（04）.

[5] 赵其国，黄国勤，钱海燕. 鄱阳湖生态环境与可持续发展[J]. 土壤学报，2007（02）.

典型的内陆河口湿地及联接赣江、鄱阳湖和长江的关键点
——江西鄱阳湖南矶湿地

　　江西鄱阳湖南矶湿地位于鄱阳湖主湖区南部，是赣江三角洲的前沿地带，赣江三角洲由赣江北支、中支和南支汇合冲积形成。其主要保护对象是赣江口—鄱阳湖复合湿地生态系统以及赖以生存的野生动植物资源。湿地保护区内有南山、矶山两个小岛，合称南矶山。南矶湿地主要由岛屿、湖泊、草洲构成，为典型的内陆河口湿地。鄱阳湖南矶湿地植物物种丰富，区系成分复杂，类型多样，具有明显的南北植物汇合的过渡性质。由于地处赣江、鄱阳湖和长江的关键点，其通江性良好，南矶湿地不仅是鲤、鲫等经济鱼类的重要产卵和育肥场所，也是长江中下游地区青鱼、草鱼、鲢

鸟类乐园（来自鄱阳湖自然保护区网站）

鱼、鳙鱼、鳗鲡、刀鲚、凤尾鱼等洄游型鱼类的主要洄游通道甚至是最后的避难所。

南矶山

出南昌市，沿105国道走约40千米，就来到南矶山自然保护区。这里有一条一眼望不到尽头的入岛公路，浮于蓝天之下、湖水之上，一头连着陆地，一头接着小岛。这是一条会隐身的公路：春夏季节，湖水上涨淹没公路，南矶山便成为湖心孤岛，需乘船前往；秋冬季节，湖水低落，公路显现，人们可以开车前往，透过车窗看到的是一人多高的金色芦苇荡，将蓝天修饰成一条细线。

在西南近岸尖湖域中，有南山与矶山两座相邻小岛。矶山岛立于鄱阳湖中，入岛环走，峰回路转。岛中有一凤湖，可谓湖中有岛、岛中有湖。矶山小岛，自然景观瑰丽，人文景观也毫不逊色。当年朱元璋与陈友谅大战鄱阳湖时，曾经陈兵此处。因此，这里有朱元璋的藏兵洞、刘伯温的钓鱼台等景点。别看岛小，行走其中，历史厚重感油然而生。

矶是一个地貌学名词，意指水边突出的岩石或江河中的石滩。这种凸出水面的山岩，三面环水，单面靠岸，人们称之为"矶"。在长江沿岸，石矶多得数不胜数，大型石矶就有72处，其中就包括最著名的长江三矶——岳阳的城陵矶、马鞍山的采石矶、南京的燕子矶。因此，即使没有到过南矶，亦可想象其在鄱阳湖中的样子——江中之矶，有山有岩也有湖荡。南矶山周围有常湖、流湖、菱湖、东湖、神塘湖等浅水湖，湖滩、草洲及浅滩纵横交错、星罗棋布。这里气候适宜，水质纯净，环境静谧，湖底螺蚌无数，水草间鱼虾跳动。

南矶湿地保护区，是江西省面积最大的自然保护区。保护区地广人稀，自然资源极为丰富，有植物约600种、鸟类310种、鱼类139种、贝类80余种、虾蟹类20余种。湖区内分布着大片苦草、野荸荠等，为冬候鸟提供了丰富的食物。植物群落主要有扁蓄蓼群落、薹草群落、野荸荠群落、芦苇群落、南荻群落等，是越冬候鸟偏好的栖息之所。每年10月至次年4月，数以十万计的候鸟在这里越冬，其中有白鹤、白鹳、黑鹳、小天鹅、白额雁、鸿雁、豆雁、灰雁、小白额雁等多种国家重点保护野生动物。

南矶湿地保护区生态功能多样，主要表现在四个方面：一是蓄洪作用强。保护区自然景观保护完好，没有修筑圩堤，因而蓄洪能力强。保护区内平均海拔为17米，按20世纪90年代的高洪水平均水位22米计，保护区3.33万公顷范围可蓄洪水约17亿立方米。二是生物多样性丰富。保护区为地广人稀的湖区，人为干扰因素少，生物资源丰富，食物链健全，各类生物各得其所。三是候鸟栖息地生境优越。适宜的栖息环境，丰富的食物供给，正在吸引越来越多的候鸟到此越冬。四是生态旅游价值高。保护区内自然景观优美，又依傍省会城市，随着交通条件的改善，越来越多的游客来此进行观鸟等探寻自然的活动。

1998年长江特大洪水

《孟子·滕文公下》里记载："昔者禹抑洪水而天下平，周公兼夷狄、驱猛兽而百姓宁。"成语"洪水猛兽"便由此而来，比喻极大的祸害。水多会引发洪涝，是灾；水少会导致干旱，也是灾。

我国夏季雨热同期，降雨量猛涨时，即可给某些区域带来灾害。暴雨、急剧融化的冰雪、风暴潮到来时，江河湖泊水量迅速增加，造成水位迅猛上涨，这就是如同猛兽般的洪水。其所到之处，墙倒屋塌，一片汪洋，庄稼被淹走兽死，辛苦积蓄化为乌有。

据史料记载，自汉初到清末2000多年来，长江流域共发生大洪灾214次，平均十年一次。清代以后，随着人口增加，围湖造田所导致的湖水蓄洪面积逐渐缩小，洪水灾害更加频繁。从清初到1949年中华人民共和国成立前，平均每五年就发生一次较大的洪灾。降水丰亏由天，从客观上说，洪水频发有其不可抗拒的原因，可以说是"天命"难违。但是，万古奔腾的长江为什么仅仅在这20世纪短短的100年间，清澈的江水就一去不复返？为什么百年一遇的洪水变成了几年一灾、十年一患？

继1931年和1954年两次洪水后，20世纪发生的又一次全流域性的特大洪水是在1998年。从6月中旬起，因洞庭湖、鄱阳湖连降暴雨、大暴雨，长江水流量迅速增加。受上游来水和潮汐共同影响，自6月25日起，江苏省沿江潮位站全线超过警戒水位。受长江上游干流连续7次洪峰及中游支流汇流叠加影响，7月29日，南京站出现历史第二高潮位，持续时间长达17天。8月2日，大通站最大流量仅次于1954年洪峰流量，居历史第二位。8月24日，镇江站出现高潮位，仅比1954年低1厘米，居历史第三位。这次洪水严重威胁到九江地区的安全。

鄱阳湖是长江中下游最大的蓄水池。作为长江流域的水量调节器，鄱阳湖有两个作用：如果长江上游来水丰沛，鄱阳湖就接受长江的倒灌；如果鄱阳湖上游的赣、抚、修、信、饶河水位暴涨，那么鄱阳湖就向长江排水。因此，夹在鄱阳湖和长江之间的九江，是长江汛情的关键地点。虽然长江在九江河段仅过境151千米，但作为长江中下游的分界点，九江境内的水位事关更上游的武汉、黄石等地的防洪压力。如果九江水位不降，在水的顶托作用下，武汉、黄石的水位也不会降。湖口作为鄱阳湖与长江的交接点，一旦失守，中国第一

"1998"抗洪纪念碑及九江抗洪纪念馆（韩志勇 摄）

大淡水湖的湖水大量注入长江，那将对下游的安徽、江苏等地造成严重危害。

1998年8月7日13时50分，汹涌的长江洪水在江西省九江市浔阳西路的4号至5号闸口冲破长江大堤，很快撕开一个60米长的豁口。顷刻间，九江城区处在全城灭顶的险情之中。在党中央、国务院、中央军委的正确领导下及全国人民的关心、支持下，中国人民解放军投入抢险，军民连续团结协同拼搏46个小时，终于化险为夷，把洪水控制在河床中，保卫了沿江城市和交通干线的安全，创造了中国抗洪史上的奇迹。为了纪念这一历史性的事件，并弘扬"万众一心、众志成城，不怕困难、顽强拼搏，坚韧不拔、敢于胜利"的伟大抗洪精神，九江市建设了"1998抗洪纪念碑"和"九江抗洪纪念馆"。1998年之后，当地政府提出并实施"封山植树、退耕还林、平垸行洪、退田还湖、以工代赈、移民建镇、加固干堤、疏浚河湖"的32字方针，鄱阳湖的蓄洪量因此有所恢复。

保护、宣传与利用情况

南矶湿地保护区成立于1997年，2008年1月被晋升为国家级自然保护区，2020年被列入《国际重要湿地名录》。南矶湿地国家级自然保护区，还是长江湿地保护网络的首批成员、东亚—澳大利西亚候鸟迁飞区湿地网络成员、全国林草科普基地。该湖口湿地生态系统是河口自然地理、水文和生态环境监测等学科的天然研究基地，也是研究内陆河口湿地生态系统不可多得的科研场所。

为有效保护候鸟及其栖息地，鄱阳湖南矶湿地保护区积极创新候鸟保护方式，通过社区共管方式与当地社区渔民达成共识，让渔民主动参与到候鸟保护工作中来。战备湖和白沙湖作为水鸟栖息地，由地方政府和渔民共同管理，政府补贴资金，渔民在候鸟越冬期停止渔业生产，配合保护区工作人员一起做好候鸟觅食工作。管理人员通过控制泄水闸门，调整水位、季节性停止渔业生产、禁止无关人员入内等活动，以保证候鸟越冬食物充足、栖息场所安全。

保护区内虽植物富饶，动植物种类繁多，富有极高的生态价值，但建成之后知名度并不高。为增强知名度，保护区管理局采取了多种办法，如设置标语和宣传板、举办观鸟大赛、建设网站等，与外界机构建立联系，扩大知名度。近年来，通过开展环保教育与生态旅游等活动，南矶湿地已经受到外界越来越多的关注和认知。

参考文献

[1]崔丽娟.鄱阳湖湿地生态系统服务功能价值评估研究[J].生态学杂志，2004（04）.

[2]胡振鹏，葛刚，刘成林等.鄱阳湖湿地植物生态系统结构及湖水位对其影响研究[J].长江流域资源与环境，2010（06）.

[3]唐国华.鄱阳湖湿地演变、保护及管理研究[D].南昌大学，2017.

[4]赵其国，黄国勤，钱海燕.鄱阳湖生态环境与可持续发展[J].土壤学报，2007（02）.

[5]张全军，于秀波，胡斌华.鄱阳湖南矶湿地植物群落分布特征研究[J].资源科学，2013（01）.

典型的"三合一"人工湿地

——杭州西溪湿地

西溪，古称河渚，曾与西湖、西泠并称杭州"三西"。此处"曲水弯环，群山四绕，名园古刹，前后踵接，又多芦汀沙溆"。西溪湿地位于杭州市区西部，距西湖不到5千米，极富历史人文内涵。现如今，它是我国第一个集城市湿地、农耕湿地、文化湿地于一体的国家湿地公园。历史上的西溪占地约60平方千米，现在实施保护的西溪湿地总面积约11.5平方千米，分为东部湿地生态保护培育区、中部湿地生态旅游休闲区和西部湿地生态景观封育区。西溪属典型的人工湿地，园内生态资源丰富、自然景观幽雅、文化积淀深厚。

西溪国家湿地公园与中国湿地博物馆入口处

西溪湿地文化

在第四纪地质作用下，冲积和湖积双重作用造就了西溪湿地所在的湖泊沼泽和水网平原。它上接杭州市西部低山丘陵区，下连杭嘉湖平原，南倚缓丘山峦，北临水网平原，地势南高北低，区域内水面率高达50%。周围村庄、桑田等仅高出水面1～1.5米。"犬吠水声中，桃花带雨浓"，江南水乡特色浓厚。农业用地主要为池塘、柿林、桑地、菱白田等。这里原生湿地缺失，西溪湿地其实是在长期的江南桑基农业改造下，逐步形成的城市次生湿地景观。

该区域降水丰富，利于沼泽湿地的形成和发育。流域内地势低平，地表径流不畅，黏性土层阻碍地表水下渗，导致河流纵横交错，形成网状河流水系。这里鱼塘遍布，大大小小的鱼塘有2000多个，组合到一起，形成了彼此镶嵌互生的鱼鳞状水塘。湿地内河网密布，池塘、河港、沟汊、溪流，共同构成了水网交错的湿地景观。天气晴朗时，从上空俯视，数千个排列紧凑的水面闪着银光，一片波光粼粼，十分壮观。

西溪之胜，独在于水。水是西溪的灵魂和生命。湿地内河流总长100多千米，河港、池塘、湖漾、沼泽等水域占了湿地总面积的70%。西溪之重，重在生态。园区内芦白柿红、桑青水碧、竹翠梅香、鹭舞燕翔，皆成天趣。动植物资源极其丰富，其陆地绿化率在85%以上。为了展现公园的湿地植物特征，在公园建设过程中，除了保留大面积的芦苇湿地，还人工种植和恢复了许多典型湿地植物群落。

西溪始于东晋，发展于唐宋，兴盛于明清，衰落于民国，再兴于现代。区内有福堤、绿堤、寿堤三堤，分区特征为南隐、北俗、东闹、西静。西溪文化的精髓是"一园五地"，即洪园、越剧首演地、词人圣地、水浒孕育地、文人逍遥地、民俗浓缩地，蕴含了"梵、隐、俗、闲、野"五大文化主题元素。

西溪文化氛围相当浓厚，许多帝王将相、文人名士视其为人间净土、世外桃源，并为此留下了大批的诗词文章，如"四围断岸居民少，一径荒林宿鸟多""鸥凫栖水高僧舍，鹳鹤巢云名士楼""老翁忘却投纶，因看晴鸥对浴"。文人赞之"可以避世如桃源、菊水者，当以西溪为最"，游人叹之"小桥流水，修竹长松，茅屋一两家，掩映于深翠浓阴中。童子村姬，蔽竹窥人，一如武陵人初入桃花源，惊喜相问时也"。秋芦飞雪、高庄宸迹、烟水渔庄、河渚听曲、深潭会舟、曲水寻梅、柿林秋色七景雅俗共赏，浑然天成。

西溪民俗文化尤其丰富多彩，至今仍保留了"龙舟盛会""碧潭网鱼""竹林挖笋""清明野餐"等诸多传统民俗。西溪的文化也相当发达，以寺观、庵堂、祠庙、名园等为载体的古建筑文化，更增添了西溪湿地的文化内涵。

西溪湿地是一块原始质朴、野趣横生的山水田园，其山水文化品质极为可贵，是千百年来杭州人尊重自然、顺应自然、保护自然的结果。

国家湿地公园

中国国家湿地公园，是指经国家湿地主管部门批准建立的湿地公园。湿地公园的主体具有显著或特殊生态、文化、美学和生物多样性价值的湿地景观，并有一定的规模和范围。从生物视角看，湿地具有多面性：对花草树木来说，湿地是可以扎根生长的家园；对鱼虾蚌螺来说，湿地是自由生长的水域；对飞禽走兽来说，湿地是安身、栖息、觅食之所。在成人眼中，湿地是休闲娱乐、感受自然的好去处；在孩童眼中，湿地是寓教于乐的科普游乐场。在人口密集区，湿地变身公园，既能保护它的空间不受侵占，生灵不受伤害，又能供公众感受水滨鸟嬉鱼戏的美景。从规划到行动，将人与自然和谐相处的理念真真切切地体现到居住环境中，在孩子们幼小的心灵中播下环境保护意识的种子。

湿地公园的宗旨是保护湿地生态系统的完整性、维护湿地生态过程和生态服务功能，并在此基础上充分发挥湿地的多种功能效益，合理开发利用湿地。湿地公园与湿地自然保护区、湿地野生动植物栖息地保护区以及湿地多用途管理区一样，都是湿地保护管理体系的重要组成部分。

发展建设湿地公园，既可调动社会力量参与湿地保护与可持续利用，又有利于充分发挥湿地的多种功能效益，同时满足当地社会经济发展需

西溪湿地一隅（张庆吉 摄）

求。通过社会资本参与、科学经营管理，有助于保护湿地生态系统，发挥湿地多种效益，实现可持续发展的目标；对改善区域生态状况，促进生态文明建设，实现人与自然和谐共处，具有十分重要的意义。

保护、治理与利用情况

西溪发轫于东晋。自20世纪90年代开始，由于城市扩张，大量房地产企业进入西溪一带开发建设，同时当地农民自发兴办养猪业。这些活动都严重影响到西溪的水质。据2002年统计，当地蒋村乡有415户家庭从事养猪业，生猪存栏量超过了2.5万头，造成环境严重污染。2002年底，杭州市西湖区蒋村乡三级政府率先对西溪全境实施了生猪禁养政策，开展环境综合整治，全面实施生活垃圾外运处理。但依然不断加剧的污染，让综合治理成效不佳。

基于《杭州市西溪湿地综合保护区总体规划》，西溪湿地的目标是"中国江南城市湿地公园"，并为西溪湿地综合保护工程定下六大原则——

生态优先、最小干预、修旧如旧、注重文化、以人为本、可持续发展。该规划将西溪湿地旅游资源的保护开发分为"三区一廊三带"，采取搬迁整治、封闭封育等措施，恢复原始沼泽、田园风光和鸟类物种，营造特有的水域、地貌、动植物和历史人文景观。湿地大半区域禁止游客进入，其余部分的游客日流量也控制在五六千人以内，以确保湿地水体能够自然净化游客产生的可降解污染物；只设置必要的步行游览道路和非机动船舶类交通工具；对西溪湿地保护区内的居民，实行撤村建居并全部外迁安置。

当地有关部门统筹生产、生活、生态三大空间布局，对西溪湿地11.5平方千米的区域实施保护，分为东部湿地生态保护培育区、中部湿地生态旅游休闲区和西部湿地生态景观封育区。在湿地公园入口处设湿地科普展示馆，公园内设置了费家塘、虾龙滩、朝天暮漾、包家埭和合建港五大生态保护区及生态恢复区。如今的西溪湿地，已成为建设人与自然和谐相处、共生共荣的宜居城市的重要资源。

参考文献

[1]陈久和.城市边缘湿地生态环境脆弱性研究——以杭州西溪湿地为例[J].科技通报，2003（05）.

[2]陈天琪，张建春.基于文本挖掘的景区旅游形象感知研究——以杭州西溪国家湿地公园为例[J].资源开发与市场，2021（06）.

[3]李玉凤，刘红玉，郑囡等.基于功能分类的城市湿地公园景观格局——以西溪湿地公园为例[J].生态学报，2011（04）.

[4]王莉，张宏梅，陆林等.湿地公园游客感知价值研究——以西溪/溱湖为例[J].旅游学刊，2014（06）.

[5]俞青青.城市湿地公园植物景观营造研究[D].浙江大学，2006.

东部滨海区

东起鸭绿江口，西至北仑河口，18000千米长的大陆海岸线，串起了我国的渤海、黄海、东海和南海。曲折的海岸线顺着我国的轮廓延伸，跨越暖温带、亚热带、热带等多个气候带，连接着多个省、直辖市、自治区及特别行政区。海水盐度及潮汐作用，为滨海区域带来了与陆域湿地完全不同的水文、沉积物、生物，造就了丰富多彩的滨海湿地。

我国滨海湿地主要分布于东部沿海。以杭州湾为界，杭州湾以北除了山东半岛、辽东半岛的部分地区为岩石性海滩，环渤海滨海湿地和江苏滨海湿地多为砂质和淤泥质海滩；杭州湾以南以岩石性海滩为主，主要河口及海湾有钱塘江—杭州湾、晋江口—泉州湾、珠江口河口湾和北部湾等。

我国涉海的东部滨海国际重要湿地有11个，其中广东4个，江苏2个，天津、辽宁、河北、海南、香港各1个。这些湿地中的植被有风吹如浪的芦苇、互花米草、碱蓬、蘸草，也有坚韧的红树林、柽柳等。以上湿地均为东亚—澳大利西亚候鸟迁飞路线上的重要补给站，具有重要的生态价值。

天津大港地区工业污染过滤器与生态系统调节器
——天津北大港湿地

　　位于天津市东南部的北大港湿地，是目前天津市最大的湿地自然保护区。其距渤海湾6千米，包括北大港水库、沙井子水库、钱圈水库、独流减河下游、官港湖、李二湾和沿海滩涂七个部分。该区地形主要由海岸和退海成陆的潮滩组成，形成了以河砾黏土为主的盐碱地貌。这里不只有滩

落潮后的湿地景观（左平 摄）

涂、河流、沼泽等自然湿地，也有盐田、坑塘、沟渠、水库等人工湿地。暖温带大陆性季风气候湿润温和，带来了丰沛的降水，地下潜水丰富。正因如此，在这里，河流纵横如勾笔题字，坑塘淀泖如喷墨溅白，地貌繁多复杂，景观多样性丰富。同时，北大港湿地也有着丰富的生态系统和生物资源，它是东亚—澳大利西亚候鸟迁徙的必经之地，是我国渤海湾地区生物多样性丰富的地区之一。每年春秋季，在紧张的迁徙过程中，来此休憩的140余种不同的鸟类达到10万只。

北大港淤泥质海滩

北大港的淤泥质海滩，在常人眼里只是一片灰色的泥泞，与想象中的那些金色的、被明媚阳光照射得如同梦幻般的沙滩相差甚远。这泥滩甚至乍看与雨后某个无人问津的狼狈泥地毫无差别，但从科学的角度看，它确实是一个海滩。事实上，根据组成海滩物质的不同，海滩通常可分为砾石质海滩、砂质海滩和淤泥质海滩三种。而我们面前的这片泥地就是淤泥质海滩。淤泥质海滩从成因形态上，又可分为平原型和港湾型两大类，前者主要分布在我国渤海湾西岸和江苏省海岸，而后者主要分布在辽东和东南沿海某些近河口的淤泥质港湾等岸段。

淤泥质海滩始于河流入海口。河流带来的丰富的泥沙等物质在河口沉积，经强烈的潮汐作用冲淤最终成型。有的淤泥质海滩形成于河口附近，有的则形成在某个容易堆积泥沙的角落。4000多年前，北大港所在的天津原先是一片汪洋，在黄河搬运的泥沙作用下，沙洲慢慢沉积浮现，形成冲积平原。古黄河三次改道，在天津及其附近入海，黄河入海处的大量泥沙沉积，形成了多个大面积的滩涂。

淤泥质海滩宽广而平坦，低潮时一眼望不到边，只能看到大片的泥滩和纵横交错的潮滩。潮滩自陆向海可以分为潮上带及高、中、低位潮间带。潮上带通常不会被潮水淹没；高位潮间带生长有盐蒿等植物，鸟类众多；中位潮间带在每个潮汐周期均有部分时间被海水淹没，只能生长大米草、互花米草等喜盐、耐淹的植物，另有很多滩涂鱼、贝类、涉禽等；低位潮间带大部分时间被淹没在潮水里，上面不生长植物，但有丰富的底栖动物，退潮时经常有水鸟在海滩上觅食。

尽管这里并不是人们想象中的黄金沙滩，但泥滩为人们带来别样的乐趣——赶海。海边潮间带的滩涂上有数百种底栖生物，它们不仅是各种鸟类重要的食物来源，还能作为美味的海鲜供人类享用。每年春季，淤泥质海滩都是全球迁徙而来的候鸟的食物补给站。就拿北大港湿地来说，这片面积约占滨海新区面积1/7的湿地，是亚洲东部候鸟南北迁徙路线上的重要"驿站"。

卷羽鹈鹕

卷羽鹈鹕的羽毛如同羊毛一般卷曲，像是海里的浪花，这些卷曲的冠羽覆盖在它的颈背上。卷羽鹈鹕是一种体形较大的白色水鸟，体羽灰白，眼浅黄，主要生活在位于内陆的淡水湿地，但近年来它的身影也出现在海岸潟湖及河口地带。如果说卷羽鹈鹕奇特的造型令人称赞，那么它的体形则令人惊叹——成年的卷羽鹈鹕体长一般可达1.6~1.8米，体重能够达到15千克。

卷羽鹈鹕主食鱼类，偶尔捕食甲壳类、软体动物、两栖动物等。《庄子·外物》言"鱼不畏网，而畏鹈鹕"，意为鹈鹕捕鱼凶猛，鱼儿不害怕渔网，但都害怕鹈鹕。为了提高捕鱼效率，鹈鹕们经常组队捕鱼，它们在浅水塘里站成一排，步伐一致地向水塘的一角移动，慢慢缩小包围圈，直到把鱼儿们都驱赶到水塘的角落。在包围圈中，鱼儿因为步步缩小的空间挤在一起，成为任鹈鹕捕食的"鱼肉"，面对如网而至的鹈鹕们，鱼儿也只有落入鹈鹕口的份儿。所以，当你看到这些长相奇异的大鸟，不要担心或者嘲笑它们动作迟缓，鹈鹕可是动物界最具团队合作精神的鸟类之一。

卷羽鹈鹕与其他鹈鹕一样，也有一个标志性的奇特大嘴，觅食时张开嘴，用喉囊连水带鱼一起捞出，然后收缩喉囊将水挤出去，鱼就进了肚子。鹈鹕的喉囊看起来很薄，但实际上非常结实，无论鱼在里面怎么挣扎都无

卷羽鹈鹕（陈国远 摄）

法弄破。不过，带着鱼钩逃跑的鱼算是例外，人类的物品有可能划伤鹈鹕的喉囊。鹈鹕喜群居和游泳，善于在陆地上行走，但不会潜水，常在水面做长距离滑行。与自然界的大多数鸟类不同，鹈鹕家族都奉行"一夫一妻制"，雌雄一旦交配，就相伴终生。在交配之前，雄性鹈鹕会向雌性以跳舞的方式求爱，得到雌性同意后，即结为夫妻，然后共同抚养后代。

卷羽鹈鹕分布于欧洲东南部、非洲北部和亚洲东部。在中国，卷羽鹈鹕夏季常见于北方，冬季由于天气寒冷及水面结冰觅食困难而迁至南方。在其分布区内，卷羽鹈鹕形成了西部、中部和东部三个彼此孤立的种群，其中东部种群的生存状况最为危急。在《世界自然保护联盟濒危物种红色名录》中，卷羽鹈鹕被列为"易危"物种，其数量逐年递减。据估计，全球卷羽鹈鹕的数量有1万～2万只，其中有4000～5000对为配偶。

导致卷羽鹈鹕数量减少的原因有很多。过去有很多牧民迷信地认为，用鹈鹕嘴做的马刷来清洁马匹，可以让马更加强壮、跑得更快。这个观念成了鹈鹕们的催命符，在2007年某地的市场交易中，一只鹈鹕嘴

竟然能换10匹马和30头羊。与此同时，人类活动也严重威胁着它们的生存。湿地的破坏使得鹈鹕失去了合适的筑巢地，它们原本爱在芦苇茂密隐蔽的小岛上筑巢，人类活动却只留给它们光秃秃的海滩。而它们的食物——鱼类也因人类不加控制的捕捞活动而大量减少。卷羽鹈鹕从繁殖地迁徙至我国东南部越冬时需要穿越干旱区域，迁徙路途上的绿洲就是它们觅食、休息的驿站，绿洲的消失对卷羽鹈鹕的迁徙也产生了很大的负面影响。

保护现状及问题

北大港水库西部是天津北大港湿地自然保护区的核心区，从地理位置上来说，又是大港城区与大港油田的天然分界点。现在，这块湿地的核心区域还发挥着工业生产污染物"过滤池"的作用，调节着大港地区的生态系统和小气候。近年来，得益于大港湿地公园的建设，位于大港生活区和工业区之间的生态屏障已逐渐成形。北大港湿地是中国的第319号重点鸟区，是东亚鸟类迁徙路线上的一个重要驿站。2018年，天津北大港湿地被列入《国际重要湿地名录》。

天津北大港湿地的主要保护对象是湿地生态系统本身以及栖居其中的各种生物，包括鸟类和其他野生动物、珍稀濒危物种等。这里有国家一级保护鸟类6种、国家二级保护鸟类17种，涉禽近800万只，水鸟种类达140余种。

目前，每年迁徙经过北大港湿地的鸟类达上百万只；保护区内分布着两栖、爬行、哺乳动物20多种，鱼类近40种，昆虫类6目80余种，植物120余种，浮游植物19种，浮游动物13种。保护区植被以沼泽芦苇群落为主，另外还有水葱群落，芦苇—香蒲群落，狐尾藻—苦草—马来眼子菜群落，狐尾藻—金鱼藻—黑藻群落，水稗子群落，碱蓬—角碱蓬群落，芦苇—碱蓬群落，柽柳群落等。在保护区周围及堤坝上还有以榆树、槐树等为主的零散的人工乔木。该保护区需要关注的问题，除了前面提到的鹈鹕捕猎等动物保护问题，油类污染及周边工业区的"三废"（废水、废渣、废气）能否达标排放，也是更重要和迫切需要解决的问题。

参考文献

［1］王斌，曹喆，张震.北大港湿地自然保护区生态环境质量评价[J].环境科学与管理，2008（02）．

［2］萧野.鱼不畏网，而畏鹈鹕"鸟界恐龙"鹈鹕濒危 天劫还是人祸？[J].环境与生活，2019（09）．

［3］张淑萍，张正旺，徐基良等.天津地区水鸟区系组成及多样性分析[J].生物多样性，2002（03）．

［4］赵焕庭，王丽荣.中国海岸湿地的类型[J].海洋通报，2000（06）．

［5］钟培源，马力.遇见"濒危"卷羽鹈鹕[J].宁夏画报，2021（01）．

世界上最大的丹顶鹤野生种群栖息地
——盐城国家级自然保护区

　　盐城国家级自然保护区地处江苏省盐城市，是我国最大的滩涂湿地保护区，也是丹顶鹤越冬地。其主要保护对象是丹顶鹤等珍稀野生动物及其赖以生存的滩涂湿地生态系统。保护区处于暖温带与亚热带的过渡地带，海洋性和大陆性气候交替控制为其带来分明的四季。得益于多样的滩涂湿地生态系统，保护区拥有异常丰富的生物资源。近300万只候鸟在迁徙途中栖息于此，补充食物并作短暂休息后再度踏上旅程。季节性居

在碱蓬与米草混生群落觅食的丹顶鹤（陈国远　摄）

留和常年居留于此的鸟类有50多万只，其中最具代表性的为鹤类、雁鸭类和鸻鹬类。

一个真实的故事

让我们走进一个故事，一个真实的故事。

"还有一群丹顶鹤，轻轻地，轻轻地飞过……"

这首歌通过开场的独白及歌词，讲述了一个女孩（徐秀娟）为救天鹅而死的凄美故事。歌曲凄婉悠扬的旋律让听众仿佛听到了鹤的长鸣与浪的节拍。作为一首讲述生命和自然的歌曲，这首歌唱出了它独有的人文气质和环保情怀。

故事要从徐秀娟的父亲徐铁林说起。1976年，黑龙江扎龙自然保护区开始筹建，为了保护当时保护区内仅剩的140只丹顶鹤，工作人员邀请当地一位拥有饲养丹顶鹤丰富经验的渔民来照料丹顶鹤，他就是徐铁林。徐秀娟的父母在保护区中养鹤，飞舞的仙鹤、起伏的芦花、湛蓝的天空……这一幕幕镌刻在年幼的徐秀娟的心底。徐秀娟17岁时，她所在的高中停办，她便跟随父亲来到保护区养鹤。在徐秀娟和家人的照顾下，保护区幼鹤的成活率达到了100%。

在盐城国家级自然保护区同鹤在一起的徐秀娟

1985年，徐秀娟进入东北林业大学野生动物保护专业学习，尽管学校为她减免了一半学费，但徐家仍然负担不起，最终她克服困难，用一年半的时间完成了学业。很快，徐秀娟便接到了盐城自然保护区的邀请。此

徐秀娟烈士纪念园里徐秀娟与丹顶鹤雕像

时的盐城保护区刚刚成立，人才紧缺、设备不全，但依然希望能够引进人才，帮助保护区建立一个不迁徙的丹顶鹤野外种群。于是，徐秀娟带着三颗

鹤蛋独自一人来到盐城。在她的努力下，三颗鹤蛋均顺利孵化出幼鹤。83天后，盐城湿地保护区的蓝天上有了鹤的声音，天空中有了鹤的身影。这是丹顶鹤第一次在低纬度越冬区人工孵化成功。

丹顶鹤饲养场日渐走向正轨，一只只丹顶鹤起舞翱翔，保护区的晨雾里有了悠长的鹤鸣，所有人都认为一切会更好。可天有不测风云，1987年9月，徐秀娟为了解救一只陷入沼泽的受伤天鹅，不幸牺牲在沼泽地里。六天后，保护区附近的上千名群众自发聚集在她的追悼会上，为这位守鹤人送行。江苏省人民政府追认她为革命烈士，盐城和扎龙自然保护区分别为她修建了纪念馆、纪念碑。1990年，以徐秀娟事迹为原型创作的歌曲《一个真实的故事》风靡全国，被群众广为传唱：

> 旁白：有一个小女孩，从小爱养丹顶鹤，
> 她上完大学，仍又回到她养鹤的地方。
> 可是有一天，她为救一只受伤的丹顶鹤[①]，

---

① 该处的丹顶鹤为原歌词，实际情况救助的是天鹅。

滑进了沼泽地，再也没上来。

歌词：走过那条小河，你可曾听说，

有一位女孩，她曾经来过。

走过这片芦苇波，你可曾听说，

有一位女孩，她留下一首歌。

为何这片白云，悄悄落泪，

为何阵阵风儿，低声诉说。

……

还有一群丹顶鹤，

轻轻地，轻轻地飞过。

……

　　1997年，徐秀娟的弟弟徐建峰退伍后放弃了去国企工作的机会，选择和姐姐一样做一名守鹤人。他将姐姐的照片藏在工作证中，继续着姐姐未竟的事业，继续与丹顶鹤为伍。然而造化弄人，2014年，47岁的徐建峰也倒在了护鹤的路上。同年，徐建峰的女儿徐卓毅然决定转学到东北林业大学，学习野生动物保护与自然保护区管理。毕业后，她仍然选择了与自己爷爷、奶奶、姑姑、父亲一样的工作，走上保护丹顶鹤的道路。徐家三代人与丹顶鹤的故事，还在继续。

盐城滨海湿地的形成与海岸线变迁

　　盐城滨海区域是由古黄河三角洲和长江三角洲的泥沙，在黄海和东海波浪冲撞及潮汐作用下形成的淤泥质平原海岸。1128—1855年间，黄河从江苏北部入海，江苏南端是长江的入海口。两条河流带来的大量泥沙，造就了苏北古黄河三角洲、长江三角洲及其间的滨海平原。黄河带来的泥沙又在海洋波浪和潮汐的双重作用下，于三角洲两翼海湾中形成了广阔的滨海平原。

1855年，黄河自山东垦利奔流入海，苏北的古黄河口逐渐淤敝，河口的来水来沙量由日夜不息变为冷冷清清，动力作用过程也由河海交互作用转变为以海洋动力为主，入海河口在海浪作用下持续后退。研究发现，1855—1985年，以苏北古黄河口以南20千米为界，其北部呈后退状态，最大后退距离为22.7千米，平均12千米；其南部呈淤积状态，最大淤长距离为11.2千米，平均淤长为6千米。

20世纪70年代后，一系列海岸防护工程减缓了海岸线的进一步蚀退。至此，苏北海岸带以射阳河为界，以北地段为侵蚀海岸，以南地段为增长海岸。但自2005年以来，因人工海岸增加，围海吹沙工程时有开展，近岸泥沙蚀淤动态被打破，侵蚀岸段直接南移。灌河至射阳河口之间为废黄河三角洲平原，在1128年黄河夺淮之后不断淤长，而到1855年黄河改道北移后，由于失去了泥沙来源遭侵蚀后退，其岸线逐渐变得平直，潮间带海滩变窄，但射阳河口以南的江苏中部海积平原辐射沙洲掩护的岸段仍然在不断淤长。

盐城滨海湿地是东亚—澳大利西亚候鸟迁徙的重要通道、停歇地和越冬地，对生物多样性保护尤其是水鸟的保护具有极其重要意义。然而，盐城滨海自古就有频繁的人类活动，围垦滩涂、建设港口和人为引进互花米草等都使海岸线发生巨大变化，原本曲折多样的自然岸线大量转变为平直的人工岸线，同时自然湿地也被变成人工湿地，以獐茅、碱蓬群落为代表的自然湿地大幅度减少。单调平直的人工岸线，使得许多生活在潮间带的动物

条子泥勺嘴鹬（石建斌 摄）

失去了适宜的栖息地，生物多样性受到损害。

20世纪50年代以来，盐城沿海滩涂围垦面积约为14.5万公顷，占江苏省滩涂围垦面积的60%以上，多数被用于建造盐田、水产养殖池塘。围填海通常采用海岸直接向海洋延伸的方法，自然岸线被人工裁弯取直。人类的围垦活动破坏了海岸自然景观与生态环境，使海水动力条件失衡，海岸局部不断淤长或受到侵蚀，不得不建设额外的海岸线保护工程。此外，人类的围垦活动使海域功能严重受损，海岸的自然属性发生改变。

1976—2012年，盐城自然滨海湿地的面积共减少了24.07%，高于同期全国自然湿地减少面积16%的比例。尽管盐城海岸属于淤长型海岸，但原生滨海湿地的损失并非每年淤长的面积能够补偿。如果任由这种状况持续，自然滨海湿地的面积还会不断减少，景观破碎化也将持续加剧。

湿地保护现状与问题

盐城自然保护区于1983年正式成立。设立保护区是为了保护生活于此的濒危生物，让它们能够继续与人类一同生活在这片生机盎然的土地上。保护丹顶鹤、黑嘴鸥、獐、震旦鸦雀及其栖息的生态系统，是保护区设立的目的所在。充足的食物和安全隐蔽的栖息环境使盐城滨海湿地成了丹顶鹤越冬的终点站，每年11月到次年3月，来这里越冬的丹顶鹤最大的集群在1000只以上，这些白色的精灵是保护区冬日里一道靓丽的风景线。一整个冬天，它们在这里舞蹈、翱翔、歌唱，将自然的声音传给整片保护区。夏候鸟黑嘴鸥也在这里繁殖，还有近千只獐生活在保护区滩涂地。

1992年，盐城自然保护区被纳入联合国教科文组织的"世界生物圈保护区网络"；1996年，成为"东北亚鹤类保护网络"成员；2002年，被列入《国际重要湿地名录》；2019年，入选"世界自然遗产"，成为我国第一个海洋类世界自然遗产地。作为连接不同生物界区鸟类的重要环节，盐城滨海地区是东亚—澳大利西亚候鸟迁徙的重要停歇地，也是水禽的重要越冬地。近年来，为了发展经济，保护区曾经配合地方政府进行过两次范围调整，保护区的总面积相比初建时减少近半。减少的保护区面积主要是在实验区，且几乎全部转换为非湿地类型。这些人工化特别明显的用地类型对迁徙候鸟影响极大，不只减少了它们休息、觅食的区域，还带来了潜在的环境污染问题，需要引起有关部门的高度关注，并及早采取相关措施。

参考文献

[1]陈洪全.海岸线资源评价与保护利用研究——以盐城市为例[J].生态经济，2010（01）.

[2]郭紫茹，王刚，吴玉琴等.人类活动对盐城海岸线与滨海湿地的影响研究[J].生态与农村环境学报，2021（03）.

[3]贺震.盐城湿地：申遗之后更需保护好[J].中华环境，2019（09）.

[4]王新同.生死芦苇荡：三代人与"国鸟"的凄美情缘[J].黄河 黄土 黄种人，2018（19）.

[5]王颖.黄海陆架辐射沙脊群[M].北京：中国环境科学出版社，2002.

人类拯救濒危物种的成功范例

——大丰国家级自然保护区

大丰国家级自然保护区位于江苏省盐城市大丰区境内，总面积为7.8万公顷，是世界上占地面积最大、野生麋鹿种群数量最多的自然保护区。保护区位于典型的滨海湿地上，主要包括滩涂、季节河和部分人工湿地，有大量林地、芦苇荡、沼泽地、盐裸地和森林草滩。大丰麋鹿国家级自然保护区如同一位母亲，拥抱着种类繁多的生物子女。2002年，它被列入《国际重要湿地名录》，国家级保护动物有麋鹿、白鹳、白尾海雕、丹顶鹤、河麂等多种动物。

麋鹿

麋鹿是一种大型食草动物，因为头似马、角似鹿、尾似驴、蹄似牛而俗称"四不像"。在神话故事中，它们是姜太公的坐骑，是睿智的化身。麋鹿喜欢温暖湿润的沼泽水域，也喜欢接触海水和喜食海藻。距今300多万年前，它们就生活在我国中东部的平原和沼泽，在3000多年前的商周时期最为昌盛，估测数量可达上亿头。麋鹿不仅是人类狩猎的对象，也是宗教仪式中的重要祭品，在周朝时就已经有了王室驯养麋鹿作为祭品的记录。

由于栖息地的消失与人类频繁的捕猎，汉朝末年，野生麋鹿已所剩无几。到元朝时，皇族将剩余的野生麋鹿捕捉至大都（北京），用作骑马射猎的目标。到清康熙、乾隆年间，只剩约二三百只的麋鹿被圈养在北京南海子皇家猎苑。1865年，法国博物学家兼传教士阿芒·大卫在北京南郊进行动植物考察时，无意中发现了皇家猎苑中的麋鹿。他花费20两纹银买通猎苑守卒，弄到两只麋鹿制成了标本。1866年，法国动物学家米勒·爱德华确定这是一个"从未被发现"的新种，而且是鹿科动物中独立的一个属，将其起名为"大卫鹿"。此后的数十年间，不断有南苑的麋鹿活体被运向西方。1894年，泛滥的永定河水冲破了南苑的围墙，逃散的麋鹿成了饥民们捕食的对象。到1900年，侵入北京的八国联军将南苑里的麋鹿几乎全部杀光，剩余个体被运往欧洲。至此，麋鹿在中国本土灭绝。

1985年，中英两国签订麋鹿重新引进中国的协议。最终英国政府决定，由伦敦五家动物园向中国无偿提供麋鹿。1985年8月，22头麋鹿从英国回到北京老家，并被放归于南海子原皇家猎苑。1986年8月，39头麋鹿从英国经上海运抵盐城大丰自然保护区。此后，中国在北京、江苏大丰、湖北石首、河南原阳等地实施麋鹿散养计划。2009年1月8日，科考人员于洞庭湖发现27头野生麋鹿。截至2021年6月，据国家林草局发布数据，我国麋鹿种群总数已有近9000头。大丰麋鹿保护区的最新统计表明，这里的麋

麋鹿（左平 摄）

鹿种群总数已超6000头，另外还成功举行了多次麋鹿野放试验。盐城的土地保护了麋鹿这一世界珍稀濒危物种，延续了一个岌岌可危的动物种群，成为人类成功拯救濒危物种的典范。

如今每年夏季，成百上千头雄性麋鹿都会在江苏大丰展开一场惊心动魄的鹿王"争霸赛"。麋鹿社会的婚配是"一夫多妻制"，雄性麋鹿在发情前会进行角斗，由此选出鹿群中的鹿王，这个过程是多回合"淘汰赛"。5月，当雄鹿的茸质角完全角质化后，它们就会选择与自己体力相当的对手角斗，一回合结束后，胜利者们再两两组合进行下一轮比拼，直到选出最强壮的那匹雄鹿。鹿王会将雌鹿聚集在一起形成发情交配群，不许其他雄鹿加入，也不许雌鹿离开，而被打败的雄鹿们会形成另一个鹿群"抱团取暖"。不过，已经形成的鹿群并不是一成不变的，有时候聚集的雌鹿过多也会出现"炸群"现象，部分雌鹿会离开，或者鹿王为了保存体力，主动放弃自己麾下的雌鹿群。

南黄海辐射沙脊群、怪潮与铁板沙

沙脊群是分布在浅海的由潮流沙脊组成的大型堆积体，江苏近岸浅海区的辐射状沙脊群就是其中之一。潮流沙脊是潮流作用形成的线状沙体，它最大的特征是与潮流方向平行，多由砂质沉积物构成，通常高数十米，宽数百米至数千米，长数千米，在海底成片分布并形成沙脊群。沙脊群的形成需要海底有足够的松散沉积物，并且有较强的潮流作用将海底松散的沉积物改造成沿潮流方向的堆积体。潮流在海底搬运泥沙形成堆积体，或者海底地形原本就有沟谷等，潮流沿着这些海底沟槽运动堆积侵蚀物。

南黄海辐射沙脊群位于江苏黄海岸外，面积28000平方千米，由70多条沙脊及沙脊间的潮流深槽组成，以东台市的弶港为顶点向海洋辐射，水深0～25米。这里的沉积物主要来自长江及黄河。南黄海受两个潮波系统影响，一个是来自太平洋的前进波通过东海，自南向北进入黄海；另一个是受山东半岛阻挡后，由东海前进波形成的逆时针旋转潮波，自北向南推进。两个潮波系统在弶港岸外相会辐合，使得潮波能量集中且振幅增大，中心处振幅可达1.5米。

复杂的潮汐环境，加上南黄海辐射沙脊群独特的地形特征，给海上工作的人们带来了不可忽视的威胁。受沙洲地形影响，苏北浅滩区域的海水出入潮流道时，会在潮流道中形成海水堆积，容易引发流速激增、水位急涨，这一现象被称为"怪潮"。南黄海辐射沙洲海域滩涂平坦而宽广，退潮时滩面能够行驶拖拉机，多年来渔民们循着潮时生存，退潮时乘坐拖拉机下滩作业，涨潮时便退回。然而，在涨潮阶段有一个水位迅速升高的过程，20分钟内水位就可上升近1米，如果在滩面劳作的人们没能够及时撤离，就很难逃脱急剧上涨、流速巨大的潮水。尤其是近岸风强盛、潮时提前的日子，更容易产生"怪潮"。据南通海事局统计，1998—2008年共发生53起由怪潮引发的海难，死亡（或失踪）149人。其中，2001年发生

一日多变的潮间带滩涂（陈国远　摄）

"11·12"海难事故，2007年发生"4·15"重大海难事故。

淤泥质海滩上可以开拖拉机，这听起来似乎荒诞不经，但这不是开玩笑。落潮后，这里的沙子踩上去结实而且光滑，可以在上面奔跑或者打球，因此，人们将其称为"铁板沙"。其形成与泥沙粒径、水动力条件密切相关。一般来说，形成铁板沙的泥沙粒径范围在0.02~0.5毫米之间。水体中的泥沙经过水流的输移与分选，较粗部分的泥沙自然沉降落淤，再经过水流往复镶嵌入最稳定的位置，最终形成表层结实的"铁板沙"。

落潮后，潮滩被退潮时的海水洗成了平整的一片，这和踩在黄土地和石头上不一样，这时你能真切地感受到什么叫脚踏实地。很多渔民在此时乘坐拖拉机下海捡拾泥螺、文蛤、紫菜等，潮落而作，潮涨而息。落潮后，潮滩硬似铁板，即使大卡车碾过去，也只会留下浅浅的车辙。所以，在这里开拖拉机不但不奇怪，拖拉机还是这片滩涂上一种非常重要的交通工具。

人们对于怪潮的研究一直少之又少。2010年，"苏北浅滩'怪潮'灾害监测预警关键技术研究及示范应用"项目被列为国家海洋公益性科研项目。项目组经过近三年的研究，初步了解了苏北浅滩激流怪潮的发生机理，在苏北浅滩海域建成了多手段、全要素的综合监测系统。通过该系统，人们能够全面掌握南黄海海域海洋预报及预警信息，包括基础的风、海、潮流预报，吕泗、长江口渔场预报，以及风暴潮、海浪警报及怪潮风险预警等。如今，渔民们已经能够通过APP收到有针对性的灾害每日预报，下海作业有了安全保障。

生态系统与保护状况

大丰国家级自然保护区保护的不只是麋鹿，还有这片土地上的其他动植物及其生态系统。保护区建立以来，湿地的生态系统日趋完整，生物圈逐年扩大，生物量不断上升，丹顶鹤、黑嘴鸥、震旦鸦雀等珍稀鸟类的数量是建区时的数十倍。保护区内还拥有兽类12种、两栖爬行动物27种、鱼类156种、昆虫599种、植物499种。1999年，大丰保护区被中国科协确定为"全国科普教育基地"；2002年，被列入《国际重要湿地名录》。

保护区内有高等植物240多种，主要为禾本科、菊科、莎草科、豆科、藜科植物。植被类型有盐生草甸、水生植被等。另外，还有人工林、人工牧草及半熟土抛荒地等。区系成分复杂，但群落发育较年轻。植被演替迅速，生境稳定性较差。区内植物全球广布属有芦苇、薹草、碱蓬、盐角草等，北温带分布属有拂子茅、鸢尾及罗布麻等，泛热带分布属有狗牙根，热带亚洲及热带大洋洲分布属有结缕草，地中海及中亚分布属有獐茅及南温带与北温带间断分布的雀麦等。

大丰麋鹿保护区设置了独立的管理机构，建立了健全的管理制度并开展了日常巡护工作，麋鹿数量也由建区时的39头增至6000余头，为人类拯救濒危物种提供了成功的范例。同时，保护区形成了"以科研促保护，以旅游促发展"的理念，有力地推动了地方经济社会的健康发展。

参考文献

[1] 白加德. 麋鹿生物学研究[M]. 北京：北京科学技术出版社，2014.

[2] 华俊，朱晓颖. 东部沿海频现神秘"怪潮" 中国将建海洋观测平台[EB/OL]. https://www.hinews.cn/news/system/2010/11/08/011436376.shtml?wscckey=18ee778a7286a468_1480088570，2010-11-08.

[3] 刘刻福. 苏北浅滩"怪潮"灾害监测预警技术示范研究[M]. 北京：海洋出版社，2015.

[4] 张春琳，莫旭冬，韩方池. 南通海洋预报减灾示范区预警报信息服务系统建设及其应用[J]. 气象水文海洋仪器，2016（02）.

我国唯一的斑海豹繁殖地
——大连斑海豹国家级自然保护区

大连斑海豹国家级自然保护区位于大连市渤海沿岸复州湾的长兴岛，面积67.2万公顷，主要保护对象为海中灰精灵——斑海豹及其赖以生存的生态环境。斑海豹是一种冬季生殖的海洋哺乳动物，为国家级保护动物。该保护区沿岸的地形独特，皆为基岩岸段，水深在5～40米，属暖温带大陆性季风气候。植被类型按生境可分为滩涂植物、浅海植物及北温带海岛植物。大连斑海豹湿地位于全球八个斑海豹繁殖区的最南端，也是我国唯一的斑海豹繁殖地。这些圆滚滚的奇特动物每年在这里休养生息、繁衍后代。大连斑海豹自然保护区的建立，对保护斑海豹种群及其繁殖栖息地，保护辽东湾内其他海洋生物及水产资源，均具有非常重要的现实意义和国际意义。

斑海豹

2021年2月5日，斑海豹由国家二级保护动物升格为国家一级保护动物。它是在中国可观察到的三种海豹中的一种，也是唯一在中国繁殖的海豹。在人们的记忆里，海豹的生活区域似乎是在遥远的冰雪世界，但实际上在我国的辽东湾就能看到这种可爱的动物。

斑海豹是一种古老的海洋哺乳动物，属鳍脚目，性情温和，主食鱼类，也取食甲壳类和乌贼，会随着季节成群迁徙。成年雄性斑海豹体长约1.8米，雌性体长约1.6米，体重约100千克，身体浑圆肥壮，皮肤上长满了柔顺的细短毛发，头圆而平滑。斑海豹拥有黑曜石般闪烁的滚圆深邃的双眼，那双眼里有着幼童般的天真。斑海豹的毛色会随其年龄增长而发生变化，刚出生的海豹幼崽是奶油般的纯白，随着年龄的增长，其毛发逐渐变为灰色、黑色，并带有棕黑色的斑点。小时候的斑海豹不太适应水下生活，这些毛茸茸的小团子需要长时间卧在冰面上，全白的体毛是与环境相适应演化出的保护色。

中国古人很早就开始了对斑海豹的观察。宋代沈括在《梦溪笔谈》中曾写道："嘉祐中，海州渔人获一物，鱼身而首如虎，亦作虎文（纹），有两短足在肩，指爪皆虎也，长八九尺，视人辄泪下……谓之'海蛮师'。"根据这段文字描述的外貌特点和捕获地点不难判断，这个"海蛮师"很可能就是斑海豹。斑海豹大部分时间是在海水中度过的，仅在生殖、哺乳、休息和换毛时才会爬到水面上，并且绝不远离大海，以保证自己遇到危险时能立即逃回安全的海水中。斑海豹在冬季繁殖，是在冰上产仔的冷水性海洋哺乳动物。每年辽东湾从12月末到第二年的3月初是冰封期，也是斑海豹孕育新生命的时间。

浮冰上的斑海豹（宋文鹏 摄）

说到海豹，就不得不提它的另两种鳍足类的亲戚——海狮和海象。这类动物由于四肢具五趾，趾端一般有爪；趾间肥厚的蹼膜连成鳍状，用于在陆地及水中运动，所以它们又被称为鳍足类动物。鳍足类多是大型哺乳动

物，有厚厚的用来抵御严寒的皮下脂肪和便于游泳的流线型的体形。在陆地上，这些家伙行动缓慢笨拙，总是一下一下向前蹭着移动，一副只要有人伸手推一把就会摔倒的样子，入水后却身手矫健。敏锐的视力和听觉帮助它们在黑暗的深水中捕捉猎物，到了岸上它们则靠嗅觉和声音相互交流。

海狮有一对可以收起来的小耳朵，尾鳍可以折叠，在陆地上用前肢支撑身体爬行，行动相对其他亲族更加灵活。也正因如此，一些种类的海狮会被捕捉到水族馆，不幸成为人类的赚钱工具，被训练表演节目。海豹没有外露的耳朵，前肢也较为短小，无法支撑身体，只好在地上蠕动滑行，或者干脆一蹦一蹦地前进。不过进到水里之后，它就比海狮自在。高超的游泳技能以及流线型的体形，使得海豹能够在繁殖期进行长距离的觅食活动，而海狮则只能在繁殖地附近找寻食物。海象则是鳍足类动物中最小的一族，只有一种，也非常好认，它们往往长着极长的獠牙。这对獠牙可以用来自卫，也可以用来碾碎软体动物的外壳。海象在水下依靠视觉和胡须寻找猎物。

藤壶

藤壶属于甲壳类动物中的颚足纲、无柄目、藤壶科、藤壶属，俗称马牙、蚰、触嘴、撮嘴等，在我国大约有110种。藤壶的形态奇特，尽管乍一看和那些能够行动的虾蟹八竿子打不着，没有相似之处，但它和海里的虾蟹是近亲。很久之前，藤壶还因为体外有石灰质外壳被认为是软体动物，直到1829年发现了它的幼虫，才将其归为具有节肢的甲壳动物。

藤壶的卵在保护壳中孵化后进入海水，刚孵化的藤壶幼虫属于无节幼体，在海中以浮游植物为食，大约一个月后发育为腺介幼体（金星幼体），这个时候的幼虫无需进食，依靠自己体内的油脂颗粒存活。当这些漂流的小东西找到合适的地方安家落户，它们就会伸出一对触角分泌胶体仔细考察，如果觉得找的地方不合适，小藤壶还有离开的机会。但一旦选中了地方，它就会将自己牢牢黏在那里并发育出保护自身的硬壳，从此再不移动，成为那里永久的定居者。藤壶钟爱一切可以附着的坚硬表面，基岩海岸、码头台基、船底、鲸鱼、海龟、螃蟹的脊背，甚至是海里漂浮的木头，都可以成为藤壶的居住区，它们是海洋里的建筑师和自建房住户。

藤壶圆锥状的外壳像一枚小小的掌上火山，顶部的盖板可以开合，内部的身体像一只仰躺的虾。当水流经过时，藤壶就会打开天窗，小心翼翼地伸出蔓足，捕获过路的浮游生物。退潮后一旦露出水面，藤壶便赶紧关上遮光板以防止自己被晒成肉干，盖板上有细小的通气孔。对于无法移动的固着生物来说，找对象无疑是大问题，为此成年藤壶会分泌一些化学物质吸引幼虫在附近落脚，形成密集的藤壶群。藤壶是雌雄同体，一般一次只能选择一种性别，自体受精的情形很少，绝大多数都是异体受精。那么，最大的问题来了，这些无法移动的小生物该如何交配和繁殖？当成体充当雄性角色时，这位藤壶先生寸步难行，若要进行异体受精，它也无法移动到一步之遥的雌性个体身边。

怎么办？这一点不只是让你我好奇，也同样引起了许多生物学家的好奇，英国的科学家达尔文对藤壶的交配繁殖问题也有极大的兴趣。经过长久的观察，他发现有的藤壶物种雄性生殖器竟长达身体的8倍！藤壶在生殖期间用能伸出身体几倍长的细管，将精子送入别的藤壶中使卵受精。这种超长的交接器，如果不是性选择与适应的结果，那又能作何解释呢？

说起达尔文，人们脑海里第一时间浮现出的是人类生物研究史上最伟大的科学名著——《物种起源》。但鲜有人知，对《物种起源》有关物种之间的相互关系、物种的可变性、自然选择与生物适应性等理论成果，贡献最大的是达尔文对藤壶的研究。达尔文用了八年（1846—1854）的时间专心致志地研究这种很不起眼的海生节肢类无脊椎动物——藤壶。整整八年，达尔文平均每天至少在藤壶上花三个小时的时间，他研究过的藤壶标本在1万件以上！以至于他的儿子误以为普天下的父亲，都跟自己爸爸一样在研究藤壶。在《物种起源》中，达尔文对藤壶案例的引用出现在三个章节中。他的这些有关藤壶的研究，至今仍然是该领域最重要的基础性的学术成果。

固着在潮间带中上部的藤壶（左平　摄）

　　但不是所有人都会觉得藤壶有趣。藤壶附着在海藻上，会使海藻失去食用价值；附着在船底，会腐蚀船体、增加船只前进的阻力；它堵塞海边发电站的排水口，或者让航标失效；还会抢占其他固着生物的位置，成为牡蛎养殖户的眼中钉。这些小钉子户不会询问那些被附着的对象是否愿意，往往不经意间给对方带来大麻烦。藤壶虽然能食用，但它们普遍太小且壳厚肉少，采集起来费时费力且味道一般，想要养到适合食用的大小则需要等待很长时间，没有太大的经济价值。因此，藤壶甚至被人们视为污损生物。

　　在食用价值这方面，藤壶的近亲要相对好一点，通常用于食用的是与藤壶同属颚足纲的茗荷目生物，比较有名的有龟足和鹅颈藤壶。龟足在我国东海、南海较为常见，常成群固着在岩石缝隙中，别名有佛手贝、狗爪螺等，你能在很多赶海视频中看到它们的身影。鹅颈藤壶主要分布在大西洋东北部沿岸，深受西班牙人喜爱。但这种海鲜由于采摘过程十分危险，稍有不慎，采集人便会被浪潮打翻，或被礁石划伤，因此它又被誉为"来自地狱的美食"。

湿地管护现状与未来展望

　　大连斑海豹国家级自然保护区是典型的滨海湿地。1997年，经国务院批准被晋升为国家级自然保护区；2002年，被列入《国际重要湿地名录》。1930年，这里的斑海豹约有7100头。1940年，存有8137头。由于过度捕杀，1940—1970年间其数量锐减，1979年只剩下2269头。1982年中国对斑海豹采取了多项保护措施，1983年辽宁省也颁布严禁猎捕斑海豹的法令，并建立了大连斑海豹自然保护区，斑海豹的人工繁殖也获得成功，此后其数量有所回升。

　　20世纪80年代前，导致渤海斑海豹数量减少的主要原因是人类猎杀。在辽东湾辽河入海口海域，受过度捕捞、偷猎、油田开发、污染物排放、人工育苇等人类活动影响，那些平静的、可供斑海豹栖息的海滩大片消失，喧嚷的人类聚集地和人工海滩取而代之。河流入海量减少，河口及浅海海域鱼群密度骤减，这破坏了辽东湾斑海豹的栖息环境，对它的生存构成了极大的威胁。斑海豹需在海冰上产仔，全球变暖则直接威胁到该海区的冰层厚度和面积，间接威胁到它们的种群繁衍和健康存续。

　　将斑海豹列为国家级保护动物以及建立斑海豹保护区，是十分有效的保护措施。目前斑海豹面临的问题包括食物短缺、海水污染、船舶噪声等。近几十年的过度捕捞，导致渤海渔获种类与产量急剧减少，无法满足斑海豹的捕食需求。保护区的建立，排除了众多干扰问题，如污水排放和船舶噪声等。尤其是在繁殖季节，禁止过度破除海冰通航，客观上提高了斑海豹繁殖地的生境质量。近几年，渤海的生态环境得到逐步改善，斑海豹的数量有了明显回升，这说明我国采取的各项环境保护措施卓有成效。

参考文献

[1] 焦凤荣. 辽东湾斑海豹资源的保护与管理[J]. 中国水产, 2015（04）.

[2] 帕姆·沃克，伊莱恩·伍德. 海滨动物[M]. 程方平，胡煜成译. 上海：上海科学技术文献出版社, 2014.

[3] 千野youko. 被嫌弃一生的藤壶，小时候还挺萌[EB/OL]. https://www.sohu.com/a/294155389_409069, 2019-02-12.

[4] 杨德渐，孙瑞平. 海错鳞雅　中华海洋无脊椎动物考释[M]. 青岛：中国海洋大学出版社, 2013.

[5] 赵序茅. 你都不了解斑海豹，靠什么保护？｜禽兽有道[EB/OL]. https://www.sohu.com/a/298472503_166433, 2019-03-01.

我国大陆唯一的海龟自然保护区

——惠东港口海龟国家级自然保护区

　　广东惠东港口海龟国家级自然保护区，位于广东大亚湾与红海湾交界处、惠东县港口滨海旅游度假区最南端的大星山南麓，是亚洲大陆唯一的海龟自然保护区。其东、北、西三面环山，南临南海。这里气候属亚热带海洋性气候。近岸海底为砂质，有少量礁石，水深10～15米，水质清澈，常年海水盐度在30%以上，陆地及海域总面积为18平方千米，外围保护带约700平方千米。保护区内沙滩坡度平缓、沙粒细小，利于海龟爬行、挖掘和产卵、繁殖。

广东惠东海龟国家级自然保护区鸟瞰

海龟

海龟是所有海洋龟类的总称，也是唯一一类生活在海洋中的龟鳖类。早在二叠纪，海洋中就已经生活着多种多样的海龟，海龟的绝大多数种类都有洄游习性，只有个别种类不会洄游。目前全世界共有海龟2科、5属、7种，包括海龟科的绿海龟、玳瑁、太平洋丽龟、大西洋丽龟、蠵龟、平背龟，以及棱皮龟科的棱皮龟。在中国发现的海龟共有2科、5属、5种，分别为绿海龟、玳瑁、蠵龟、太平洋丽龟和棱皮龟，以绿海龟和蠵龟为多。所有海龟都被列入世界自然保护联盟（IUCN）濒危物种红色名录中的"濒危"或"极危"类别。《濒危野生动植物种国际贸易公约》（CITES），完全禁止对海龟进行国际商业性贸易。

绿海龟栖息于热带至亚热带区域的海洋中，是海龟中数量最多的一种，主食为大型海藻或海草，它们的脂肪呈独特的绿色，名字中的绿字就是由此而来。绿海龟的幼龟要20~50年才会成熟，成龟体长可达1米，体重超过100千克。4~10月是绿海龟的繁殖季，在气温25℃以上的季节，晚10时至次日凌晨3时，母龟会在沙滩上掘坑产卵；每年产卵2~3次，每次为90~150枚，最多可达250枚。经过30~90天的时间，幼龟孵化出壳，爬回海水中生活。绿海龟在我国黄海至南海均有分布，产卵繁殖地位于广东惠东以及西沙群岛沿岸。

玳瑁又称十三鳞，其上颚前端呈弯钩状，因此又称鹰嘴龟。玳瑁的体形略小于绿海龟，生活于珊瑚礁区，是杂食性动物。玳瑁幼龟要20~50年才会成熟，成龟体长可达1米，体重超过100千克。在过去，人们使用玳瑁的背甲制成名为玳瑁的有机宝石，用玳瑁加工的工艺品，在收藏家眼里具有很高的收藏价值。北京故宫博物院陈列的镶金玳瑁镯、玳瑁镶珠石翠花扁方都是玳瑁制品。玳瑁是国家二级保护动物，任何买卖玳瑁制品的行为均属于违法行为。

棱皮龟是海龟中最大的一种，体长可达1.5米，发达的前肢通常是后肢的两倍多长；头、四肢及身体均覆盖着革质皮肤，无角质盾片，四肢无爪，因背部有七行纵棱，腹部有五行纵棱而得名棱皮龟。棱皮龟属于远洋性物种，主要生活在热带海域，只有在繁殖期才会有性成熟的雌龟来到陆上产卵。棱皮龟全年均可产卵，不过主要集中在5～6月。

蠵龟是一种肉食性的海龟，主要捕食甲壳动物、软体动物，特别是头足类动物、水母和其他无脊椎动物，偶尔吃鱼卵。我国蠵龟分布于广东、广西、台湾、福建、浙江、江苏、山东等地沿海，也见于上海长江口外海域，甚至黄浦江内。

太平洋丽龟是体形较小的一种海龟，体长在60～70厘米，是杂食性动物。太平洋丽龟的背甲板排列与蠵龟类似，但形状更圆一些，主要栖息区域是热带和亚热带海域，以藻类等为食。

海龟的一生危机重重，海龟幼崽在沙滩上孵化，刚一出生就要面对被鸟类、蛇类等天敌捕食或是身体脱水的危险。这是它们生命中最为凶险的时刻。所以幼龟破壳而出后会把自己埋在沙子中，等待夜晚到来，日落天黑后，成千上万只幼龟便冲向大海。它们靠感知沙子的温度来判断昼夜，天气突变和人造灯光都有可能让它们回归大海的努力失败。在这个过程中绝大多数幼龟因种种原因而无法成功进入大海，只有少数的幸运儿能够存活下来。为了赶上洋流，进入虽然缺少食物却相对安全的大海中，幼龟们会日夜不休、不吃不喝地游上1～2天。神奇的是，这些勇敢的幼龟似乎从一出生就知道自己该游多远，离洋流越远的海岸幼龟就游得越急切，为的就是能够回归大海——它们即将生活成长的地方。

幼龟随洋流进入大洋，在那里长大后又会洄游至近海生活，

海龟

并在性成熟期回到自己的出生地上岸产卵。这是一场漫长而艰辛的苦难之旅，海龟每年都要游过几千千米的海域。这种生存策略使得海龟能够在地球上存续两亿多年，但也给研究海龟的科学家们带来了很大的困惑和挑战。由于很难观测到海龟在大洋中的生活和成长过程，幼龟生长为成龟的过程至今仍是个谜。相较于对其产卵及孵化的了解，人类对海龟如何交配至今几乎是一无所知。近年来，随着技术发展，除了在海龟身上安装定位器等，科学家们也开始尝试从卫星图像中寻找海龟的踪影。

滨海沙滩与海龟产卵地

在珠江三角洲东部大亚湾与红海湾交界处，有一个三面环山、面临南海的独特半月形海湾，人们称之为"海龟湾"。其独特的地理条件阻挡了无数外界的干扰和影响，使其保留了相对原始的风貌。每年4～10月，大量海龟从太平洋远海洄游到这里繁殖产卵，因此这里也被称作中国陆地18000千米海岸线上海龟的"最后一张产床"，有着我国大陆唯一的以保护海龟为主的自然保护区。

海龟最早出现在两亿多年前，是著名的动物活化石之一。然而由于海洋污染、海岸开发、大规模捕捞等原因，近几十年来海龟的生存状况堪忧。20世纪，海龟在沿海地区还随处可见，那时它的产卵地并不止惠东一处，从福建、广东、广西到海南沿岸，很多地方都有海龟的繁殖产卵地。后来，人们开始捕杀海龟、收购海龟蛋，海滩上每天都有掏海龟蛋的人。

由于沿海开发、海水污染以及过度捕捞等人类活动造成近海海洋生态系统退化，海龟不能获得足够的食物，其种群数量急剧下降，产卵地也不断萎缩。在中国大陆，海龟的产卵地仅剩惠东海龟湾一处。海龟习惯于回到自己出生的海滩产卵，一生都不会选择其他地方，因此一个产卵地的消失，几乎就代表着一个龟群的灭亡。绿海龟是目前唯一一种在我国海岸产卵的海龟种类。根据文献记录，广东惠东曾是我国已知最大的绿海龟产场，但惠东绿海龟的产卵数从20世纪80年代每年平均53窝，减少到了2000年后的平均每年不到20窝。据说，近年来该地已鲜有绿海龟到此产卵。

绿海龟上岸产卵的都是雌龟，雄龟在入海后再不上岸。雌龟产卵往往选在大潮期，这样到达产卵地的距离近些，海龟容易爬行到达。绿海龟挖坑时使用后脚，直到后脚够不到坑底时完成。雌龟非常聪明，对产卵地的要求非常严苛。它们一定要寻找到沙粒大小、含水量适合的沙滩，同时在鉴定沙滩的保温、透气、干爽、接受阳光照射和离海远近等状况后，才开始产卵。

绿海龟自己不孵卵，产卵后立即回到大海。在前半段的产卵过程中，如果受到声光震动等刺激，绿海龟便会中止产卵，返回大海或重新寻巢。绝大多数绿海龟都是夜间登陆海岸产卵，而夜间灯光照射会使其登陆的数量减少。由于海龟在陆地爬行的速度缓慢，自卫能力很差，因此人们在产卵区对雌龟及卵的轻微影响，都可能给它带来比直接捕捞更大的破坏。被埋藏在沙子里的龟卵主要靠阳光加热孵化，所以合适的沙体与沙体位置，对绿海龟的孵化十分重要。

保护现状与问题

惠东港口海龟保护区是全球最北端的海龟保护地之一，也是我国大陆目前唯一的绿海龟洄游产卵场所。保护区的五种海龟种类为绿海龟、玳瑁、丽龟、棱皮龟和蠵龟。海龟属国家二级重点保护野生动物，由于人类长期随意捕杀和挖取龟卵，已属濒危动物。该保护区的建立对保护和恢复海龟种群具有重要意义。海龟保护区致力于海洋资源环境保护，坚持以海龟资源保护为中心，同时大力开展环保宣传与科研工作，取得了丰硕成果。目前，该保护区已成为广东省海洋与水产样板式自然保护区，投入700多万元建成了"高起点、高标准"的水生救护中心、标本馆、多功能展示厅等保护管理设施，积极开展青少年环保科普教育工作，短短两年就成为广东乃至全国海洋环保科普教育的重要基地。

导致海龟种群减少的原因很多。除了偷猎偷卵行为，目前海龟面临的主要问题还有海洋垃圾和污染、气候变化、渔业和航运干扰等。海洋塑料垃圾容易被海龟当作水母误食，媒体时有从海龟尸体中解剖出尼龙绳、渔网及塑料异物的报道。此外，海龟孵化时的性别由孵化温度决定，如果高于30.5℃就会全部孵出雌龟，全球变暖对海龟种群的繁衍也是一个大问题。现代多样化的捕捞渔具，也容易使海龟遭到误捕误伤。就目前形势来看，我国海龟的保护工作任重而道远。

参考文献

[1]黄祝坚，毛延年.海龟的种类、习性及其资源保护[J].生态学杂志，1984（06）.

[2]罗茵.广东惠东海龟国家级自然保护区　中国大陆海岸线上的最后一张海龟"产床"[J].海洋与渔业，2020（05）.

[3]Salmon W M. Frenzy and Postfrenzy Swimming Activity in Loggerhead, Green, and Leatherback Hatchling Sea Turtles[J]. *Copeia*, 1992（02）.

[4]Scott R., Biastoch A., Roder C., et al.. Nano-tags for neonates and ocean-mediated swimming behaviours linked to rapid dispersal of hatchling sea turtles[J]. *Proceedings of the Royal Society B*: *Biological Sciences*, 2014（1796）.

[5]史海涛.中国的龟类[J].生物学通报，2004（05）.

[6]夏中荣，林日锦.海龟资源及保护区历史回顾[J].*海洋与渔业*，2020（07）.

[7]郑秀亮.惠东：呵护中国大陆最后的海龟"产床"[J].环境，2016（08）.

"中国水鸟之乡"

——广东海丰湿地

　　广东海丰湿地保护区位于广东省汕尾市海丰县东南部沿海，这里面积辽阔，由公平水库湿地、大湖海岸湿地及东关联安围滩涂鱼塘湿地三部分组成。其生态系统复杂多样，从湿地类型（库塘湿地、滨海湿地），到水文状况（淡水、海水、咸淡水交汇区），再到水鸟资源（淡水鸟类和海鸟）和植被类型（常绿阔叶林、红树林、沼泽植被），都展示着多样性、互补性和独特性。保护区地处北回归线以南，日照充足，雨水丰沛；南亚热带季风气候让这里四季分明、温和湿润。这里地势西北高东南低，西北是绵延的莲花山脉，中东部为黄江流域平原，南部为沿海丘陵和滨海平原台

海丰湿地一隅（曾向武 摄）

地。保护区内的主要保护对象是黑脸琵鹭、卷羽鹈鹕等。此处也是其他许多珍稀水鸟的栖息地，有着独特的滨海湿地生态系统。

中国水鸟之乡

海丰湿地鸟类约有160种，其中国家一级、二级濒危重点保护的鸟类物种有翠鸟、小白鹭、黑嘴鸥、黑翅鸢等34种，省级重点保护鸟类有28种。植被树种有桐花树、老鼠簕、秋茄、白骨壤等。它是继湛江红树林自然保护区、惠东港口海龟自然保护区之后广东的第三处国际重要湿地。

海丰湿地有着不同于其他保护区的独特性。它既有自然滨海湿地又有人工淡水湿地。每年入秋，大量的候鸟飞来此地越冬。白鹭在这里聚集，白天飞到附近的溪流、江河和稻田中活动和觅食，夜里休憩，这些白色的仙翁在湿地里上下翻飞，远看如同白色的云霭和晴空下旋飞的浪花。白鹭飞行时，头往回收缩至肩背处，颈向下弯曲，两脚向后伸直，距离短短的尾羽很远，从容不迫地拍动着宽大的翅膀到达目的地。

千百年来，这里的居民似乎已经将这些鸟儿看作自己的邻居。因此，海丰湿地是一个没有警戒线的保护区，这里生活着800余户渔民，人类和鸟类世世代代和谐相处。候鸟迁入迁出，渔民日出而作日落而息，人不捕鸟，鸟不惧人。每年4～11月是当地传统的养殖期和收获季节，也刚好是保护区候鸟大量迁入的时期；翌年3～4月则是候鸟迁出的时间，正好是当地渔民的休息时间。在候鸟栖息期间，当地养殖塘开始收获，那些未收获的部分则为候鸟提供了良好的觅食环境。2005年，海丰湿地被中国野生动物保护协会授予"中国水鸟之乡"的称号；2008年，被列入《国际重要湿地名录》。

海丰的渔民们至今仍然沿用着传统的养殖方式。涨潮时，打开堤坝，大量海水带着丰富的鱼虾蟹进入养殖塘，待到退潮再堵住堤口，海洋里的小动物们就被留在养殖塘里，渔民也不向养殖塘里投放饲料。这种水位较低的养殖塘为水鸟们提供了丰富的食物来源，水污染也几乎为零，沿海湿地因此被保存下来。当地人认为水鸟们捕食过小的鱼和害虫，是养殖业的助手，象征着吉祥和丰收，所以在日常养殖中从不排斥水鸟觅食，看到外人猎鸟，村民们则会自发予以阻拦和制止。在养殖收获季节，经常出现白鹭横越公路飞翔、牛背鹭跟着水牛在田里活动，以及大批水鸟群集觅食的景象。

黑脸琵鹭

黑脸琵鹭，别名小琵鹭、黑面鹭、黑琵鹭、琵琶嘴鹭，俗称饭匙鸟、黑面勺嘴，台湾赏鸟人士则称其为"黑琵"。它的长嘴扁平宛如汤匙，又好似琵琶，又得名琵琶嘴鹭。黑脸琵鹭身姿优雅，也被称为"黑面天使"或"黑面舞者"。作为一种水鸟，琵鹭属鸟纲、鹳形目、鹮科、琵鹭亚科、琵鹭属，身体呈白色，脸无羽毛且裸露为黑色。琵鹭亚科的鸟类全世界共6种，其中黑脸琵鹭数量最为稀少，属全球濒危物种之一。1989年，世界自然保护联盟（IUCN）将其列入濒危物种红皮书——《亚洲受胁鸟类：国际鸟盟红皮书》名录中的时候，黑脸琵鹭仅剩几百只，成为仅次于朱鹮的第二濒危水禽，被誉为"鸟中大熊猫"。

黑脸琵鹭为中型涉禽，体长60~80厘米，在世界6种琵鹭中属体形较小的一种。夏季是黑脸琵鹭的繁殖季，此时的琵鹭更像舞者。其头后枕部有发丝状的金黄色长羽冠，前颈下和上胸之间有一条较宽的黄色颈环，像是高贵的芭蕾舞演员戴上了头冠与项链。冬季的琵鹭则更加朴素，头后冠羽变成白色，短促而不起眼。黑脸琵鹭在野外常与白琵鹭混群，二者外貌相似，容易认错。由于白琵鹭的数量较多，野外监测时，需要从白琵鹭中分辨出黑脸琵鹭。分辨这两种琵鹭的方法主要看脸部——黑脸琵鹭的脸是黑色的，眼周及脸部裸露皮肤为黑色，而白琵鹭脸部以白色为主。另外白琵鹭喙为黑色，端部黄色，而黑脸琵鹭的整个喙都呈黑色；白琵鹭体形比

黑脸琵鹭（冯尔辉 摄）

黑脸琵鹭的要稍大一些。

黑脸琵鹭主要以小鱼、虾、蟹、昆虫以及软体动物和甲壳类动物为食。单独或成小群觅食。觅食活动主要在白天，用小铲子一样的长喙插进水中，半张着嘴，在浅水中一边涉水前进一边左右晃动头部扫荡，利用触觉捕捉水底层的鱼、虾、蟹、软体动物、水生昆虫和水生植物，捕到后就把长喙提到水面外，将食物吞食。宋朝元丰年间（1078—1085）即记载有黑脸琵鹭，说"鹈之属，有曰漫画者，以嘴画水求鱼，无一息之停"。这"漫"指左右前后，"画"则是划，描述的是黑脸琵鹭用嘴在水中前后左右划动，把鱼虾蟹等食物搅动出来，依靠触觉取食的样子。

黑脸琵鹭为夏候鸟，夏天在朝鲜、韩国沿海岛屿和中国辽宁进行繁殖，冬天到我国南方集群越冬。庄河市王家镇的元宝岛、石城乡形人砣是我国大陆唯一被确认的黑脸琵鹭繁殖地。黑脸琵鹭的取食方式独特，对取食环境和水位有较高的需求。因此，黑脸琵鹭偏爱食物丰富的鱼塘，这样的需求让黑脸琵鹭常常被池塘中的捕鸟夹夹伤致死。近年来，我国东部沿海经济发展迅猛，黑脸琵鹭的迁徙通道上干扰加剧，许多黑脸琵鹭赖以生存的栖息地因此退化，它们的王国逐渐缩小。这些美丽优雅的舞者变成了夹缝中的求生者，举步维艰，生存艰难。

　　为更好地保护这些美丽而珍稀的鸟类，香港观鸟会组织了黑脸琵鹭全球同步普查工作，自1994年起首次举行至今，调查工作覆盖了全球的100多个地点，有近200位观鸟者、鸟类研究者参加。分析过去20多年的调查数据，可以发现全球黑脸琵鹭的数量正持续且稳定地上升。至2021年，全球黑脸琵鹭数量达5222只，较2020年增加了358只，数量上升了7.4%。台湾为全球最大的黑脸琵鹭栖息地，共有3132只黑脸琵鹭在台湾越冬，占全球黑脸琵鹭总数的60%；第二大栖息地为日本，有黑脸琵鹭570只，占全球的10.9%；第三大栖息地位于深圳和香港的米埔内后海湾，有黑脸琵鹭336只，占全球的6.4%；中国其他地区有黑脸琵鹭1022只，占全球的19.6%。

　　2016年，中国野生动物保护协会组织成立了海峡两岸暨港澳地区黑脸琵鹭自然保育联盟。联盟为海峡两岸的研究人员在黑脸琵鹭种群监测、迁徙研究等方面，提供了交流与合作的平台，促进了海峡两岸对黑脸琵鹭的联合保护工作。

保护现状与问题

　　广东海丰鸟类自然保护区成立于1998年。2008年，广东海丰湿地被列入《国际重要湿地名录》。生活在这里的黑脸琵鹭、卷羽鹈鹕、乌雕和黑嘴鸥4种水鸟被世界自然保护联盟（IUCN）列为易危（VU）等级，黑尾塍鹬和罗纹鸭被列为近危（NT）鸟类。保护区内每年出现数量过万的鸟类有3种，为白鹭、黑腹滨鹬和红嘴鸥；过千的有10多种，按年平均数量由多到少排列，依次为普通鸬鹚、针尾鸭、大白鹭、林鹬、夜鹭、苍鹭、绿翅鸭、小鸊鷉、丝光椋鸟、池鹭、青脚鹬和赤颈鸭。

　　海丰湿地目前面临的主要问题有：湿地污染加剧，生态功能降低；保护区内人口增加，湿地遭到过度利用；凤眼莲、薇甘菊和五爪金龙等外来物种入侵，生物多样性降低；管护制度尚未健全，效果欠佳等。为更好地保护这些飞翔的精灵，海丰湿地保护区充分发挥社区居民的主动性和积极性，先后与保护区周边村委会达成了社区共管协议，制订了护林护鸟公约，组织成立了护林护鸟队。同时，建立黑脸琵鹭监管站和自然保护区监管站，聘用多名专职护鸟员，加强保护区的日常监测和保护工作，特别加强了对黑脸琵鹭、卷羽鹈鹕等物种及其栖息地的严格保护。

参考文献

[1]胡军华，曾向武，谢钊毅等.广东海丰鸟类自然保护区黑脸琵鹭越冬种群现状[J].动物学杂志，2009（01）.

[2]邱英杰.黑脸琵鹭繁殖、越冬和迁徙的研究[J].辽宁林业科技，2007（06）.

[3]王菲，张志国.让黑脸琵鹭舞翩跹[J].绿色中国，2020（20）.

[4]曾向武，高晓翠，高常军.广东海丰鸟类省级自然保护区水鸟多样性[J].湿地科学，2016（05）.

[5]曾向武，周平，高常军.广东海丰自然保护区湿地现状及保护对策[J].湿地科学与管理，2016（01）.

"中国南部海上典型的海洋生物资源宝库"

——广东南澎列岛湿地

在广东省汕头市南澳县东南方，坐落着由南澎岛、东澎岛、中澎岛、芹澎岛、赤仔屿等组成的南澎列岛。南澎列岛呈北东向排列，长约为14千米，岛屿面积为0.89平方千米。这里是南澳县主要渔场之一，盛产各种渔货如鱿鱼、龙虾、石斑鱼、鲳鱼、紫菜和贝类，是澎菜、宅鱿的主产地。在南澎列岛的周边有一片神奇的海域，它有着独特的海底自然地貌和近海典型的海洋生态系统，占地35679公顷，这就是广东南澎列岛国家级自然保护区。保护区具有极高的生物多样性，被誉为"中国南部海上典型的海洋生物资源宝库""珍稀水生野生动物的乐园"。保护区内海洋生物有1308种，包括772种主要经济鱼类、虾蟹

南澎列岛的水下珊瑚礁（郑锐强 摄）

类、贝类和藻类，其中人们最熟悉的就是历史悠久的鹦鹉螺和被称为"海洋环境探测精灵"的中华白海豚。

中华白海豚

中华白海豚有"海上大熊猫"之称，属鲸目、齿鲸亚目、海豚科、白海豚属，主要栖息于西太平洋和印度洋近岸水域。1988年被列为国家一级保护野生动物，1991年被列入《濒危野生动植物种国际贸易公约》附录，同时受《保护野生动物迁徙物种公约》保护。渔民们将它与渔民的保护神妈祖相提并论，认为见到白海豚会带来好运，所以称之为"妈祖鱼"。

中华白海豚主要生活在咸淡水交汇的河口近岸浅水区，一年四季，无论潮涨潮落、风卷云舒，都能见到它们从浪花里跃起的身影。我国白海豚主要有5个种群，分别分布在珠江口（包括香港）、九龙江口（厦门水域）、广西北部湾沿岸水域、广东雷州湾水域和台湾岛西海岸。珠江口中华白海豚自然保护区目前是全球最大的中华白海豚栖息地，这里的白海豚数量超过1000头，种群世代比较完整。此外，厦门种群有80头，台湾海峡东部种群有99头，雷州半岛种群有237头。

白海豚的身体呈漂亮的流线型，乍看像一条大鱼，但实际上是哺乳动物。水生环境长期适应形成的趋同演化，让它们和真正的鱼类在外形上极度相似。生活在海水中的哺乳动物、企鹅、鲨鱼等，均具有和鱼相似的流线型身体，那些优美的曲线帮助这些游泳健将们减少海水阻力，提高游泳速度。白海豚的特征之一就是突出的三角形背鳍，成年雄性最长可达3.2米，雌性可达2.5米，体重通常为200~250千克，最重可达280千克。中华白海豚主食鱼类，且以河口鱼类为主。白海豚有120多颗牙齿，但有趣的是，它们一般像鸟儿一样直接吞食鱼类而不加咀嚼。

顾名思义，白海豚似乎都应该是象牙般纯洁的白色，但实际情况并

中华白海豚

非如此。随着年龄增长，白海豚身体的颜色会发生不同的变化。白海豚的身体颜色变化十分有趣，它们随着成长持续褪色。新生儿是暗淡的灰黑色，身上有明显的胎褶，像一只皱皱巴巴的无毛小海豹，但很快它们会长成没有斑点的深灰色。断奶后的白海豚进一步褪色，褪色慢的部位就形成斑点，一直到成年期才会褪去所有的斑点，成为真正的"白"海豚。雌性9～10岁就可达性成熟，而雄性要晚一年左右。白海豚全年均可进行交配，每胎只产一仔。刚出生的幼仔大约1米长，体重约20～40千克，出生一年的白海豚幼仔生长非常迅速，之后的增长速度变缓。最老的白海豚，能活到38岁。

　　白海豚习惯于集群活动，但每群通常不超过10只，只有少数个体会单独生活。像其他的生物一样，白海豚最主要的活动就是觅食和旅行。每日早晚都是它们的觅食时间，这些白色的精灵会跟随渔船和捕虾船捕捉食物。觅食时，白海豚会像商量好一般分散开来，彼此间相隔一段距离，旅行时则会凑在一起以减少水流阻力。生活在近岸河口区的海豚，极易受到人类活动的影响。人类的过度捕捞、渔网误伤、船只航运、沿岸工程、水下工程，以及重金属污染等，都会对白海豚造成难以估量的伤害，部分种群如台湾种群甚至因人类活动影响而面临灭绝的危险。

列岛旅游

　　汕头南澳岛旅游区位于广东省唯一的海岛县南澳岛上，南澳岛由37个大小岛屿组成，陆地面积为130.9平方千米（其中主岛面积为128.35平方千米），海域面积为4600平方千米，现有7万多常住人口。这里经常有大浪冲击、波涛澎湃，故也叫南澎岛。南澳岛处于闽、粤、台三地交界海面，距西太平洋国际主航线仅7海里，是海上贸易的主要通道、"海上丝绸之路"的重要节点，素有"粤东屏障，闽粤咽喉"之称。岛周围有礁石30余处，附近水深4.9～30米，为鱼类洄游繁殖区，盛产石斑鱼、马鲛、鲳鱼、鱿鱼等。

　　南澳岛海岸线长达77千米，大小港湾有66处，岛上风光旖旎、景色秀丽，旅游资源十分丰富。这里有青澳湾省级旅游度假区，有"天然植物园"之称的黄花山国家森林公园和"候鸟天堂"之称的乌屿自然保护区。东方夏威夷——青澳湾，是这片岛上最美丽的风景，阳光下的浅滩带有宝石般的薄荷色。这里没有礁石的阴影，也没有黑色的淤泥，海水盐度适中，是天然的优良海滨浴场。这片浅湾之后是曲折的山脊、金黄的沙湾，郁郁葱葱的防风林环绕着海湾。漫步于原生态的海岛风光，潜泳于清澈的海水中，造访渔民捕鱼留下的石屋，似乎能够感受到海洋的心跳……

　　南澳岛历史悠久、文化璀璨。大约8000年前人类就已来到南澳岛，有新石器时代的象山文化、东坑仔文化遗址为证。戚继光、郑成功、施琅、刘永福等名人抗击侵略、保家卫国的历史曾在此上演。这里形成了海防文化、宗教文化、民俗文化、海洋文化等多种文化形态。比较知名的文物古迹有南宋古井、太子楼遗址和明清总兵府等50多处。

　　明朝以来，南澳岛就是东南沿海一带通商的重要中转站，享有"海上互市"的美称。南澳总兵府是全国唯一的海岛总兵府，于明万历四年

（1576）由副总兵晏继芳建立，为明清总兵和副总兵驻地。明清两朝，到南澳上任的总兵、副总兵共有157任147人，他们都为国家的海防建设做出过贡献。现在，原总兵府旧址已建成全国第一座海防史陈列馆。总兵府前有两棵榕树，左边一棵为"郑成功招兵树"，树高20米，主干环围13.5米，树冠直径30多米，至今已有400多年的树龄。据说明朝末年郑成功曾在这棵树下讲演，招兵收复台湾。

黄花山国家森林公园位于南澳西半岛，面积2.06万亩，是全国唯一的海岛国家森林公园，园内大尖山有"汕头第一峰"之称，海拔为587.5米。公园内拥有102科、1440多种植物，以马尾松、台湾相思树为主，另有竹柏、细叶葡萄、黄杨等野生盆景植物，栖息有黄嘴白鹭、蟒蛇、三线闭壳龟等40多种国家重点保护野生动物；主要景点有尖山浴日、长山夕照、龟埕景区、摩崖石刻、坑道探险、凤洲望夫、抗日纪念馆、知青旧址等。

保护现状

广东南澎列岛国家级自然保护区内生物多样性丰富，有国家一级保护动物中华白海豚和鹦鹉螺2种，国家二级保护动物绿海龟、海江豚等15种，广东省重点保护动物驼背鲈、鲸鲨等8种。同时，这里还是真鲷、平鲷、黄鳍鲷、黑鲷、赤点石斑鱼等名优鱼类的种苗区。区内有海洋脊椎动物314种，是全国沿海脊椎动物的高聚集区之一，还具有南中国海独有的典型上升流、海岛、海藻场和珊瑚礁四大生态系统。2015年，被列入《国际重要湿地名录》。

2017年以来，保护区状态良好，水质达到国家规定的一类海水水质标准，并且连续几年保持稳定。2019年，在南澎列岛首次发现了呈斑块状分布的造礁珊瑚群落。

总之，作为中国南部海上典型的海洋生物资源宝库，这里的海洋生物资源得到了妥善保护，成为珍稀水生野生动物的乐园。

参考文献

[1]孔一颖.广东南澎列岛海洋生态国家级自然保护区　这里是水生野生生物的乐园[J].海洋与渔业,2020(05).

[2]肖尤盛.中华白海豚的特征及习性[J].海洋与渔业,2019(08).

[3]徐信荣,陈炳耀.中华白海豚(*Sousa chinensis*)生物学研究进展[J].南京师大学报(自然科学版),2013(04).

[4]孙典荣,李纯厚,吴洽儿等.广东南澎列岛海域大型底栖生物群落特征[J].湖北农业科学,2011(10).

[5]吴洽儿,孙典荣,李纯厚等.广东南澎列岛潮间带大型底栖生物的群落特征[J].渔业科学进展,2010(04).

中国红树林面积最大的国际重要湿地

——湛江红树林国家级自然保护区

　　广东湛江红树林湿地位于我国大陆最南端，呈半环状沿着雷州半岛1556千米的海岸线分布，从空中俯瞰如同一条精雕而成的项链，高贵优雅，神秘而充满生机。保护区规划总面积20278.8公顷，保护对象为红树林湿地生态系统及其生物多样性，其中包括典型的海岸自然景观。这里是热带向亚热带的过渡区域，受季风气候和海洋气候影响，地形复杂，气候多样，为众多生物提供了适宜的生活环境。留鸟们在此栖息、繁殖，候鸟们迁徙时在此停留、休养。

无人机拍摄的湛江红树林一隅（邱广龙 摄）

湛江红树林自然保护区始建于1990年，1997年经国务院批准被升格为国家级自然保护区，2002年被列入《国际重要湿地名录》，还是全国示范自然保护区建设单位、中国人与生物圈保护区。

红树林

红树林是生长在热带、亚热带海岸潮间带和受海水周期性浸淹的木本植物群落，分布在北纬32°至南纬44°之间。纬度越高，红树林植物种类多样性及种群高度越低。一般认为，红树林得名于其枝干颜色，由于红树植物富含单宁，单宁氧化后枝杈便呈现鲜艳的红色。在东南亚一带，红树的树皮经常被用作提炼红色的染料。

为了适应潮间带的盐水环境，红树进化出各式各样耐盐、耐淹的能力。自然界中，大多数植物不能在海水中生存，过高的盐度也会伤害植物的根系和枝干。但红树不同，在长期的自然适应与自然演化中，它们具有了泌盐、拒盐及耐盐等能力。泌盐植物可以通过根系吸收盐分，随着叶片的蒸腾作用再将盐分释放出来。观察那些生机盎然的红树叶片，就能发现上面存在许多晶莹剔透的盐晶，这就是红树排出体内多余盐分的证据。有一些拒盐植物的根系表层细胞具有阻挡盐离子进入体内的能力。还有一些真正的耐盐植物，它们的身体里盐分极高，海水中的盐分不再对其构成威胁。不同的红树植物，其具备的耐盐方式大有不同。

我们知道，很多陆生植物如果泡水时间过长，根系会因缺氧烂掉，植物因此而死掉。红树植物每天被淹两次，每次淹没时间在4小时以上，但仍然生机勃勃。为了不被潮水冲走，红树植物发育了倒伞骨状的支撑根，支撑根深深地扎入水底的沉积物中。同时，大量的呼吸根从水下向上延伸，以保证涨潮时仍可露出水面进行呼吸。由于涨潮时仍可凭借这些露出水面的"呼吸根"获取氧气，所以红树植物不怕淹、不拒淹。

更让人叹为观止的是红树繁育后代的能力。为了避免种子落下后被

红树林的支撑根与呼吸根（邱广龙 摄）

潮水带走，导致没有足够的时间生长为幼苗，红树直接进化出了在树上萌芽、生长为胚胎的能力。这样一来，幼苗脱离母株后就可以在淤泥中迅速扎根生长，这就是红树植物的胎生现象。

红树林中植物种类繁多。尽管人们对其定义目前仍有分歧，但基本可以将其分为三种：第一种是真红树植物，指只能生活在潮间带，为了适应环境，演化出了气生根及胎生现象的植物；第二种为半红树植物，是指那些能够在潮间带及陆地生活的两栖植物；第三种是伴生植物，是指伴随红树林生长的草本、藤蔓及灌木，它们通常生长在红树林的边缘地带。

红树植物种类很多，但由于各个海湾相对复杂的环境状况，不同的红树植物其生长环境亦有显著差异。如俗称白榄的白骨壤，分布面积最广，高0.5～6米不等，具有特别发达的指状呼吸根。白骨壤多分布于中低潮间带滩涂，是耐盐和耐淹能力很强的红树植物之一。其在淤泥、半泥沙质和沙质海滩均可生长，属海洋类演替先锋树种。白骨壤的果实俗称榄钱，是受当地居民喜爱的一道风味食材，晒干后入药可治疗感冒甚至痢疾。刚摘下的榄钱，单宁含量高，不能直接食用，煮熟后挑出果皮，然后浸泡在清水中，每隔几小时换一次水，一两天后才可拿到市场贩卖。榄钱还可制作原生态的沿海地区特色菜肴——车螺炆榄钱，具体做法如下：将洗干净的车螺即文蛤先略微焯一下水后捞出待用，随后将车螺加葱姜蒜等在热油中炒至八成熟，再加入调味料与榄钱慢焖数分钟即成。

桐花树俗称黑榄，高1~5米，果实为弯曲的圆柱状，状似小辣椒。其花量大、花期长，是沿海主要的蜜源植物。桐花树多分布于海湾河口中潮带等有淡水输入的滩涂，对盐度和潮位适应性广。秋茄树俗称红榄，高2~6米，茎基部粗大，有板状根或密集小支柱根。秋茄树是太平洋西岸最耐寒的红树植物，适合应用于人工造林，自然状态下多生长于红树林中滩、中外滩，以及白骨壤和桐花树的内部区域。

无瓣海桑是从孟加拉国引进的常绿大乔木，高可达16米，有发达的笋状呼吸根，喜爱低盐度海岸潮间带。无瓣海桑因其耐淹、速生、抗风、耐寒等特点，成为东南沿海引种最广的造林树种。目前，无瓣海桑的大规模种植已经引起了社会各界的高度关注。有调查认为，近二十年来我国人工造林新增红树林面积中的80%为无瓣海桑。

可口革囊星虫与光裸方格星虫

星虫又叫花生仁虫，是星虫动物门的统称。其身体前端的触手展开状似星芒，故名星虫。古人对其记载颇多，但往往将其与沙蚕、海参等混为一谈。这个门类的动物在我国具有经济价值的，主要是革囊星虫和方格星虫。

去福建旅游常见美食小摊贩卖土笋冻。清代周亮工在《闽小记》中记载："予在闽常食土笋冻，味甚鲜异，但闻其生于海滨，形似蚯蚓，终不识作何状。"《晋江县志》中也记载："涂蚕，类沙蚕而紫色，土人谓之泥虬。可净煮作冻。"这土笋冻的原料就是星虫，星虫俗名有土笋、海笋、泥丁等，学名叫可口革囊星虫。从食用的角度，这名字名副其实，是真的可口。它属于星虫动物门、革囊星虫纲、革囊星虫目、革囊星虫科、革囊

厦门小吃古法土笋冻

星虫属的中国特有种，主要分布于我国的福建、浙江、广东、广西等地。

可口革囊星虫身长大概在二到三寸，小的如草根，大的则有成人食指一般粗，颜色为黑褐色，身后还拖着一条长一二寸、细如火柴梗、伸缩自如的"尾巴"，看起来像是某些科幻电影里的小怪物。虽然星虫长得丑，但它含有大量的蛋白质、脂肪以及多种营养物质，如钙、磷、铁、天冬氨酸、谷氨酸、丝氨酸、甘氨酸等，营养价值很高。在味道上，可口革囊星虫肉质脆嫩、味道鲜美。体内氨基酸占比较高，是它味道鲜美的重要原因。

从沙子里挖出土笋后，放在水中养一天吐干净沙，然后下锅熬煮出大量胶原蛋白，盛出来装在小碗中，冷却后就凝结成块状的土笋冻。土笋冻的颜色晶莹剔透，味道清香，口感软嫩滑爽。吃的时候浇上配好的酱油、醋、辣酱、蒜蓉、酸白萝卜丝、番茄片等，就是一碗色香味俱佳的风味小吃。可口革囊星虫的"可口"二字，也许就来自它鲜美独特的味道。

在地域分布上，可口革囊星虫广泛分布在浙江以南，栖息于沿海半咸水域和红树林泥潭。它在各产地均为著名小吃，在福建已有300多年的食用历史，而且还可入药，被誉为"动物人参"。《中华海洋本草》记载，可口革囊星虫味甘、咸，性寒，归脾、肾经，主治气血虚弱，阴虚潮热及产后乳汁不足，有动物人参、海冬虫夏草之称。事实上，以可口革囊星虫作为主原料，配上枸杞等中药炮制而成的复方星虫口服液，对于人体确实具有滋补、益智等作用。

当地另一种珍稀海洋生物是光裸方格星虫，俗称海笋。它和革囊星虫是近亲，也喜欢在海边打洞居住，不过更偏爱砂质海岸。光裸方格星虫体长约10～20厘米，虫如其名，体表光裸无毛，体壁纵肌成束，环肌交错排列，形成网格状花纹。因为外形看上去像一根细细的香肠，所以也称其为沙肠虫。气温较低时，光裸方格星虫会潜入较深的泥沙中，只有每年5～10月才容易在潮间带观察到。沙肠虫在我国主要分布于福建、广东、广西、海南和台湾沿海滩涂，其中以广西北部湾北海市出产的最为著名，所以在市面上它也被称为"北海沙虫"。沙肠虫味道鲜美、营养丰富，不必加别的配料，单独干吃或鲜食都很有特色，在这一点上它远胜于本身无滋无味的海参、鱼翅。

价值与保护

湛江红树林湿地是应对全球气候变化的重要缓冲区和固碳区，其在净化海水、调节气候、护岸防灾、保护生物多样性、防止赤潮发生、维持生态平衡等方面，都发挥着重要作用。截至2018年，保护区内红树面积已恢复到9958公顷，占全国红树林面积的33%，是我国红树林面积最大的自然保护区。区内有真红树和半红树植物15科、25种，也是我国大陆海岸红树林种类最多的地区之一。其中，分布最广、数量最多的为白骨壤、桐花树、红海榄、秋茄和木榄。该湿地目前已经成为我国沿海防护林建设体系和湿地保护工程的重要区域。

保护区底栖生物、鸟类、鱼类、贝类等生物众多，很多保护物种的种群和数量都呈增长趋势。2016年监测到的43只勺嘴鹬，是我国当时发现的该鸟最大越冬种群。另有东方白鹳、中华凤头燕鸥、遗鸥、黑脸琵鹭、黑嘴鸥等全球珍稀水禽。

随着湿地保护相关法律法规的不断完善和社会公众对红树林保护意识的不断加强，该保护区的日常工作已由传统单一的巡护管理模式向公众科普、生物多样性提高、外来物种清理等更科学、更精细的工作模式转变。2021年1月10日，湛江红树林自然保护区管理局与红树林基金会（MCF）正式签订《湛江红树林湿地保护与修复项目合作协议》。在未来四年，项目将围绕四大核心同步、有序开展工作。这四大核心，一是资源监测，二是外来物种治理与红树林修复，三是保护区人员能力建设，四是保护区社区共管示范及宣传推广。期待湛江红树林焕发新的生机，湛江红树林自然保护区为全球红树林保护管理蹚出一条新路。

参考文献

[1]陈远生，甘先华，吴中亨等.广东省沿海红树林现状和发展[J].广东林业科技，2001（01）.

[2]林康英，张倩媚，简曙光等.湛江市红树林资源及其可持续利用[J].生态科学，2006（03）.

[3]潘良浩，史小芳，曾聪.广西红树林的植物类型[J].广西科学，2018（04）.

[4]孙仁杰，范航清，吴斌等.广西红树林生态系统的常见物种[J].广西科学，2018（04）.

[5]吴雅清，许瑞安.可口革囊星虫研究进展[J].水产科学，2018（06）.

全国生物海岸的典型代表

——山口红树林自然保护区

广西山口红树林国家级自然保护区建于1990年。该保护区地处广西壮族自治区合浦县东南部沙田半岛的东西两侧，东以洗米河为界，西至丹兜湾，由沙田半岛东西侧海域、陆域及沿岸滩涂组成。2002年被列入《国际重要湿地名录》。保护区属亚热带湿润气候，主要保护对象为红树林海岸海洋生态系统。保护区海水纯净，沉积物稳定，滩涂淤泥肥沃，适宜红树林生长。保护区共有红海榄树、秋茄、桐花树等12种红树植物，是广西乃至全国大陆海岸发育良好、连片较大、结构较典型、保护较完整的红树林区。保护区集中分布有红树林、盐沼草和海草生态系统，是中国沿海海洋高等植物生态系统多样性和海洋动物多样性很高的区域。

沙蟹

沙蟹是一种广泛分布在潮间带滩涂上的节肢动物。在生物学分类上，沙蟹科分为两个属——沙蟹属和招潮蟹属，是十足目、短尾次目的甲壳动物。沙蟹起源于白垩纪，在第三纪达到鼎盛。大多数情况下，沙蟹多为群集性穴居，但造穴的形式因种而异。

沙蟹属一般包括26个种，我国分布有角眼沙蟹、平掌沙蟹、痕掌沙蟹等。沙蟹的双钳大小不一，但没有招潮蟹那么夸张。沙蟹那双黑豆般的大眼睛可以将四面八方看得清清楚楚。它们很机灵，很难捕捉，那一大一小的钳子能够在沙滩上挖出1米多深的洞，长长的通道尽头是一个舒适的房间，而且往往是"对头洞"。你挖了这里，它跑到那里。沙蟹是滩涂上的小马达，跑起来的时速可以达到16千米，且十分擅长急转弯。在沙滩上觅食时，感觉不对就会快速溜进洞里，捕食者只能看到它一闪而逝的影子。但人们对它并非毫无办法，当地渔民根据沙蟹见物就牢牢钳住的特性，将细绳子塞入洞内，慢慢将它牵引出来，这种诱捕办法俗称"牵沙蟹"。

　　沙蟹属的英文俗名为"幽灵蟹"，这个名字的来源说法很多。有的说是因为它们跑得太快，只能捕捉到它们留在沙滩上幽灵般的身影。有的说是因为它们一眨眼就能藏进洞穴，像幽灵一样消失。还有的说，它们和沙子颜色相同，晚上打着灯光见沙不见蟹，只见飘忽窸窣的影子在沙滩上穿梭，如同幽灵。台湾同胞则管沙蟹叫"沙马仔"，清代《台湾府志》记载"有沙马蟹，色赤，走甚疾"，意为沙蟹跑得极快，就像沙滩上的马一般。三国时《临海水土异物志》云："沙狗似彭蜞，壤沙为穴，见人则走，曲折易道，不可得也。"

　　沙蟹在涨潮时将洞口封住，躲在里面等待时机，退潮之后出来觅食，但这些机警的小家伙一般不会离洞口太远。开饭时间，有的种类两钳交替动作，有的种类只动一只钳螯，将沙子划拉进嘴里滤食里面的有机物，再把不能吃的部分吐出来攒成一个球，用腿推到屁股后面。沙蟹栖息的地方，在退潮时总是堆满了小沙球，若是你在沙滩上见到这些小沙团子，恭喜你，你发现了沙蟹留下的印迹。

沙蟹

　　广西北海有一种特色酱

汁——沙蟹汁，是用生的沙蟹加盐发酵而成，制作过程中没有加热煮熟的步骤，所以沙蟹汁闻起来有股特殊的腥味，但吃起来很香。在北海人的眼里，沙蟹汁似乎什么都可以蘸，吃白切鸡，喝粥，甚至吃杨桃，都可以拌上沙蟹汁。听起来像是黑暗料理，但在本地人眼里，它确实是一种美味。

招潮蟹属是一个更大的家族，其家族成员超过百种。我国常见有弧边招潮蟹、清白招潮蟹、凹指招潮蟹、三角招潮蟹等14种。招潮蟹最大的特征是雄蟹的两只螯，大小相差悬殊。大螯几乎和蟹身一样大，并且颜色鲜艳有图案，重量可达该蟹体重的一半。但这般招摇的钳子可不是一开始就有的，招潮蟹在幼蟹时期有两只同样大的螯。当它们逐渐长大，进入青春期后，其中一只就会脱落重新长出小螯，未脱落的螯则发育成夸张的大螯。从此以后，即使大螯脱落，也会在同一边重新长出，这个过程几乎完全随机，所以人们能见到的招潮蟹左撇子和右撇子几乎一样多。

招潮蟹得名于它们的招牌动作，在求偶或恐吓敌人时招潮蟹会舞动大螯，就像是一个小小的魔法师，开始用意念神神道道地召唤潮水，故称其为招潮蟹。唐代刘恂在《岭表录异》里写道："招潮子，亦蟛蜞之属。壳带白色。海畔多潮，（潮）欲来，皆出坎举螯如望，故俗呼招潮也。"招潮蟹在英语里叫提琴手蟹，说的也是它们挥舞大螯的经典动作像是音乐家在拉小提琴。

儒艮

儒艮（gèn），属海牛目、儒艮科，是海牛的近亲，两者在外形和行为上都很相似，但确实是两种不同的生物。儒艮几乎只食用海草，也是唯一的海洋草食性哺乳动物。在北部湾很多地方都称它为海猪、海马、海骆驼。它需要定期浮出水面呼吸，头是圆形的，有时候还会顶着一些水草，远看像披着长发的美女，胸前的鳍很像人手，还喜欢靠着海礁休息，常让人误以为是人鱼，至今还有不少人认为儒艮就是传说中的美人鱼。儒艮是世界

儒艮（Julien Willem 摄）

上最古老的海洋动物之一，属国家一级保护动物，也是我国的濒危物种。

儒艮有着纺锤形的肥圆身躯，没有明显的颈部，头比较小，头顶前端长着两个近似圆形的呼吸孔。没有外耳廓，只有耳孔位于眼睛后部。鳍肢为椭圆形，没有背鳍，宽大的尾鳍扁平且对称，后缘为新月形。身体总体呈深灰色，腹部稍淡。雄性两门齿露出约3厘米，雌性的门齿则几乎全部隐藏在里面，全身有稀疏而细软的长约3～5毫米的短毛，头部比身体的毛多一些。

从东非到澳大利亚的温暖海域，包括红海、印度洋和太平洋的热带及亚热带沿岸水域，都有儒艮的身影。我国的儒艮栖息地主要在南海，在广西、海南、广东、台湾等地也有儒艮被发现。中国最早在1932年有儒艮出现的确切记录，主要分布区为北部湾的广西沿岸、广东雷州半岛西部和海南岛西部水域。儒艮性情温和，但自4000年前起至工业革命时期，人类从未停止对儒艮的捕杀——剥其皮、食其肉、榨其油、雕其骨。好在当时人类捕捞能力有限，故对其种群延续没有产生太大的影响。

中国史书中不乏有关人鱼的记载。从夏朝开始，人们就将儒艮误认为是奇怪的"水中人鱼"。《山海经》中将人鱼称为"鲮鱼"，说这种动物生活在海里，像人又像鱼，后来还有关于"鲛人"的记载，说的其实也是儒艮。《搜神记》中这样描写："南海之外有鲛人，水居如鱼，不废织绩。其眼泣则能出珠。"南朝时的《述异记》继承了《搜神记》这一记载，也说：南海有鲛人，身为鱼形，出没海上，能纺会织，哭时落泪。

儒艮在自然界没有天敌，它们的主食是生长在潮间带和浅海的二药藻、喜盐草等海草。因为食物特殊，儒艮基本也不存在食物竞争者。但由于海草床被破坏以及人为捕杀等原因，儒艮的数量急剧下降，在世界各地都处于濒危状态，据估计总数已不超过12万头。现存的儒艮大部分在澳大利亚北部沿岸，约有8.5万头。除了面临某些地区屡禁不止的非法捕猎，赖以生存的海草床遭到人类活动破坏等种种生存威胁，儒艮还面临着被渔网缠绕、被塑料堵塞胃部、被船只撞击等危险。杀虫剂等有毒物质通过径流汇入大海渗入海草后，也会危及儒艮的生存。

中华人民共和国成立前后，广西当地渔民将儒艮视为神异鱼类从不捕捉。1958年以后，渔民开始捕捉近岸的儒艮，5年间共捕捉216头，体重最大的950千克，最小的40千克。海南岛西部也捕杀了30头左右。1975—1976年，在合浦水域又捕杀了28头。这种捕杀行为给儒艮种群带来了毁灭性打击，尽管我国将儒艮列为国家一级保护野生动物，并于1992年在广西合浦建立了国家级儒艮自然保护区，但该区域的儒艮并无明显复苏的迹象。此后多年儒艮仅在合浦保护区偶有发现，而在海南水域至今仍未见到其踪影。

保护现状与发展情况

山口自然保护区的红树林海岸，是广西乃至全中国生物海岸的典型代表。湿地内分布有真红树植物8科、10属、10种，半红树植物5科、7属、7

种，分别占全国该种类的37%和58%。保护区红树林主要群落类型有木榄、红海榄、秋茄、蜡烛果、榄李、海漆群落。英罗港有我国生长最好、连片面积最大的天然红海榄林。另有昆虫297种、大型底栖动物170种、鱼类95种、鸟类106种，其中10余种鸟类为国家重点保护动物。

山口红树林保护区内还分布有被世界自然保护联盟（IUCN）列为易危种的贝克喜盐草。贝克喜盐草是典型的潮间带海草，属于所有海草中最古老的两个世系之一，有"活恐龙"之称。它具有开拓种、先锋种的特点，是海草中的先锋队探员，被认为"虽微小但强大"，被干扰后通常能快速恢复。

山口红树林保护区的管理模式为社区共管，多方参与。保护区设置管理处—管理站—护林员三级管理网络。地方管理部门组织村民、乡村组织及利益相关者群体参与红树林管理，共同组建山口保护区共管委员会。这一管理模式加强了各方人员的沟通，有利于保护区与周边社区形成融洽的关系，从而实现互利互惠、共同发展的目的。

参考文献

[1]何安尤，王大鹏，程胜龙等.广西北部湾珍稀动物现状调查与研究[J].安徽农业科学，2013（34）.

[2]梅宏.论"山口模式"及其制度保障[J].中国政法大学学报，2012（04）.

[3]Takao Yamaguchi. Dimorphism of Chelipeds in the Fiddler Crab, *Uca arcuate*[J]. *Crustaceana*, 2001(09).

[4]王力军等.南海动物[M].桂林：广西师范大学出版社，2011.

[5]王丕烈，孙建运.儒艮在中国近海的分布[J].兽类学报，1986（03）.

我国红树林树种最丰富的"海上森林公园"
——东寨港湿地

海南东寨港国家级自然保护区位于海南省东北部，离海口市区30千米。这里主要保护以红树林湿地为主的北热带边缘河口港湾和海洋滩涂生态系统、越冬鸟类栖息地，是我国红树林自然保护区中红树林资源最多、树种最丰富的自然保护区。东寨港海岸线总长28千米，陆地沉陷形成漏斗形港湾，曲折多弯，是"中国最美的八大海岸"之一，红树林就分布在整个海岸浅滩上。正因为如此，海南东寨港自然保护区被誉为"海上森林公园"。保护区气候为典型的热带海洋性季风气候，雨季多台风但温度适宜，年均气温为23.8℃，年均水温为24.8℃。这里是东亚—澳大利西亚候鸟迁徙路线上的重要停留地、中转站、越冬候鸟的重要

在红树林上休憩的白鹭（冯尔辉 摄）

栖息地，也是每年到海南省越冬水鸟种类和数量最多的地方。

东寨港的形成

东寨港位于海南岛东北部，是海南岛伸入岛屿内陆最长的港湾，长15千米，平均宽4千米，最宽处达7～8千米，呈喇叭形。两岸主要为早更新世玄武岩和全新世海相沉积层。港湾内大部分为淤泥质浅滩和红树林沼泽区，并有很多呈岛屿状的大小高地。浅滩和沼泽区间，坟冢废墟零星散布。

东寨港所在地区原本有一条东寨河，河两岸为全新世一级和二级阶地及残留的早更新世玄武岩台地，人们曾在平坦的台地上幸福地生活。据史籍记载，1605年前，该地区海边沿岸已经在缓慢下沉，人们纷纷将河边和海边的祖坟及住房向内陆迁移。1605年，琼州大地震爆发。清康熙年间《琼山县志》记录："五月二十八日亥时，地大震，自东北起，声响如雷，公署、民房崩倒殆尽，城中压死者数千。地裂，水沙涌出，南湖水深三尺，田地陷没者不可胜纪。调塘等都田沉成海，计若干顷。"据有关这次地震沉陷的家谱、县志等记载，主要沉陷区是从三江口至铺前港及其附近海边地带和部分东寨港河岸，总面积接近10平方千米。东寨河经此一震拓宽不少，后又名东溪。至同治年间，东寨港这个名字才首次出现。

琼州大地震之后，东寨港仍在不断下沉，海岸不断后退，海堤逐年加高。红树林向内陆生长延伸，明清以来不断有村庄被海水淹没。沿岸的陆地在沉降过程中先是发育成草地，再转变为红树林湿地，最后变为沼泽浅滩。沿岸高地成为小岛，随后被海水冲刷到潮滩中，港湾中陆续出现新的河流。康熙年间的北港和陆地基本相连，而咸丰年间就已成为海岛，到1986年海岛面积缩小了一半以上。如今的东寨港湾是琼州大地震导致大面积沉降，地震后持续缓慢下沉，最终经过数百年的演变而形成的。

东寨港湾的海底沉睡着我国唯一的因地震导致陆地陷落在海水中的古

聚落遗址，具有重要的历史文化价值。自20世纪80年代开始，考古工作者对琼北大地震开展了多项研究，获得了有关震害特征、发震构造、沉陷机理、地震海啸、地震沉积记录，以及灾害史等丰富的学术成果。东寨港地理环境由于地震发生巨变形成港湾，幸存的东寨港村民依靠便利的环境乘船下南洋，开启了下南洋的先河，成为古代海上丝绸之路的开拓者。目前东寨港海底村庄遗址，已经沉陷到海面以下或被海水冲刷殆尽，残留部分只有在退潮后才会露出，需要采取科学的方式对其进行保护。

东寨港对岸即海南省文昌市。自西汉建置以来，文昌市已有2100多年历史，为海南三大历史古邑之一、中国著名的侨乡、琼崖革命根据地、海南闽南文化发源地、海南文昌航天发射中心所在地。该市境内的清澜港是国家一级对外开放口岸、中国南部海域重要的港口枢纽，也是三沙市的后勤保障基地。

弹涂鱼

弹涂鱼，俗称跳跳鱼、跳狗鱼、泥猴、花跳等，属硬骨鱼纲、鲈形目、虾虎鱼科、弹涂鱼属，其中常见的有大弹涂鱼、青弹涂鱼、大青弹涂鱼。弹涂鱼广泛分布于西北太平洋，从越南向北至朝鲜和日本南部。在我国分布于渤海、黄海、东海和南海海域，是一种水中善游、陆上会爬的两栖鱼类。弹涂鱼身形小巧，体长约10厘米，侧扁，背缘平直，头大吻短，背侧赭褐，鳍呈灰黄，后背鳍有2条蓝黑色纵带纹。

弹涂鱼为暖温性近岸小型鱼类，喜栖息于河口、港湾、红树林区水域，及沿岸的浅水区、底质为淤泥和泥沙的滩涂处，适宜水温为24℃~30℃。弹涂鱼具有挖洞栖息的习性，洞口通常至少有两个，一处是平常出入的正门，一处是以备不时之需的后门，洞口也用于呼吸。通道呈"丫"字型，还可做产卵室。冬季水温14℃以下时，弹涂鱼会躲藏于洞穴内越冬，不过在有太阳的好天气，即使是冬季也会出来摄食；水温低于

弹涂鱼（冯尔辉 摄）

10℃时，会深居穴中休眠过冬。

弹涂鱼的食物有底栖硅藻、蓝绿藻、幼鱼、幼虾、幼蟹等，资源丰富的红树林滩涂是它们的理想家园。捕食时，这些可怜的小东西要想方设法避过鸟类猎杀，最终，进化给了它们敏锐的视力和有力的身体。弹涂鱼头顶有一对凸出的大眼睛，这对眼睛使它们在泥水中也能看清周围，两只眼睛还能分工协作，一只探寻食物，一只观察敌情。这对眼睛下方有一个充满水分的杯状结构，眼球干燥后它可以收缩进去重新湿润。爱吃藻类的弹涂鱼眼睛小，爱吃肉的滩涂鱼眼睛大，大眼睛方便它们捕猎。弹涂鱼虽是鱼类，却是极少数能脱离水面生活的鱼类，它们喜欢晒太阳，部分种群甚至能爬上大树。弹涂鱼甚至能靠着发达的胸鳍肌肉辅以尾鳍拍击地面，以及用如同风帆一样指引方向的背鳍，在滩涂上匍匐行走或者跳跃，有的甚至能向前跳跃近一米，爬树时其腹鳍就像吸盘一样紧紧地帮助身体附着在树干上。

弹涂鱼从海洋到陆地的两栖本领，是生物进化的结果。大部分鱼类如果离开了水就会缺氧窒息而死。然而，弹涂鱼除了用鳃呼吸，还像青蛙等两栖生物那样，可以凭借皮肤和口腔黏膜来摄取空气中的氧气，这使它能够离水生活超过半小时。它头部有可以储水的鳃腔，鳃表面还有防止水分散失的薄膜。离水之前，它会将水装满整个鳃腔，依靠这些水进行呼吸。此外，因为可通过皮肤呼吸氧气，所以它只需在泥滩上多打几个滚保持皮肤湿润，就可以继续待在陆地上。

每年5～8月为雌弹涂鱼的产卵期，这也意味着它们的求偶季节到了。每到这时，勤奋的雄鱼会早早备好婚房和育婴室。随后的日子，这些兴奋的年轻雄弹涂鱼会向雌鱼表演舞蹈以表达自己的爱情。它们鼓起鳃，弓起背，卖力地扭动身躯，吸引雌弹涂鱼向自己靠近，并一步步引其进入自己的洞穴，然后用泥块盖好洞口，在里面交配并孵育后代。弹涂鱼会将受精卵小心地嵌在孵卵室的泥壁上，大约一星期后受精卵发育成幼鱼。雄性弹涂鱼之间还会为了争抢地盘相互角力。弹涂鱼生长速度较快，只需一到两年就可成熟，寿命仅7年左右。

弹涂鱼肉质细嫩，有氽汤、油炸、红焖等多种烹饪方法，汤色乳白、味道鲜美，广受食客好评。捕获弹涂鱼的方法有使用篾笼、竹筒和吊网的诱捕法、钓捕法和挖捕法等。目前，人工养殖的弹涂鱼也很常见。

保护现状与发展前景

东寨港自然保护区于1980年1月成立；1986年7月，经国务院批准被晋升为国家级自然保护区，是我国建立的第一个以保护红树林湿地生态系统为主的国家级自然保护区；1992年，被列入《国际重要湿地名录》；2005年，被中国国家地理杂志评为"中国最美的八大海岸"之一；2012年，被森林与人类杂志评为"中国最美森林"之一。

东寨港红树林保护区有鸟类208种，其中鹭类、鸻鹬类和鸥类是主要水鸟类群。珍稀物种有黑脸琵鹭、褐翅鸦鹃、黑嘴鸥、游隼等，已观察到的国家重点保护的二级鸟类共有21种，占东寨港鸟类群落的10.2%。保护区还记录了《中华人民共和国政府和澳大利亚政府保护候鸟及其栖息环境的协定》的物种53种。此外，还有大型底栖动物115种、鱼类119种、蟹类70多种、虾类40多种。

保护区内分布有红树植物19科、35种，占全国红树林植物种类的97%，其中红榄李、水椰、海南海桑、拟海桑和木果楝已载入《中国植物红皮书》。这里的珍贵树种如卵叶海桑、木果楝、正红树，以及海南特有的海南海桑和尖叶卤蕨，都有很高的保护价值。除了保护生物多样性，红树林还具有许多独特的生态功能，它们能够防浪护堤、净化环境。其中，大气净化、水体净化和土壤净化，都是红树林提供的生态服务功能，因此，红树林被誉为"绿色氧吧"。目前，东寨港保护区已成为具有国际意义的保护价值极高的综合性国家级自然保护区。

参考文献

[1]哈鹿，胡威尔，肖诗白.弹涂鱼 一条鱼的生存哲学[J].中国周刊，2018（01）.

[2]李志新，王心源，刘传胜等.海南东寨港海底村庄遗址遥感观测与分析[J].中国科学院大学学报，2019（06）.

[3]徐起浩.海南岛北部东寨港的形成、变迁与1605年琼州大地震[J].地震地质，1986（03）.

[4]张其永，洪万树.大弹涂鱼研究的回顾与展望[J].厦门大学学报（自然科学版），2006（S2）.

[5]邹发生，宋晓军，陈康等.海南东寨港红树林湿地鸟类多样性研究[J].生态学杂志，2001（03）.

中国观鸟大赛的诞生地

——米埔沼泽和内后海湾湿地

香港米埔湿地中的人行浮桥（来自网络）

　　香港米埔沼泽和内后海湾湿地，由香港特区政府渔农自然护理署管理。其地处香港新界北部深圳河河口地区，毗邻内后海湾，是香港地区最大的红树林湿地。湿地属于元朗平原，底质主要是大理石基岩。湿地土壤的排水度低，含盐度较高，不适宜耕作。米埔自然保护区主要保护对象为红树林、鸟类及其他动植物资源，主要植物有木榄、桐花树、秋茄等。湿地位于东亚—澳大利西亚鸟类迁徙通道上，它也是众多候鸟迁徙的重要中转站及越冬地。

基围湿地

为防御水患，广东人在近海的土地周围修筑堤围，这种造田方式称
"基围"。"基"指基堤，"围"指被堤围起来的地方。最初建造它们是为
了防水患，或是种植水稻，后来渔民们发现了它的新用处——养虾。基
围虾塘是中国传统的养殖方式，海鲜市场里卖的基围虾其实也不是某一
种特定生物的名字，而是指在基围中人工养殖的虾。渔民在沿岸的红树
林沼泽地带挖塘，四周以石块和砂砾作为材料筑起长方形的基围，然后
就地挖取淤泥铺在外面。向海的一面设有木板做的闸门和围网。涨潮时
将闸与网拉起，海水就夹杂着大量虾苗、蟹苗流进基围。放下闸堵住出
口，虾苗、蟹苗就和海水一起被困在基围中，在塘中的虾蟹以天然的浮
游生物和红树林落叶为食，保持着自然生长状态。闸放下时基围内的水
不流通，会逐渐变成污水，所以每隔两个星期渔民都要趁潮退时拉开闸，
让基围内的污水从闸口流掉大半；潮涨时再开闸，让含氧丰富的新鲜海
水涌入，潮水带来的浮游生物为虾提供食物。大约半年后虾长大，只要
在退潮时将渔网放在闸口，虾们便会自投罗网。

米埔沼泽和内后海湾湿地已有近百年历史。20世纪上半叶战争期
间，不少广东渔民避走香港，其中一部分渔民选择聚居于米埔并在海边
筑堤。这里地势得天独厚，海湾与河流的交汇产生了一片咸淡水交界的
湿地，渔民在此筑起基围养虾以维持生计。20世纪50年代末至60年代初，
又有一批新移民进入该地，在深水鱼塘养鱼虾。在基围虾的养殖高峰期，
米埔有20多个基围，每次可收获上百斤的基围虾。20世纪80年代优质的
基围虾肉质鲜嫩且略带甜味，每斤可售160港币，直逼石斑鱼的价格。但
随着渔民新老换代，渔业式微，香港米埔的绝大部分基围已被荒废。目
前，仅米埔自然保护区内保存有21个基围，每个面积约10公顷。其中第
12~14号和第18~19号基围采用传统管理方式，已成为亚洲独一无二的
文化遗产。其他基围则作为野生动植物栖息地，以生境保护为主。如今

米埔湿地的基围（文贤继 摄）

市面上常见的基围虾主要来自湛江一带，是人工养殖的以麦麸或粟米等作饲料的南美白虾。

一般认为，正宗的基围虾是指刀额新对虾，俗称虎虾、麻虾、泥虾等，属于对虾科、新对虾属，其主要特征之一是额角突起（称"额剑"），上缘有锯齿，下缘无锯齿，因单面开刃算作刀，所以称为刀额新对虾。刀额新对虾对淡水、高水温和低溶氧有较强的忍耐力，离水后可存活较长时间，适于商业养殖，在我国主要分布于福建、台湾、广东及广西沿海。其味道鲜美，具有较高的经济价值。随着育苗技术不断改进，刀额新对虾苗目前已能够在淡水中养殖，上海、浙江、江苏等地都已在淡水池塘中成功养殖。

公众观鸟活动

人类与包括鸟类在内的很多动物共享这颗星球，彼此是长久的邻居和伙伴。自古以来，人类的文学作品中不乏有关鸟类的诗词歌赋，不过这些都与现代观鸟活动不甚相同。现代的观鸟活动，是人们为了观察和了解鸟类而前往户外，寻找各式各样鸟类的踪迹，观察或记录它们的习性。这是一种非常年轻的活动。这些观鸟爱好者甚至戏称自己为"鸟人"。人们不分男女老少背着望远镜、单反相机加超长焦镜头等装备走在公园或郊外，乃至追着候鸟迁徙的路线一路跟随，去听、去看、去记录、去拍摄这些翱翔在空中的精灵。随着经济和社会的发展，如今中国的观鸟人士已有几十万之众。观鸟活动能够让参与者学习到很多在课堂中学不到的知识。人们走出课堂，走出办公楼，走出钢筋水泥的世界，走进自然，不但可以获得观鸟的乐趣，还可以唤起保护鸟类、保护环境的意识。

2021年2月20日早晨6点，一年一度的香港观鸟大赛再度于米埔沼泽和内后海湾湿地保护区拉开序幕，这一年的主题鸟种是黑嘴鸥。该大赛最早于1984年由世界自然基金会香港分会举办。它不仅是观鸟爱好者一年一度的技术较量，也是世界自然基金会香港分会历史上最为悠久的筹款活动。活动筹得的款项，将全部用于自然保护区的经营。大赛以3～4人为一队，主要比拼哪支队伍能在12小时内记录到最多的鸟类。

经过近四十年的发展，如今除了香港本地，其他地区也有不少队伍前来参赛。2021年的观鸟活动新增加了中学组比赛，旨在通过与大自然的亲密接触，培养年轻一代对大自然的热爱以及爱鸟护鸟之心，团结更多有志于生态保护的年轻人。参赛学生需提前培训，学习必要的观鸟理论和技巧，然后进行4～5小时的比赛。由于受到新冠肺炎疫情影响，2021年的比赛更改为两人一队，共22支队伍。12小时内，全部队伍总共记录到包括白颈鸦、黑翅鸢、白斑尾柳莺、斑姬啄木鸟、东方白鹳、褐林鸮等在内的192种鸟类。类似的观鸟比赛已成为很多湿地保护区的常规活动。

观鸟活动大约在20世纪90年代流行于内地。1996年10月，由赵欣如老师带领北京"绿家园志愿者"观鸟队伍到北京鹫峰国家森林公园观看猛禽迁徙，成为大陆民间观鸟史上的标志性事件。1998年，廖晓东先生参加了香港观鸟大赛，回来后便大力推动广州的民间观鸟活动，还建立了全国观鸟记录中心网站。2002年，首届全国性观鸟大赛于湖南岳阳东洞庭湖国家级自然保护区举办。之后，各地观鸟会便如同雨后春笋一般陆续成立。《中国鸟类野外手册》也于2022年再版，成为观鸟爱好者手中的必备书。

　　鸟类和其他生物一样，是自然生态系统的构建者，也是人类从事文化、艺术、科学、经济等活动的伙伴。可以说，人类与鸟类相伴共存的故事贯穿了整个人类的历史。根据国家林业和草原局最近发布的信息，目前我国有鸟类约1500种，占世界鸟类种数的1/6，是世界上鸟类种数最多的国家之一。1981年，中日两国政府签订保护候鸟及其栖息环境的协定。后来，林业主管部门又提出建议，在每年四月至五月初由各地自行确定一个星期为"爱鸟周"，并开展各种爱鸟、护鸟活动，这便是"爱鸟周"的由来。在此期间，我国各地举办多次观鸟及鸟类调查等活动。

保护现状与发展

　　20世纪80年代，香港工业快速发展，工业废水未经处理就排放至内后海湾，导致内后海湾水质污染严重，基围经营效益不佳。部分基围的红树林被砍伐，农地也被改建为住宅区，导致了湿地及其生态价值的永久丧失。1981年成立的世界自然基金会香港分会，决定购入基围重新管理；1983年，香港米埔沼泽和内后海湾湿地自然保护区正式成立；1995年，被列入《国际重要湿地名录》。

　　米埔沼泽和内后海湾湿地管委会成员包括政府部门（包括渔农自然护理署）代表、湿地研究和管理专家、其他非政府组织和私人公司代表、世界自然基金会职员。管委会每季度都会召开保护管理米埔沼泽和内后海湾湿地例会，监督湿地保护工作的开展，提供决策参考、管理指南等。香港观鸟协会等民间组织不参与保护区的日常管理工作，但对湿地的保护发挥了重要的监督和支持作用。目前内后海湾沿岸红树林超过330公顷，面积位列全国第六。湿地内共有33种陆生哺乳动物，其中米埔水獭是珍贵的濒危亚种，全港仅分布于内后海湾一带。湿地有鸟类416种，其中49种为全球珍稀濒危物种。

参考文献

[1]秦颖.鸟类学·观鸟文化[J].书城，2020（11）.

[2]秦卫华，邱启文，张晔等.香港米埔自然保护区的管理和保护经验[J].湿地科学与管理，2010（01）.

[3]脱翁.基围虾到底是什么虾，怎么在全国各地长得都不是一个样子[EB/OL].https://zhuanlan.zhihu.com/p/32484372.

[4]王菲，张志国.文明观鸟知多少[J].绿色中国，2020（19）.

[5]谢屹，Rubin Chua，Martin Harvey等.香港米埔滨海湿地的保护样板[J].中国周刊，2018（01）.

东部河口区

在我国18000千米长的大陆海岸线上，蜿蜒曲折的河口大大小小有1000多个，如鸭绿江、辽河、黄河、淮河、长江、钱塘江、闽江、珠江、北仑河……它们哺育了两岸的百姓。河口，既是河流的终点，同时也是另一生命的摇篮——海洋的开始。河口湿地是陆海相互作用的集中地带，各种物理、化学、生物和地质过程耦合多变，演变机制复杂，因而形成了丰富多样的河口湿地。

"河口"英文一词（estuary）的词源，就是"海洋潮汐进口"的意思。学者们根据径流和潮流作用在河口段的强弱关系，把河口分为三段。口外海滨段，是河口最靠近海洋的一端，在这里海洋发挥它强大的力量，潮流从海洋那里搬运大量泥沙；河口段，潮流和径流在此交汇相融，海水与陆地淡水在这里相遇混合，潮流的作用在这一段开始减弱，而潮流所能够到达的上限就是潮流界；近口段，这里以径流作用为主，但是由于受到河口段的潮水顶托，近口段也会有涨潮落潮的现象，涨潮落潮现象消失的地方（潮差为零），就到了潮区界。

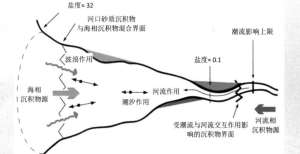

入海河口的基本位置与地貌特征（左平　改绘）

拥有红色春天的"鸟类的国际机场"

——双台河口湿地

双台河口湿地位于辽宁省辽东湾北部双台子河入海处，距盘锦市区35千米。其大地构造位于华北地台东北部，区域构造位于辽河断陷处。辽河、浑河、太子河、绕阳河和大凌河等多条河流在这里汇入渤海。河海相互作用，孕育了大面积的滩涂和沼泽，形成了生机盎然的河口湿地。双台河口湿地的主要类型，包括盐沼、滩涂、永久性浅海水域、河口水域、永久性河流、季节性河流和人工湿地等。该湿地既是我国鱼、虾、蟹和文蛤的重要产地，也是许多鱼类洄游、产卵育幼的场所。丰富的生物资源，为许多鸟类的栖息繁衍创造了优越条件。该湿地是我国高纬度地区面积最大的滨海芦苇沼泽区，也拥有大面积的翅碱蓬滩涂和浅海海域，形成了独特的红海滩景观。

黑嘴鸥

黑嘴鸥为鸥属，是鸥类中少有的栖息在陆地上的种群，全球种群数量约为21000～22000只，属于全球性濒危鸥类，《中国濒危动物红皮书》将其列为易危物种。黑嘴鸥仅在中国繁殖，但为了越冬会迁徙至越南、朝鲜、日本、韩国。我国黑嘴鸥繁殖地的最北端为辽河口湿地，最南端是江苏盐城滨海湿地。黑嘴鸥的栖息地以盐地翅碱蓬、芦苇、三棱草滩为主，觅食则在潮间带、潮沟两岸或河口区，只有少数黑嘴鸥会飞到距滩涂较远且有淡水的池塘中觅食。调查显示，2021年双台河口繁殖地有7000多只黑嘴鸥聚集、繁殖，辽河口、黄河三角洲湿地的黑嘴鸥种群数量也很多。

黑嘴鸥（陈国远 摄）

　　黑嘴鸥个体长约32厘米，头部与嘴呈黑色，腹部为白色，尾部有三角形黑带，眼睛后有一月牙状白眉。它独特的模样，看起来像是衣冠楚楚、待人有礼的绅士鸟。4月下旬，黑嘴鸥将进入繁殖期，繁殖期的黑嘴鸥会聚集在碱蓬滩涂，雄雌鸟共同在高于积水地面的植被上，用芦苇、枯碱蓬的茎编成简单的盘状巢。黑嘴鸥每窝产卵3~5枚，卵是充满春日气息的粉绿色，具黑褐色点状块斑。经过雌雄亲鸟轮流孵化，幼鸟将会在21~24日出壳。繁殖期会持续到7月，这期间亲鸟有明确的分工合作，一只孵化时另一只就负责警戒。幼鸟通常每4~6只为一群，觅食时跟随在成鸟身边，胆子很小，受到惊吓会迅速躲进翅碱蓬根部或趴着不动。成鸟会在天空以45°角俯冲，同时发出尖锐的警告声，驱逐进入繁殖区内的人员或动物。特殊情况时，它们还会以4~6只为一队，有次序地俯冲驱逐入侵者。

　　黑嘴鸥在海水退潮时觅食，鱼、虾、蟹、软体动物都是它们的猎物，尤其爱食天津厚蟹。面对大的螃蟹，黑嘴鸥会在其背部啄洞，取食蟹黄，遇到小的螃蟹则整只吞下。除此之外，滩涂上的沙蚕营养丰富，常被它们用于喂食幼鸟，负责觅食的亲鸟发现沙蚕后，会先将其吞下，大约找到七八只后便返回巢中，将沙蚕吐出喂给幼鸟。黑嘴鸥还会捕食蝗虫、飞蛾，以及养殖塘里的鱼虾等。

繁殖地减少是目前黑嘴鸥面临的主要威胁之一。黑嘴鸥喜欢在盐蒿滩繁殖，落潮后到潮滩或河口觅食。但它们的很多繁殖地，均存在面积减少、连通度下降等问题。因此，很多鸥群被迫选择增大其巢穴密度，但这并不是什么好事。种群密度过大会引起鸥群传染病，造成大量黑嘴鸥死亡。繁殖生境功能是否优良和结构是否完整，对黑嘴鸥种群有着极大的影响。如果适宜生境退化，破碎化程度继续加大，即使表面上栖息地的面积没有改变，黑嘴鸥的繁殖同样也会受影响。所以，黑嘴鸥繁殖栖息地的保护迫在眉睫。

辽宁双台河口湿地被称为"鸟类的国际机场"，是东亚—澳大利西亚鸟类迁徙路线上的重要驿站。这里栖息着大批濒危的迁徙种群，如黑嘴鸥、黑脸琵鹭等。在此栖息繁殖的黑嘴鸥，约占该种世界总数的3/4。河口附近海域还生活着斑海豹，是全球斑海豹繁殖的重要地区。

保护区自建立以来，积极贯彻执行相关法律法规，全面展开管护工作。通过多年的努力，盘锦湿地生态趋于平衡，鸟类栖息环境得到了较好的保护，偷猎现象基本绝迹。在此繁殖的鸟类种群明显增多，迁徙鸟类的停留期也明显增长。目前，这里已成为辽宁省的鸟类保护宣传教育中心、珍稀鸟类繁殖驯养中心、水禽迁徙研究中心及国际黑嘴鸥研究基地。2004年，双台河口湿地被列入《国际重要湿地名录》。

红海滩

红海滩坐落于辽宁省盘锦市西南部，总面积20余万亩，坐拥"中国最精彩的休闲廊道"和"中国最浪漫的游憩海岸线"，是国家5A级景区及著名的国家级自然保护区。这里以举世罕见的红海滩为特色，以湿地资源为依托，以广阔的芦苇荡为背景，以数以万计的水鸟和一望无际的浅海滩涂为特点，成为一处自然环境与人文景观完美结合的生态旅游系统，被誉为"拥有红色春天的自然景观"。

　　盐地碱蓬是红海滩的主角，被当地人称为"盐喜菜"。20世纪五六十年代经济困难时期，盘锦附近的居民采摘碱蓬的籽、茎，将其碾碎掺着玉米面蒸饼充饥，这些生命力顽强的植物拯救了许多人的生命。碱蓬是一年生草本植物。它生长于海滨、荒地、渠岸、田边等含盐碱的土壤中，抗逆性强、耐盐、耐湿、耐瘠薄，在极其贫瘠的盐滩也能正常生长发育。每年4～5月碱蓬长出地面，一开始它们是苍翠的绿色，在太阳光的照射下逐渐由绿变红，9～11月红色愈加浓重，最终呈紫红色，秋后茎条上挂满紫红色的果实。碱蓬的嫩芽可以食用，成熟的碱蓬籽可以榨油，碱蓬色素为水

碱蓬滩（陈国远　摄）

溶性花青素类色素，可作为天然食用色素。碱蓬植株及籽榨油后的渣子，都是很好的蛋白源饲料。

盐地碱蓬有着独特的泌盐结构，为真正的耐盐植物。碱蓬为先锋植物，能够有效地降低土壤表层含盐量，增加土壤有机质及营养元素。同时，碱蓬对重金属也有一定的吸收作用，可以用来处理含盐养殖的废水。碱蓬成熟后及时收割，可以加速潮滩的土壤化过程。

红海滩的最佳观赏时间为每年5～10月，景区内设有十个旅游景点，由一条沿海公路串联。公路两侧景色迥异，朝海面的是一望无际的红海滩，像是红纱倾洒在地上；背海面则是油田、稻田、苇田交错，五色杂陈。红的碱蓬，绿的芦苇，一高一低，一左一右，相映成趣。芦苇4月发芽，5月展叶，7～9月开花，10月后叶子转为金黄色。暮秋时节，风吹苇浪，芦花飞扬，又是一番别样的景象。

美丽的红海滩中也存在问题。湿地生态环境十分脆弱，当湿地环境面临诸如面积减少、水质污染等问题时，生物多样性便受到影响。人类为了追求经济效益开发建设的红海滩景区，给湿地生态保护带来了压力。红海滩景区一年内接待游客近百万人，大大超出了湿地本身的承载能力，游客的不文明行为也给生态环境带来破坏。另外，全球变暖、海平面上升等也会直接影响到红海滩所在的潮间带上部区域。为了美丽的红海滩能够保持下去，我们需要寻找到经济发展与生态保护之间的平衡点。

《国家重点保护野生动/植物名录》

国家重点野生动植物名录包括《国家重点保护野生动物名录》和《国家重点保护野生植物名录》。1999年，由国务院批准，国家林业局和农业部共同发布了中华人民共和国《国家重点保护野生植物名录（第一批）》。2019年，在打击野生动植物非法贸易部际联席会议第二次会议上，决定调整发布新一版《国家重点保护野生动／植物名录》。2021年9月7日，国家林业和草原局、农业农村部正式发布了《国家重点保护野生植物名录》。该名录中包含130多个科，共列入国家重点保护野生植物455种、40类，包括国家一级保护野生植物54种、4类，国家二级保护野生植物401种、36类。其中，由林业和草原主管部门分工管理的有324种、25类，由农业农村主管部门分工管理的有131种、15类。

我国是野生植物种类最丰富的国家之一，仅高等植物就有3.6万余种，其中特有种有1.5万～1.8万种，占我国高等植物总数近50%。银杉、珙桐、百山祖冷杉、华盖木等，均为我国特有的珍稀濒危野生植物。自1999年《名录》发布以来，我国野生植物保护形势发生了很大变化，部分濒危野生植物得到了有效保护，濒危程度有所缓解，但也有部分野生植物因生境破坏、过度开发利用等原因，濒危程度加剧。因此，国家林业和草原局、农业农村部启动了《名录》修订工作。在原《名录》和20多年我国野生植物资源研究及保护成果的基础上，各领域专家通过广泛收集资源数据，经过反复研究讨论，于2021年9月遴选出这份涵盖我国当前重要且濒危的野生植物保护名录。

1989年1月14日，林业部、农业部联合颁布了我国首版《国家重点保护野生动物名录》。2021年2月5日，国家林业和草原局、农业农村部联合公布了新调整的《国家重点保护野生动物名录》。最新调整后的《名录》共列野生动物980种、8类，其中国家一级保护野生动物234种、1类，国家二级保护野生动物746种、7类。上述物种中，686种为陆生野生动物，294种、8类为水生野生动物。

与首版《国家重点保护野生动物名录》相比，新版《国家重点保护野生动物名录》主要有两点变化：一是在保留原名录中所有物种的基础上，将豺、长江江豚等65种野生动物，由国家二级保护野生动物升为一级；熊猴、北山羊、蟒蛇3种野生动物因种群稳定、分布较广，由国家一级保护野生动物下调为二级。二是新增517种（类）野生动物。其中，大斑灵猫等43种被列为国家一级保护野生动物，狼等474种（类）被列为国家二级保护野生动物。在管理体制上，上述物种中，686种为陆生野生动物，由林草部门管理；294种、8类为水生野生动物，由渔业部门管理。

两部国家重点保护野生动植物名录的修订发布，有利于拯救濒危野生动植物，维护生物多样性和生态平衡，是我国积极践行生态文明、建设美丽中国的重要举措。

参考文献

[1]李兆楠，赵小汛，徐育红.红海滩湿地生态治理存在的主要问题与建议[J].吉林农业，2019（02）.

[2]刘德天.黑嘴鸥——神奇之鸟[J].中国生态文明，2020（01）.

[3]刘海防.黄河三角洲黑嘴鸥繁殖调查研究[J].山东林业科技，2015（05）.

[4]刘少才.盘锦红海滩：湿地上的"红地毯"[J].南方农业，2019（16）.

[5]周洁，李迪华，任君为等.辽河口湿地黑嘴鸥繁殖栖息地的动态变化、保存与恢复[J].中国园林，2017（11）.

我国北回归线北侧面积最大的天然红树林群落
——福建漳江口红树林国家级自然保护区

　　漳江口红树林湿地位于福建省南部的漳州市云霄县漳江入海口。区内沉积物为滨海滩涂淤泥和砂质淤泥，厚达2米。湿地类型为潮间盐水沼泽、红树林、河口水域、三角洲、沙洲、沙岛和水产养殖场。保护区内全部为天然红树林，包括22公顷的白骨壤纯林。红树林土壤在学术界称酸性硫酸盐土，含盐量高，具盐渍化特征，含有丰富的植物残体和有机质。根据中国植被分类系统，可将保护区内的植被类型分为3个植被型、13个群系、22个群丛。保护区拥有我国天然分布最北端的大面积的红树林，是我国北回归线北侧种类最多、生长最好的天然红树林群落。2008年，该湿地被列入《国际重要湿地名录》。

漳江口红树林湿地一角（来自"湿地中国"网站）

红树林与自然灾害

　　台风是一种热带气旋，属于发生在热带或副热带洋面上的低压涡旋，有着巨大的能量。我国根据气旋底层中心附近最大平均风力大小，将南海与西北太平洋的热带气旋划分为6个等级，中心附近风力达12级或以上的称台风。强大的台风带来的灾害主要有三个：一个是强劲的狂风。台风来临时带来的狂风可以吹折电线杆，将树木连根拔起，把沿海船只推到陆地或抛起乃至拦腰折断，损坏甚至摧毁陆地上的建筑、桥梁、车辆，所到之处屋倒楼倾。二是倾盆暴雨。台风每次登陆可能带来一天内100～300毫米甚至500～800毫米的大暴雨，造成凶猛的洪涝灾害，街道和低矮建筑都被淹没。三是风暴潮乃至海啸。潮水漫溢，溃决海堤，冲毁房屋，造成大量人员伤亡和财产损失。

　　2004年12月26日，印度洋海底大地震引发海啸，使数十亿吨海水移位，释放出相当于6000多颗原子弹的能量，导致东南亚及南亚数国29万多人丧生。神奇的是，在这次海啸波及区域中，印度泰米尔纳德邦的一个渔村却幸免于难，另有三个村子受到的损害都较小。究其原因，是这些村子外围都生长有茂密繁盛的红树林。这次天灾告诉人们，红树林对台风、海啸等自然灾害具有极强的抵御作用。默默无闻的红树林，对抗着强风巨浪，守护着海岸安全。2008年，第14号强台风"黑格比"，摧毁了珠海市九洲港776米的水泥海堤。而在距离不足50千米的淇澳岛上，海堤、防护栏、木栈道、房屋等，均因红树林的庇护而完好无损。

　　生长于潮间带滩涂上的红树林，亦是海岸食物链上的一个重要环节。红树林是海洋生物的哺育者和保护者，是候鸟的越冬场所和迁徙的中转站。红树林分布于热带及亚热带，几乎都位于南北回归线内，与这类海洋自然灾害发生的区域有所重叠。为了稳稳地扎根于潮滩之上，红树林发育出了错综复杂的根系，在风浪来临时，这根系和枝干就像一张大网一样分散了海浪的冲击力，所有的红树一同抵抗灾害带来的压力。红树林的根系能很好地拦沙促淤，拦截河流泥沙，促进海岸淤长。

千百年间，红树用它们的枝干和根系保护着这片土地。这些守卫者静默无声，坚实可靠，不悲不喜，温和淳朴。它们提供食物、木材乃至药物给人类，从不求回报。然而最近百年来，人类为了发展经济，大量砍伐红树林，不断围垦滩涂，开辟盐田、养殖塘，开发房地产等，导致全世界的红树林消失大半。20世纪末，我国开始重视红树林保护，建立了多个保护区并大力推动红树保护、再植工作。如今，我国的红树林面积已经进入到不减反增的状态，红树林的保护工作卓有成效。

互花米草

互花米草属于禾本科、米草属，该属共有14个种，均为多年生盐沼植物，大多生长于滨海盐沼和河口区域。米草属植物在其原产地是盐沼中的常见优势种，在生态系统中具有重要的生态功能，被誉为"生态系统的工程师"。互花米草原产于大西洋西海岸，由于人类的有意引入或无意带入，已扩散到全球诸多地区。漳江口红树林湿地就是互花米草扩散蔓延的地区之一。

互花米草是禾本科多年生草本植物。地下部分通常由短而细的须根和长而粗的地下茎（根状茎）组成。发达的根系通常分布在30厘米深的土壤内，有时根系可深达50~100厘米。茎秆坚韧、直立，高度在1~3米。茎节具叶鞘，叶腋有腋芽。叶互生，呈长披针形，长度可达90厘米，具有盐腺，能将根吸收的大部分盐分排出体外，因此其叶表面常出现粉状盐霜，如同扑了粉的少女，这也是互花米草能够生长在盐沼中的原因。互花米草常于秋后抽穗、开花、结果，有无性与有性两种繁殖方式。无性繁殖是通过腋芽伸出土壤，在合适的条件下形成新的植株。在立地条件较好的滩涂上，能够通过种子萌发长出新的幼苗，是为有性繁殖。这导致互花米草总是一丛丛地生长，以母株为中心向外蔓延，像是一丛丛绿色的长毛小怪物，从地下探出头来。

自20世纪70年代末以来，出于保滩护岸、促淤造陆、改良土壤、绿化海滩、净化环境等目的，我国从美国东海岸引入了几种米草属植物，取得了一定的生态效益和经济效益。互花米草的种子主要通过风和潮流传播，有时也借助人力扩散，由于其出色的适应性和人为引种推动，再加上缺少天敌，互花米草已在我国沿海迅速扩散。

互花米草对于护岸促淤有非常明显的作用，能使滩面迅速增高；同时，其生物量丰富，可以提高盐沼生态系统的初级生产力，是沙蚕、石磺等底栖生物的乐园。互花米草植被在广阔的滩涂上生长，成为觅食水鸟与人类之间的天然屏障，鸟儿们可以不受惊扰地觅食玩耍。互花米草作为自然界的生产者，用自己的身体为潮间带底栖生物提供了充足的食物碎屑。

互花米草（左平 摄）

但是，互花米草是一种潮滩先锋植物，很容易形成单优势群落，与茅草、盐蒿等本土植物竞争生长空间，威胁本地的植物多样性。互花米草的蔓延扩展，从地域上会侵占贝类的养殖区域，其枯枝落叶的漂移对紫菜、海带等藻类的生长、收获及产品质量，也有明显的不良影响。其负面影响也警示我们——对于外来物种的引进一定要格外慎重。2003年，基于影响滩涂养殖，堵塞航道，影响海水交换，威胁本土海岸生态系统安全等原因，国家环境保护总局将互花米草列入我国第一批外来入侵物种名单。

综上，我国人为引种的互花米草在带来正面效益的同时，也带来了一系列的负面影响。对于互花米草的研究与管控，能够帮助我们更好地利用这种植物，发挥它的优势，扬长避短。

参考文献

[1] 本刊编辑部. 红树林：陆地与海洋的平衡线[J]. 中国农村科技，2013（11）.

[2] 洪荣标，吕小梅，陈岚等. 九龙江口红树林湿地与米草湿地的底栖生物[J]. 台湾海峡，2005（02）.

[3] 田师思. 红树林保护现状调查——以漳江口红树林国家级自然保护区为例[J]. 林业建设，2020（04）.

[4] 张和钰，陈传明，郑行洋等. 漳江口红树林国家级自然保护区湿地生态系统服务价值评估[J]. 湿地科学，2013（01）.

[5] 张祥霖，石盛莉，潘根兴等. 互花米草入侵下福建漳江口红树林湿地土壤生态化学变化[J]. 地球科学进展，2008（09）.

中国暖温带最广阔最年轻的湿地生态系统
——山东黄河三角洲湿地

　　山东黄河三角洲湿地，是我国最年轻的河口湿地。黄河携带的大量泥沙在这里持续沉积，年均造陆约2万亩，在遥感图像上它每年都以肉眼可见的速度向渤海海域延伸。黄河口湿地保护区以保护黄河口新生湿地生态系统和珍稀濒危鸟类为主体。保护区分南北两个区域，南部区域位于现行的黄河入海口，北部区域为1976年改道前的黄河入海口。该保护区是中国暖温带保存最完整、最广阔、最年轻的湿地生态系统。保护区内动植物资源丰富，迁徙季节数百万只候鸟在这里出现，成为东北亚内陆和环西太平洋鸟类迁徙的重要中转站、栖息地、繁殖地和"鸟类的国际机场"之一。独特的生态环境、得天独厚的自然条件，造就了黄河三角洲自然保护区独有的美学特征，被评为中国"最美的六大湿地"之一。

向渤海生长的黄河三角洲

历史上的黄河

最早的时候，现在的黄河并不叫黄河。《山海经》《尚书·禹贡》多称黄河为"河""河水"或"大河"。当时黄河流经河北平原，在渤海湾西岸入海，因两岸未筑堤防，河道极不稳定，河北平原上被称为"河"的水道有10余条，可能都是黄河某次改道后留下的故道。黄河故道曾往返更迭多次，战国中期以后，黄河下游开始大规模修筑堤防，从此结束了黄河长期以来多股分流的局面，但改道依然频繁。

春秋后期，随着铁制农具的广泛使用和秦国经济重心向关中迁移，黄河流域的植被开始遭到破坏，河水中泥沙含量增加，逐渐有了浊河、黄河的称呼。《左传》中就对此发出"俟河之清，人寿几何"的感慨。由于黄河流域在很长一段时间内一直是中国文明的中心地带，加之古代中国存在重农轻牧的现象，所以黄河流域植被破坏成为常态。

此后近千年的时间里，黄河下游河道也出现过相对稳定的局面。东汉时期，大量游牧民族入住黄河中游，退耕还牧，水土流失相对减弱。公元70年，王景治河，给漫流的黄河固定了一条新的河道。另外，当时黄河下游存在不少分支，沿途也有不少湖泊和沼泽洼地，它们对分洪、排沙与调节流量都起到了重要作用。这个时期的600年间，黄河无改道情况发生。唐宋时期，尤其是宋代以后，"黄河"这一名称开始被各类文献及民间普

地上悬河示意图（戴子熠 绘）

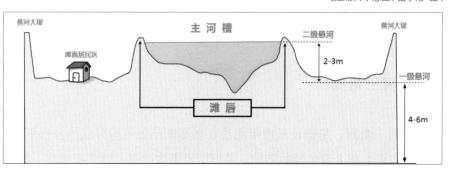

遍使用。该时期黄河下游河口段逐渐淤高。五代十国时期，黄河决口的频率明显增加。宋朝后期，随着中国经济重心的南迁，黄河流域的生态破坏开始减少，但其植被覆盖已经难以恢复到公元前3世纪的状况。

公元前3000—前2000年间，黄河流域气候温和，雨水条件优越，适宜植被生长与人类生活。《孟子·滕文公上》曾记载黄河流域"草木畅茂，禽兽繁殖"。我们的远祖沿河而居，开创了华夏文明。这一时期，人河和谐，乌鹊通巢。自秦朝以后，黄土高原气温转寒，暴雨集中，加剧了水土流失，大量泥沙进入黄河，"大河"开始变"黄"。西汉末年，今河南浚县境内黄河河道中河水高于平地，黄河显然已经成为地上悬河。王莽新朝时黄河主流东决，从今山东入海，黄河、淮河之水灾延续了60年之久。

在黄河的多次改道中，影响最深最广的是发生于1128年和1855年的两次改道。1128年，黄河先是南徙夺淮，流入黄海，后又复流东北，重新汇入渤海。在黄河夺淮入海的700年间，历朝政府和黄河故道沿线民众，都与桀骜不驯的黄河进行了不屈不挠的斗争。海晏河清，不只是庙堂之上的梦想，更是生活于黄泛区无数百姓的现实需求。千年治河，亦为黄河两岸留下了非常丰富的文化遗产。

黄河故道留下了长约728千米的似断还续的河床与堤防，其中包括著名的贾鲁河故道、太行堤遗址、茶城长堤遗址，淮安市淮阴区码头镇旧县村、仲庄村的三合土堤防，以及缕堤、格堤、月堤、遥堤、汰黄堤等。沿线还留下了很多闸坝遗址，有束水坝、挑水坝、减水闸坝、蓄水坝、顺水坝、坝口跌塘、险工等。可以说，黄河故道本身就是一部中国水利科技史的露天博物馆，具有很高的科技和文化内涵。

黄河三角洲

黄河三角洲，是指黄河携带泥沙在渤海凹陷处沉积形成的冲积平原，是中国古老大陆上最年轻的陆地。黄河历经多次改道，曾北抵天津，南至江淮，纵横25万平方千米，塑造了华北大平原这片沃土。一般所称"黄河三角洲"多指近代黄河三角洲，即以垦利宁海为顶点，北起套尔河口、南至支脉沟口的扇形地带，面积约为5400平方千米，其中5200平方千米在东营市境内。

1855年，黄河在河南兰阳（今兰考县）铜瓦厢决口，夺大清河流入渤海。仅在1855—1934年间，黄河就在东营改道多次，形成了向海洋挺进的现代黄河三角洲。据研究，古代黄河三角洲以蒲城为顶点，西起套尔河口，南达小清河口，陆上面积约为7200平方千米。1855—1904年间，黄河三角洲主要向东淤进，大约推进了20千米；1904—1929年间，主要向北淤进，共淤进约18千米；1929—1935年间，黄河改道主要向东南淤进，共淤进约4～5千米。

黄河三角洲是典型的扇形三角洲，属河流冲积物覆盖海相层的二元相结构，西南高东北低，地势低平。其最高处在利津县南宋乡，河滩高地高程为13.3米；东北部最低处，海拔小于1米，自然比降在1/8000～1/12000之间。区内以黄河河床为骨架，构成了地面的主要分水岭。黄河三角洲不断有新堆积体形成，老堆积体持续地反复淤淀，使得看似平坦的三角洲平原实际上却是"大平小不平"，微地貌形态复杂。其主要的地貌类型有河滩地、河滩高地与河流故道、决口扇、平地、河间洼地与背河洼地、滨海低地与湿洼地，以及冲积岛和贝壳堤（岛）等。

黄河三角洲的形成，与河口地区的水流变化密不可分。由于黄河含沙量高，年输沙量大，海域浅，巨量的泥沙在河口附近大量淤积，河道以极快的速度填海造陆，不断向海域延伸。同时，河道比降变缓，泄洪排沙能力逐年降低。当淤积到一定程度时，则一定会发生尾闾改道，另寻其他路径入海。平均每十年，这里就会有一次较大的改道。黄河入海流路按淤积、延伸、抬高、摆动、改道的规律不断演变，黄河三角洲陆地面积不断扩大，海岸线向海域不断推进，历经150余年逐渐淤积形成了近代黄河三角洲。

黄河多次改道和决口泛滥，形成了岗、坡、洼相间的多种微地貌形态，但黄河三角洲的基本框架仍清晰可辨。土体组成有砂、粉砂、黏土等，各类盐土的盐渍化程度不一，盐生植物多样。这些微地貌控制着地表物质和能量的分配、地表径流和地下水的活动，形成了以洼地为中心的水、盐汇积区，是造成岗旱、洼涝、二坡碱的主要原因。黄河改道、修建黄河大堤和海堤、农田垦殖、城市建设、高速公路建设、石油开采等人类活动，剧烈改变着该地区的微地貌形态，出现了原生湿地向次生湿地演替的情况。

黄河三角洲油气资源十分丰富，胜利油田就在其区内。不仅如此，这里地热资源、卤水、土地资源也十分丰富。得天独厚的资源优势，为东营市的经济发展提供了广阔空间。作为中国三大三角洲之一，黄河三角洲是世界上少有的资源富集区。但这片只有一百余年的新淤土地，成陆时间短，地下水位高，土地盐渍化严重，生态环境十分脆弱。1994年4月，国务院把黄河三角洲地区的资源开发和环境保护列入了"中国21世纪议程优先项目计划"，使黄河三角洲的开发朝着可持续发展的方向迈进。

2013年，黄河三角洲湿地被列入《国际重要湿地名录》，主要旅游资源有河海交汇的"鸳鸯锅"、生态湿地、红毯迎宾、芦花飞雪、天然柳林、湿地行舟、候鸟驿站等。另外，黄河三角洲鸟类博物馆是目前我国最大的

东营黄河入海口的天然芦苇荡（张怡梅 摄）

鸟类专题博物馆。博物馆以"保护珍稀鸟类，共建生态文明"为主题，分为"大河息壤——共生厅""候鸟驿站——共鸣厅""鸟国探秘——共赏厅""鸟类天堂——共享厅"四个主题展厅，共陈列包含珍稀鸟类在内的1400余件标本。通过营造自然场景，整合多种现代化体验方式和多维度感官设计，生动再现了黄河三角洲多样的湿地风貌和繁盛的鸟类资源。2013年10月24日，在第三届中国湿地文化节暨东营国际湿地保护交流会上，湿地公约秘书长克里斯多夫·布里格斯向黄河三角洲自然保护区颁发了国际重要湿地证书。此外，黄河三角洲自然保护区还获得了国家级示范自然保护区、国家地质公园、"中国最美的六大湿地"之一、中国东方白鹳之乡、中国黑嘴鸥之乡等多个荣誉称号。

参考文献

[1]蔡明理，王颖.黄河三角洲发育演变及对渤、黄海的影响[M].南京：河海大学出版社，1999.

[2]何文珊.中国滨海湿地[M].北京：中国林业出版社，2008.

[3]黄河三角洲——黄河入海千顷绿[N].大众日报，2020.

[4]王奎峰.野外调查科普——近代黄河三角洲的形成与演变[EB/OL].http://blog.sciencenet.cn/blog—289331—1051675.html.

[5]王忠林主编.走向高效生态发展之路，《黄河三角洲高效生态经济区发展规划》实施五年回顾与展望[M].济南：山东大学出版社，2016.

[6]杨学锋.黄河三角洲开发：走可持续发展之路[J].走向世界，1997（04）.

具有国际意义的重要生态敏感区
——上海崇明东滩自然保护区

崇明东滩湿地位于长江入海口、中国第三大岛——崇明岛的最东端。崇明东滩国家级自然保护区于1998年经上海市人民政府批准建立。1999年7月，崇明东滩湿地被列入东亚—澳大利西亚迁徙涉禽保护区网络成员单位；2002年1月，保护区及毗邻的84平方千米的人工湿地被列为国际重要湿地。该湿地由崇明东滩团结沙外滩、东旺沙外滩、北八滧外滩及其相邻的吴淞标高零米线外侧3千米以内的河口水域组成，并在海堤外呈半椭圆形分布。湿地由长江径流夹带的巨量泥沙在江海相互作用下沉积而成，是长江口规模最大、发育最完善的河口型潮汐滩涂湿地，其南北窄、东西宽，区内潮沟密布，高、中、低潮滩分带明显，是亚太地区迁徙水鸟的重要通道，也是多种生物周期性溯河和降河洄游的必经通道。此外，崇明东滩还拥有丰富的鱼类、两栖爬行类、无脊椎动物资源和以芦苇、藨草群落为主的植物资源。崇明东滩湿地的主要保护对象是迁徙鸟类及其栖息地。因特殊的地理位置和快速演化的生态系统，该湿地已经成为具有国际意义的重要生态敏感区。

崇明岛小传

崇明岛是长江三角洲东端长江入海口处的冲积岛屿，是中国第三大岛屿、中国最大的河口冲积岛和最大的沙岛。这是一片"年轻"的土地，相较于那些动辄以数十万年计的地球家庭成员，崇明岛1300年的历史，只能算作年幼的小朋友。全岛地势平坦、土地肥沃、林木茂盛、物产富饶，被誉为"长江门户，东海瀛洲"，是有名的鱼米之乡。

"崇明岛"地名，源于一个传说。据说东晋末年孙恩农民起义失败后，起义军的几排竹筏搁浅到长江口的泥沙之中。这些竹筏拦住了长江带来的泥水砂砾，逐渐形成了一个沙嘴。江水海潮涨涨落落，这片沙岛在氤氲的水雾中时隐时现，如幽灵一般神秘。人们说它既像怪物又似神仙，朦胧的影子"鬼鬼祟祟、明明灭灭"，遂得名"祟明"。后来，这里的泥沙越积越多，形成了一个完全露出水面的小岛，再也不会因涨潮而消失不见，于是人们不再将其视为怪物，并对其产生了一种崇敬之情，于是便把"祟明"改为"崇明"。

实际上，崇明岛的形成缘于其独特的地理位置。长江到达入海口，流速变缓。它从中上游挟带的大量泥沙在长江口沉积，日积月累，逐渐形成了河口沙岛。唐朝武德年间，崇明岛开始露出长江水面，最初为西沙、东沙两个沙洲。北宋时期，东沙的西北部继续淤涨，随后修建的江海堤防使海岸线趋于稳定。明末清初，平洋、西阜、平安等沙岛先后与本岛连成一岛。因此，崇明岛从露出水面的沙洲到最后形成大岛，是由众多的沙洲经历了千余年的涨坍变迁而成的。

早期的长江河口属喇叭形，边滩发育，已有沙洲形成，如东布洲、南布洲等。受科里奥利力（简称科氏力）影响，长江河口落潮流向岸南偏，涨潮流则向北偏。涨、落潮流之间的缓流区，水流携带的泥沙得以沉积，并由暗沙逐渐发展为沙洲。其后，在科氏力的不断作用下，涨潮流占优势的北汊河道中，上溯的泥沙大多无法被落潮流带入大海，而是留在北侧河道继续淤积并形成新沙洲。新老沙洲在北汊河道中不断发展、合并。与此同时，南汊河道新的沙洲又在按上述模式孕育发展，形成新一轮的并岸旋回。

从隋唐至明清的一千多年间，长江河口出现过五次沙洲北岸并陆过程。崇明岛以北的淤积已经相当严重，它正在按长江河口的历史发育模式演变。不久的将来，崇明岛将并向北岸海门、启东地区，而长兴、横沙岛将扩展、合并并取代崇明岛的地位，成为长江新一轮旋回的河口巨型沙洲。

崇明东滩位于崇明岛的最东端，滩涂上丰富的底栖生物为每年在此过境中转和越冬的水鸟提供了丰富的食物来源。该地除了拥有种类繁多的鸟类，还拥有其他丰富的生物资源。鱼类常见种59种，其中有刀鲚、凤鲚、中国花鲈、鲻鱼等10余种重要经济鱼类。保护区是长江口水域中华绒螯蟹、日本鳗鲡的主要分布区。此外，还有泥螺、日本沼虾、海瓜子等种类繁多、资源丰富的经济动物，它们的觅食、繁殖、幼体育肥等过程，都依赖这一特殊水域。

候鸟迁徙网络

鸟类迁徙是大地上充满诗意的篇章。终其一生，候鸟都沿着固定的路线在天空中有规律地来回往返，而这正是这些长着翅膀的鸟类在进化中做出的自然选择。

研究鸟类的迁徙行为，了解候鸟的迁徙时间和路线、迁徙数量、种群关系、归巢能力、死亡率、存活率、寿命，以及与繁殖地、越冬地环境的关系等规律，对于保护珍稀濒危鸟类具有重要意义。鸟类的研究，有助于人类更好地保护农林生产，保障航空安全，养殖经济鸟类，预防流行病传播等，鸟类已经给人类带来了巨大的社会、经济、生态效益。全球每年都有数以亿计的候鸟，在相隔成千上万千米的繁殖地和越冬地之间往返迁徙。迁徙的历程充满艰辛和风险，但它们从未放弃。经年累月的季节性迁徙，成为地球上生命的一个奇迹。全球共有九大候鸟迁飞区，它们分别是：

（1）大西洋—美洲迁飞区：跨越整个大西洋连接西欧、北美东部及西非狭长地带；

（2）黑海—地中海迁飞区：联接东欧和西非；

（3）西亚—东非迁飞区：跨越印度洋，联接西亚和东非；

（4）中亚迁飞区：从南到北横穿整个亚洲大陆；

（5）东亚—澳大利西亚迁飞区：跨越印度洋、北冰洋和太平洋，联接东亚和澳大利亚大陆；

（6）美洲—太平洋迁飞区：贯穿整个南、北美洲的太平洋沿岸；

（7）美洲—密西西比迁飞区：贯穿整个南、北美洲大陆的中西部；

（8）美洲—大西洋迁飞区：将南、北美洲整个东部联接在一起；

（9）西太平洋迁飞区：跨越西太平洋与东亚大陆东部区域。

其中，西太平洋迁飞区、中亚迁飞区，以及东亚—澳大利西亚迁飞区经过中国。在国际上，东亚—澳大利西亚迁飞区候鸟迁飞路线，因跨地域范围大、涉及国家多、涵盖鸟类多，成为全球最重要的一条鸟类迁徙路线。

迁徙季的候鸟（来源：新华社）

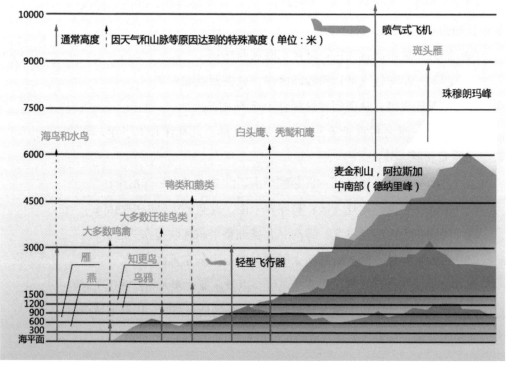

候鸟迁徙高度示意图（戴子熠 改绘）

　　20%～28%的全球迁徙候鸟都会经过我国完成迁徙之旅，因此我国大部分地区为国际候鸟迁飞区，传统上一般将其分为东、中、西三条迁飞路线。西部迁飞路线跨越内蒙古西部、甘肃、青海和宁夏，鸟类秋季向南飞至四川盆地西部和云贵高原越冬。新疆地区的湿地水鸟可向东南会入该线。中部迁飞路线覆盖内蒙古东中部草原、华北西部和陕西，鸟类秋季进入四川盆地越冬，或继续向华中或更南的地区越冬。东部迁飞路线包括俄罗斯东部、日本、朝鲜半岛和我国东北与华北东部，沿着我国东部沿海地区南北迁徙。东亚—澳大利西亚迁飞路线上的候鸟数量最多，东方白鹳、天鹅、黑鹳等众多鸟类在这条迁飞路线上迁徙。崇明东滩湿地就处在东亚—澳大利西亚迁飞路线的中间位置，所以具有重要的国际意义。

　　在迁徙候鸟类别中，水鸟所占比重很高。因为自然保护地状况将极大地影响到候鸟种群的生存与繁衍，所以，我国的很多湿地均为自然保护区或国际重要湿地，如青藏高原区的扎陵湖、鄂陵湖、若尔盖；云贵高原的拉市海、大山包；黄河中游的乌梁素海以及崇明岛、杭州湾、闽江口、珠江口、北部湾和海南岛的重要湿地等。经过多年努力，我国已经构建了迁徙候鸟的保护地网络，为国际鸟类保护做出了重要贡献。

《世界自然保护联盟濒危物种红色名录》

为了评估数以千计物种及亚种的灭绝风险，世界自然保护联盟（IUCN）编撰了《世界自然保护联盟濒危物种红色名录》（简称"IUCN红色名录"）。这是关于全球动植物物种保护现状记录最全面的名录，也被认为是关于生物多样性状况最具权威性的指标。其编制准则严格，在厘定物种的灭绝风险及所在地区的基础上，向公众及决策者反映物种保育工作的迫切性，并协助国际社会以避免物种灭绝。由于其集中关注受威胁物种，所以这份《红色名录》被世界生物学家广泛使用。

参与这份《红色名录》评估的机构主要有国际鸟盟（Bird Life International）、世界保护监测中心（World Conservation Monitoring Centre）及世界自然保护联盟（International Union for Conservation of Nature，IUCN）的物种存续委员会（Species Survival Commission，SSC）。这些团体评估的物种数目占整个《红色名录》的一半。

根据物种总数、数目下降速度、地理分布、族群分散程度等准则，物种保护级别被分为9类。其中最高级别是灭绝（Extinction，EX），其次是野外灭绝（Extinct in the Wild，EW）；极危（Critically Endangered，CR）、濒危（Endangered，EN）和易危（Vulnerable，VU），这三个级别统称"受威胁"；其余保护级别依次是近危（Near Threatened，NT）、无危（Least Concern，LC）、数据不足（Data Deficient，DD）、未予评估（Not Evaluated，NE）。如下表所示。

世界自然保护联盟（IUCN）物种濒危等级系统

等级	解释或定义
灭绝	如果1个生物分类单元的最后一个个体已经死亡,列为灭绝
野外灭绝	如果1个生物分类单元的个体仅生活在人工栽培或人工圈养状态下,列为野外灭绝
极危	野外状态下1个生物分类单元灭绝概率很高时,列为极危
濒危	1个生物分类单元,虽未达到极危,但在可预见的不久的将来,其野生状态下灭绝的概率高,列为濒危
易危	1个生物分类单元,虽未达到极危或濒危的标准,但在未来一段时间中其在野生状态下灭绝的概率较高,列为易危
近危	1个生物分类单元,未达到极危、濒危或者易危标准,但在未来一段时间后,接近符合或可能符合受威胁等级,该分类单元即列为近危
无危	1个生物分类单元,经评估不符合列为极危、濒危或易危任一等级的标准,列为无危
数据不足	对于1个生物分类单元,若无足够的资料对其灭绝风险进行直接或间接评估时,可列为数据不足
未予评估	如果1个生物分类单元未应用本标准评估分类单元,列为未予评估

2021年9月，第七届世界自然保护大会在法国马赛举行，本届大会由法国政府和世界自然保护联盟共同主办，主题为"同一个自然，同一个未来"。世界自然保护联盟更新了《濒危物种红色名录》。这本最新版《红色名录》评估的物种达到138374个，其中38543个物种"面临不同程度的灭绝危险"，占比接近28%。需要注意的是，列入该名录的生物等级是可以调整的。比如，2021年7月7日，我国大熊猫野外种群数量达到1800多只，受威胁程度等级由濒危降为易危。随着我国生态保护和打击盗猎力度的加强，我国藏羚羊的数量，已从20世纪80～90年代的不足7万只增加至目前的约30万只。2021年8月，藏羚羊从濒危物种降为近危。

参考文献

[1] 崇明概况·地理环境[DB/OL]. 上海市崇明区人民政府网，2020.

[2] 李东舰. 上海崇明岛湿地保护区生态破坏情况令人担忧[N]. 新华社，2004.

[3] 施俊杰，张振声，张诗履等. 崇明滩涂湿地的保护措施[J]. 上海建设科技，2005（01）.

[4] 张修桂. 崇明岛形成的历史过程[J]. 复旦学报（社会科学版），2005（03）.

[5] 中国候鸟迁徙路线[DB/OL]. 中国气象局，2019.

珍稀水生动物"长江鱼王"栖息地
——上海长江口中华鲟湿地自然保护区

　　上海长江口中华鲟湿地自然保护区地处长江入海口，它东临大海、西接长江，是我国为数不多、非常典型的咸淡水河口湿地。保护区地处太平洋西岸的第一大河口，是我国鱼类生物多样性最丰富、渔产潜力最高的河口区域，也是地球上生产力最高的生态系统之一。这里河海交汇、营养物质集中、生物多样性丰富，是水生生物最敏感、最重要的栖息越冬场、生殖繁衍场、索饵肥育场和溯河、降海洄游通道。许多广盐性物

长江口崇明东滩及中华鲟湿地自然保护区遥感照片

种在这里完成部分或全部生活史。保护区的主要保护对象是长江口以中华鲟为主的水生生物及其栖息环境。2008年，上海长江口中华鲟湿地自然保护区被列入《国际重要湿地名录》。

长江口

长江口是指长江在东海入海口的一段水域，从江苏江阴鹅鼻嘴起，到入海口的鸡骨礁止，长约232千米。长江口平面呈喇叭形，窄口端江面宽5.8千米，宽口江面宽90千米。长江下游河道属宽窄相间的江心洲分汊型河道，澄通河段处于江阴以上的长江下游分汊河道与长江口之间的连接段，其河型与长江下游分汊河道相似。河口区作为咸淡水直接交汇区，一直频繁往复地进行着物质交汇、咸淡水混合、径流和潮汐相互作用，形成了环境独特、资源富庶的自然条件和生物生境，不仅养育了动植物，也哺育了我们人类，曾经的渔村聚落区如今已发展成中国最密集的人类居住地和国际大都市。

作为长江流域的水资源、泥沙、营养盐等多种物质的入海通道，长江河口区生态系统也为生活在长江下游干支流河网里数千万年的物种提供了

1994年中国邮政发行的中华鲟、白鲟、鳇、达氏鲟特种邮票

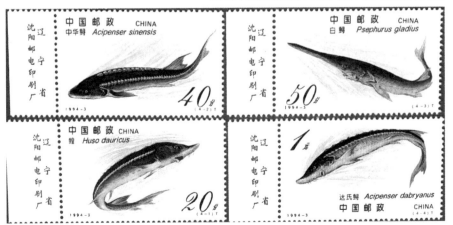

栖息、觅食和繁殖场所，同时还是众多溯河、降海洄游生物的必经通道。得益于地表径流带来的大量营养盐、中纬度地区的气候及多样化的盐度梯度，长江口集水生生物的"三场一通道"等重要生态服务功能于一体。长江口及其邻近水域有著名的舟山渔场、吕泗渔场和长江口渔场。其中长江口渔场盛产刀鲚、凤鲚、前颌间银鱼、白虾、冬蟹，素有"五大渔汛"之称。这里是中纬度太平洋区域生物多样性最丰富的河口，也是东亚—澳大利西亚候鸟迁徙的重要驿站。

长江口在长江流域、黄渤海、东海区域生物多样性保护中也有至关重要的作用。整个长江水系及其附属湖泊共分布有鱼类近400种。生活在长江口的生物，要应对一天之内4次（半日潮）的极端盐度变化。河口区广布狭盐性海洋种、广盐性海洋种、半咸水种和淡水种等4类水生生物。其中终生在淡水中生活的纯淡水鱼超过300种，还有数十种是河口洄游性鱼类，如降河洄游的日本鳗鲡、松江鲈、中华绒螯蟹，溯河洄游的中华鲟、鲥鱼等。另外，咸淡皆宜的水体盐度十分适合广盐性生物如鲻鱼、花鲈等生长。长江口不但是众多洄游生物的重要水生态廊道，也是生物多样性的富集区，所以要高度重视长江口的生物多样性保护。

中华鲟

中华鲟，为硬骨鱼纲、鲟科鱼类，是长江中最大的鱼类之一，有"长江鱼王"之称。其最大个体体长5米，体重可达600千克。中华鲟身体呈纺锤形，头尖吻长，属于底栖性鱼类。嘴巴长在头的下面，没有牙齿，可伸缩，会卷成筒状吸食小鱼小虾。生活在海底的中华鲟视力不好，眼睛长得很小，通常是用嘴巴前端的2对触须寻找食物。其身体上覆盖着5行大而硬的骨鳞，如同人类的多排扣大衣，背面一行，体侧和腹侧各2行。这5道硬鳞既帮助中华鲟支撑起庞大的身躯，也是它们探知水流的重要工具。

鲟形目鱼类有2科、6属、27种，都分布在北半球。它们具有3种不同的洄游特性：溯河产卵洄游型、咸淡水双向迁徙型和河川洄游型。中华鲟属于溯河产卵洄游型，性成熟时上溯到淡水河流中产卵，繁殖后亲鱼返回海洋，子代在海洋中长大。中华鲟从小到大在不同的水域中生活，人们无法精准追踪它的生活足迹。研究发现，中华鲟自然分布在东亚河流、海岸线及水深小于200米的大陆架区域。历史上，黄河、长江、钱塘江、闽江及珠江的西江，都有中华鲟出没的记载。但其产卵，则一定会回到中华的腹地，即金沙江下游冒水江段至重庆以上的长江江段，这就是其名字中华鲟的由来。

葛洲坝水电站截流前，中华鲟产卵场的分布江段为长江上游重庆江段，分布范围超过600千米，分布数量达19处。葛洲坝水电站截流后，中华鲟的洄游路线被切断，原有的产卵场无法利用。尽管在葛洲坝水电站近坝约4千米的江段形成了目前已知唯一的稳定产卵场，但其面积不足葛洲坝水电站截流前的1%。

作为濒危物种中华鲟幼鱼唯一的"幼儿园"、中华鲟产卵亲体特有的"待产房"和"产后护理场所"，长江口水域既是中华鲟生命周期中数量最集中、栖息时间最长、顺利完成各项生理调整的天然场所，也是该种群最易受到伤害的场所。每一只中华鲟从出生到成熟，从成熟到死亡都与这片河流湿地捆绑在一起，所以这片湿地就是中华鲟的命脉所在。保护中华鲟及其赖以生存的自然环境，是长江口中华鲟保护区的主要任务。

上海市水生野生动植物保护研究中心，承担着中华鲟的人工繁育工作。该中心同时还承担着长江鲟、江豚、胭脂鱼等珍稀濒危长江水生野生动物的抢救性救护、人工繁育等工作。从2004年开始，每年的6月6日，上海市都会开展中华鲟等长江口珍稀水生生物增殖放流活动，累计放流各种规格的中华鲟、胭脂鱼、松江鲈等珍稀水生动物数十万尾，对长江口的生态修复起到了积极作用。针对中华鲟产卵频率降低、洄游种群数量持续减少、自然种群急剧衰退的情况，2015年，农业农村部印发《中华鲟拯救行动计划（2015—2030年）》，要求沿江各地开展中华鲟保护工作，包括迁地保护、人工繁育、增殖放流等措施，也包括抢救、科研等一系列工作。

中华鲟保护是一条漫长曲折的道路，存在诸多困难。人类的建筑物阻隔、过度捕捞、环境污染，均导致其自然种群数量严重衰退，种群的自然繁衍变得困难重重。它现有的产卵场面积过小，三峡水坝对水流的人工调控，导致中华鲟适宜产卵的时间与性腺成熟期错开。此外，中华鲟到达产卵地的洄游路途风险众多，航运的发展影响其产卵群体洄游，河口岸坡硬化使得幼鱼缺乏关键栖息地；近海区域的海洋污染、人类干扰等问题，也影响着中华鲟的生活。这些因素导致了中华鲟产卵数量逐年下降、性成熟周期随之发生变化。新的生命难以孕育和诞生，老的个体又在不断逝去，中华鲟这个古老的物种被推到消失的边界线上。尽管其人工放流技术日趋成熟，但放流之后如何保证放流的幼鱼安全发育、平安长大至性成熟年龄并可以进行自然繁殖，仍然是个有待解决的问题。

《濒危野生动植物种国际贸易公约》

地球从孕育第一个生命，到今天已有30亿年之久。在这30亿年里，地球生命至少经历了五次生物大灭绝，无数生命诞生又死亡，昌盛又沉寂。物种灭绝本是地球生物史演化中的一个自然现象。物种灭绝对应着物种新生，地质历史时期的生物繁盛随之而来。

在生命演化稳定期，物种灭绝和物种形成会达到动态平衡。当今时代，随着人类经济社会的高速发展，这种平衡遭到了破坏，物种灭绝的速度不断加快，动植物资源正在以前所未有的速度消失。以高等动物中的鸟类和兽类为例，从1600年至1800年的200年间，共灭绝25种；1800年至1950年的150年间，则共灭绝78种。同样，高等植物每年大约灭绝200种，如果再加上其他物种，全球大概每天都要灭绝一个物种。物种一旦灭绝就不可再生，所以野生动植物是全人类的宝贵资源。

　　不可否认，在已经灭绝和行将灭绝的物种中，有许多物种尚未被我们人类所认知。这些物种所携带的基因，很可能成为人类新的食物、药物、化学原料、病害虫的捕杀物、建筑材料和燃料等可持续利用的资源。因此，物种灭绝可能会直接威胁人类的食物供给和健康福祉，给人类社会发展带来难以预料和不可挽回的损失，会伤害人类社会可持续发展的代际公平原则。同时，野生动植物灭绝的危机也在警醒人们：一个不适合野生动植物生存的环境，也许有一天也不再适合人类生存。因此，如何有效地保护野生动植物，全力拯救珍稀濒危物种，已是摆在人类面前的一个刻不容缓的紧迫任务。

　　造成物种灭绝的原因是多方面的。其中最主要的一个原因是日趋严重的涉及野生动植物及其产品的各种贸易活动，特别是国际贸易所引起的野生动植物资源破坏。为了促使世界各国之间加强合作，有效地保护野生动植物资源，1973年，80个国家的代表在美国华盛顿签署了《濒危野生动植物种国际贸易公约》（CITES）。该公约目的是管制而非完全禁止野生动植物的国际贸易活动，保护野生动植物种不因国际贸易而遭到过度开发和利用。这是一项在保护野生动植物方面非常权威、影响广泛的国际公约，其宗旨是通过许可证制度，对国际间野生动植物及其产品的进出口实行全面控制和管理，以促进各国保护和合理开发利用野生动植物资源。

　　该公约通过物种分级与发放许可证的方式限制野生物种的国际贸易，而非完全禁止。其将管辖的物种分为三类，分别列入三个附录中，并采取不同的管理办法。附录一的物种有灭绝风险，明确规定禁止国际间交易；附录二的物种无灭绝危机，管制其国际贸易；附录三是各国视其国内需要，区域性管制国际贸易的物种。物种分级并不是一成不变的，可根据受保护物种种群的变化进行相应的升级或降级。

　　我国是该公约的第63个缔约方，该公约于1981年4月8日正式对我国生效。多年来，我国坚定履行该公约规定的相关责任和义务，积极推进履约行动，履约成效显著。目前，我国建立了以《野生动物保护法》《野生植物保护条例》《濒危野生动植物进出口管理条例》为主体的履约立法体系，为全球野生动植物保护做出了积极贡献。

参考文献

[1]王有基，袁明哲，吴芳丽等.长江流域中华鲟保育进展、存在问题及对策分析[J].生物学通报，2013（12）.

[2]危起伟.从中华鲟（*Acipenser sinensis*）生活史剖析其物种保护：困境与突围[J].湖泊科学，2020（05）.

[3]吴玲玲，陆健健，童春富等.长江口湿地生态系统服务功能价值的评估[J].长江流域资源与环境，2003（05）.

[4]袁明哲，陈姗，胡梦红等.加强物种保护教育 培养公众保育意识——以长江口中华鲟保育研究为例[J].生物学通报，2014（07）.

[5]余文畴，张志林.长江口河段近期演变特点与整治研究建议[J].人民长江，2017（15）.

位于两条候鸟迁徙路线交会点的湿地
——广西北仑河口国家级自然保护区

广西北仑河口国家级自然保护区位于广西壮族自治区防城港市和东兴市境内，主要保护对象是红树林生态系统。该湿地拥有河口海岸、开阔海岸和港湾海岸等多种地貌类型，属南亚热带海洋性季风气候区。它处在亚洲东部沿海和中西伯利亚、中国中部两条鸟类迁徙路线的交会点，作为候鸟的重要繁殖地和迁徙停歇地，它又为鸟类的迁徙提供了重要保障。2008年，北仑河口湿地被列入《国际重要湿地名录》。湿地保护区内分布有面积较大、连片生长的红树林，其中木榄纯林和老鼠簕纯林群落为中国罕见。核心区内有大面积的矮大叶藻，科研、保护与生态价值极高。保护区在红树林生态修复、控制江河海潮侵蚀、固岸护堤及恢复主航道等方面做了大量工作。另外，该湿地还是海洋生物"活化石"中国鲎（hòu）的重要繁殖地与栖息地。

中越界河

在广西南部，有这样一条河，其上游蜿蜒逶迤于十万大山中。它曲折迂回的身躯成为中越两国的天然分界线，悠悠流淌的河水养育世居两岸的百姓，更将一个个故事留在山间海边——这就是北仑河。清澈的北仑河，像一条银光闪闪的玉带，源头是纵横百里、人迹罕至的深山老林，壑幽沟

中越界河北仑河上的瀑布（戴子熠　摄）

深，古木参天；沿岸风光如画，漫山遍野的八角、玉桂，郁郁葱葱，四季飘香。

北仑河在中国东兴市和越南芒街之间流入北部湾，全长109千米，其中下游60千米是中国和越南之间的界河。北仑河畔，有一座中越人民友谊公园，里面矗立着中越人民革命烈士纪念碑。友谊公园内的两棵大树栽于1960年，由越南国家主席胡志明赠送，如今已长成枝繁叶茂的参天大树。

北仑河口景区以拥有众多的海洋自然景观和历史人文景观而闻名。丘陵之上，"大清国一号界碑"面临海口，历尽百年风霜。该碑立于清光绪十六年（1890）四月，碑文为当时清政府界务总办、四品顶戴、钦州直隶州知州李受彤撰写。入海口的大堤东端则是广西沿边公路零起点标志——零公里纪念坛，球体上雕刻着从东兴市竹山村至那坡县弄合村沿边公路走向图。此坛是为纪念2000年沿边公路大会战告捷而设。再朝里走，是山海相连的地标广场，广场主体为35米高的标志性雕塑，外观像东兴的"兴"字，红色代表"山"（边），蓝色代表"水"（海），塑像中的纽带将红蓝两端连在一起，寓意山相续海相连、山海一体，中越人民世代友好、友谊长存。

竹山古街始于宋，盛于清末民初，由一条直街和两条横街组成。古代，这里隶属钦州府。古街依托竹山港而生，竹山港是古代海上丝绸之路的始发港之一。大量丝绸、瓷器和茶叶从这里走向世界，又有无数人类文明成果从这里进入中国。古街建筑历经风雨沧桑，至今依稀可见昔日辉煌。竹山三圣宫建于清光绪二年（1876），坐北朝南，整座庙宇飞檐高翘，红墙绿瓦，雕龙画凤，气势壮观，是一座具有中国传统宗教庙宇特色的古式建筑。竹山三圣宫又称三婆庙，庙中供奉的三婆又叫妈祖，妈祖原名林默，后被皇帝赐封为三圣，故该庙称三圣宫。古榕部落，是竹山八景之一，竹山"榕树头"之别称即来源于此。古榕部落由一棵1300多年树龄的榕树和众多小叶榕环绕而成。古榕为高山榕，高大挺拔，树干需十多个成人张开双臂才能合抱，树干中间有一树洞，可容纳七八个人同时进出。

鲎

鲎，形似蟹，俗称马蹄蟹，属于肢口纲、剑尾目的海生节肢动物。作为生活在海中的动物，鲎的长相与现有许多海洋生物有很大不同，虽有马蹄蟹的别称，但它们与螃蟹并不是近亲，反倒和早已灭绝的三叶虫存在一定关联。2008年发现的鲎化石，距今有4.45亿年。在鱼类崛起之前，鲎就已经是海洋中的顶级存在。尽管生物大灭绝事件已发生多次，却也不是每次都将所有生命赶尽杀绝，总有进化的幸运儿存在。这种相貌诡异的海中"丑八怪"，竟然奇迹般地躲过多次物种灭绝，存活到现在。更神奇的是，它们还几乎完全保持着几亿年前的原始样貌。因此，科学家们称它为"演化停滞的类群"，也就是"活化石"。

鲎在数亿年前出现并能够繁衍不绝，一方面是鲎自身的繁殖能力较强，另一方面因鲎肉的口感较差，而且内含毒素，捕食者食用后容易发生机体过敏和中毒性休克。正是由于鲎的特殊生理毒理性质，一直以来，其天敌不多，也极少被人们捕杀。

鲎的身体呈青褐色或暗褐色，有硬质甲壳、四只眼睛。头胸甲前端有两只0.5毫米的小眼睛，对紫外光最敏感，只用来感知亮度。鲎可以背朝下移动，依靠鳃片拍动来推进身体前进。但它们通常将身体弯成弓形，钻入泥中，用剑尾和最后一对步足推动身体前进。鲎的身体由头胸部、腹部、剑尾三部分组成。头胸部和腹部均向背面隆起，前面较圆厚，往后趋向扁平，后面有剑尾，看起来像是穿上了一层厚厚的铠甲。鲎喜欢居住在风平浪静的小海湾中，平时蛰居海底，繁殖季节则爬上砂质的海滩，喜欢在沙滩的高潮线附近产卵。

现存的鲎，种类少，分布窄，仅有2亚科、3属、4种。美洲鲎分布在大西洋北纬19°~44°之间，即从美国缅因州的北海岸往南，一直到中美洲的尤卡坦半岛。其中尤以马萨诸塞州的科德角湾和新泽西州与特拉华州之间的特拉华湾最多。巨鲎和圆尾鲎均分布在同一海域，以印度恒河河口附近为西限，由此向东南方向扩展，在马来西亚半岛沿岸、曼谷湾、苏门答腊岛、马六甲海峡两岸、爪哇岛北岸、加里曼丹岛周缘和菲律宾南部海岛沿岸均有分布。中国鲎主要分布于我国东南沿海的广东湛江、广西北部湾、海南岛、厦门岛周围。

鲎具有重要的经济价值、药用价值和科研价值。其蓝色血液蕴藏着许多功能特殊的生化活性物质，是一种具有巨大医药开发潜力的重要资源。鲎不仅能制成试剂，也能从其体内分离出可以抗人类免疫缺陷病毒（HIV）、真菌、革兰氏阴性细菌的抗菌肽。中国鲎全身都是宝，其肉及卵可以食用，壳和尾是治疗跌打损伤的药物，还能提取甲壳素。世界各国都十分重视鲎资源的调查研究及开发利用

鲎（冯尔辉 摄）

问题。中国鲎由于具有很高的经济和药用价值，正在遭受大规模的滥捕乱杀，鲎的数量急剧减少。近年的海岸开发以及鲎试剂等药业的发展，导致鲎种群数量也在逐渐减少。目前，我国鲎资源已开始枯竭。迄今为止，人工育苗及海区放流是保护和恢复鲎资源种群的有效措施。

《生物多样性公约》

1992年6月1日，联合国环境规划署发起的政府间谈判委员会第七次会议通过了《生物多样性公约》(Convention on Biological Diversity)。这是一项保护地球生物资源的国际性公约，由签约国在巴西的里约热内卢举行的联合国环境与发展大会上签署，1993年12月29日正式生效。联合国《生物多样性公约》缔约国大会是全球履行该公约的最高决策机构，一切有关履行《生物多样性公约》的重大决定都要交由缔约国大会讨论通过。缔约国大会秘书处设在加拿大的蒙特利尔。

联合国《生物多样性公约》具有法律约束力，各缔约方有义务执行其条款。公约旨在保护濒临灭绝的植物和动物，最大限度地保护地球上的生物多样性。生物多样性公约的主要宗旨是：保护生物多样性，保证生物多样性组成成分的可持续利用，以公平合理的方式共享遗传资源的商业利益和其他形式的利用。该公约目标广泛，旨在应对人类未来的重大问题，是国际公约史上的里程碑。

该公约首次就生物多样性议题达成共识，即保护生物多样性在人类的共同利益和发展进程中的不可或缺。该公约把传统的保护努力和可持续利用生物资源的经济目标联系起来，涵盖了所有的生态系统、物种和遗传资源。就快速发展的生物技术领域，包括生物技术发展、转让、惠益共享和生物安全等商业性用途。公约还建立了公平合理、共享遗传资源利益的原则。

我国于1992年6月11日签署该公约，1992年11月7日获批，1993年1月5

日交存加入书。近年来，我国生物多样性保护工作取得了显著成效，制定并实施了《中国生物多样性保护战略与行动计划（2011—2030年）》，为维护全球生态安全发挥了重要作用。自1994年起，缔约方大会每两年举办一次，来自不同国家和地区的代表齐聚一堂，讨论如何保护全球的生物多样性。2016年12月，中国获得了2020年第十五次缔约方大会的主办权。2021年10月，该大会在中国昆明举办，主题为"生态文明：共建地球生命共同体"。

参考文献

[1]程鹏，周爱娜，霍淑芳等.中国鲎人工培育的幼体对不同环境适应性的研究[J].厦门大学学报（自然科学版），2006（03）.

[2]梁广耀.北部湾鲎资源的初步调查[J].广西农业科学，1985（02）.

[3]林金兰，刘昕明，陈圆等.广西北仑河口自然保护区生态恢复工程绩效评价[J].海洋开发与管理，2015（10）.

[4]石相国，张莱，孙丽贵等.北仑河：一首山与水的交响曲[J].中国边防警察，2012（03）.

[5]翁朝红，洪水根.鲎的分布及生活习性[J].动物学杂志,2001（05）.

附录　中国的国际重要湿地简表

编号	名　称	名录编号/加入时间（年月日）	主要保护对象	省份
1	向海	548/1992.3.31	丹顶鹤、白鹳等珍禽及其栖息生态系统	吉林省
2	扎龙	549/1992.3.31	丹顶鹤及其栖息生态系统	黑龙江省
3	鄱阳湖	550/1992.3.31	白鹤等珍稀候鸟	江西省
4	东洞庭湖	551/1992.3.31	洞庭湖湿地生态系统和生物资源，例如白鹤、白头鹤、白鹳等	湖南省
5	鸟岛	552/1992.3.31	青海湖湖体、高原湖泊湿地生态系统及野生动物	青海省
6	东寨港	553/1992.3.31	沿海红树林生态系统，以水禽为代表的珍稀濒危物种及区内生物多样性	海南省
7	米埔沼泽和内后海湾	750/1995.9.4	鸟类及其栖息地	香港特别行政区
8	上海崇明东滩自然保护区	1144/2002.1.11	迁徙鸟类及其栖息地	上海市
9	大丰国家级自然保护区	1145/2002.1.11	麋鹿、白鹳、白尾海雕、丹顶鹤	江苏省
10	内蒙古达赉湖国家级自然保护区	1146/2002.1.11	保护区内的湖泊、河流湿地和典型草原生态系统以及达赉湖地区的生物多样性	内蒙古自治区
11	大连斑海豹国家级自然保护区	1147/2002.1.11	斑海豹及其生态环境	辽宁省
12	鄂尔多斯国家级自然保护区	1148/2002.1.11	以遗鸥为主的鸟类繁殖地及内陆湖泊	内蒙古自治区
13	洪河国家级自然保护区	1149/2002.1.11	水生、湿生和陆栖生物及其生境共同组成的湿地生态系统以及珍稀濒危野生动物	黑龙江省
14	惠东港口海龟国家级自然保护区	1150/2002.1.11	海龟及其产卵繁殖地	广东省

（续表）

编号	名　称	名录编号/加入时间（年月日）	主要保护对象	省份
15	南洞庭湖湿地和水禽自然保护区	1151/2002.1.11	易危、濒危和极危物种以及受到威胁的生态群落	湖南省
16	三江国家级自然保护区	1152/2002.1.11	内陆湿地、水域生态系统、沼泽湿地及珍贵水禽	黑龙江省
17	山口红树林自然保护区	1153/2002.1.11	红树林生态系统	广西壮族自治区
18	西洞庭湖自然保护区	1154/2002.1.11	珍稀濒危动物及其栖息地	湖南省
19	兴凯湖国家级湿地自然保护区	1155/2002.1.11	丹顶鹤等珍禽及湿地生态系统	黑龙江省
20	盐城国家级自然保护区	1156/2002.1.11	丹顶鹤等珍稀野生动物及其赖以生存的滩涂湿地生态系统	江苏省
21	湛江红树林国家级自然保护区	1157/2002.1.11	红树林、黑脸琵鹭、中国绿螂等	广东省
22	碧塔海湿地	1434/2004.12.7	高原湖泊、草甸和特有的中甸重唇鱼、黑颈鹤等珍稀动物及湖周寒温性针叶林生态系统	云南省
23	大山包湿地	1435/2004.12.7	国家一级保护动物黑颈鹤及其越冬栖息地、亚高山沼泽化草甸湿地	云南省
24	鄂陵湖	1436/2004.12.7	高原珍稀鱼类、鸥类、雁鸭类和黑颈鹤等鸟类及其栖息地	青海省
25	拉市海湿地	1437/2004.12.7	黑鹳、斑头雁、中华秋沙鸭、黑颈鹤、灰鹤、大天鹅等国家一、二级重点保护野生动物及其越冬栖息地	云南省
26	麦地卡	1438/2004.12.7	黑颈鹤、赤麻鸭等珍稀鸟类及其栖息地	西藏自治区
27	玛旁雍错	1439/2004.12.7	黑颈鹤、斑头雁、赤麻鸭等大量水禽及其栖息地，藏羚羊、野牦牛等珍稀野生动物种群及其向西藏喜马拉雅山脉迁徙的主要走廊	西藏自治区

（续表）

编号	名　称	名录编号/加入时间（年月日）	主要保护对象	省份
28	纳帕海湿地	1440/2004.12.7	高原季节性湖泊、沼泽草甸和黑颈鹤等候鸟及其越冬栖息地	云南省
29	双台河口	1141/2004.12.7	丹顶鹤、白鹤等珍稀水禽和海岸河口湾湿地生态系统	辽宁省
30	扎陵湖	1442/2004.12.7	鸥类、雁鸭类和黑颈鹤等鸟类，花斑裸鲤、极边扁咽齿鱼、骨唇黄河鱼等鱼类，以及西藏嵩草和青藏薹草为主的高寒沼泽化草甸	青海省
31	福建漳江口红树林国家级自然保护区	1726/2008.2.2	红树林湿地生态系统、濒危野生动植物种以及东南沿海水产种质资源	福建省
32	广东海丰湿地	1727/2008.2.2	以黑脸琵鹭、卷羽鹈鹕等为代表的具有国际重要意义的珍稀水鸟及其栖息地	广东省
33	广西北仑河口国家级自然保护区	1728/2008.2.2	红树林生态系统	广西壮族自治区
34	湖北洪湖湿地	1729/2008.2.2	洪湖水生和陆生生物及其生境共同组成的湿地生态系统、未受污染的淡水资源和生物物种的多样性	湖北省
35	上海长江口中华鲟湿地自然保护区	1730/2008.2.2	以中华鲟为主的水生野生生物及其栖息生态环境	上海市
36	四川若尔盖湿地国家级自然保护区	1731/2008.2.2	黑颈鹤、白鹳等珍稀野生动物及高原沼泽湿地生态系统	四川省
37	杭州西溪湿地	1867/2009.7.7	基塘系统、河流滩渚等生态多样性中的湿地植物	浙江省

（续表）

编号	名　称	名录编号/加入时间（年月日）	主要保护对象	省份
38	甘肃尕海湿地自然保护区	1975/2011.9.1	珍稀野生动物资源，如以黑颈鹤、黑鹳、灰鹤、大天鹅及雁鸭类为主的候鸟及其栖息地；以紫果云杉为优势树种的高山森林及林麝、梅花鹿、蓝马鸡等森林野生动物；由垂穗披碱草等优质牧草组成的高山草甸及金雕、胡兀鹫等草原野生动物及其生态系统	甘肃省
39	黑龙江南瓮河国家级自然保护区	1976/2011.9.1	森林湿地及其生物多样性、嫩江源头以及区内森林、沼泽、草甸和水域及野生动植物	黑龙江省
40	黑龙江七星河国家级自然保护区	1977/2011.9.1	原始沼泽湿地生态系统及湿地珍稀水禽	黑龙江省
41	黑龙江珍宝岛湿地国家级自然保护区	1978/2011.9.1	大天鹅、白鹳、白枕鹤、白尾海雕、金雕等动物及沼泽湿地和岛状林	黑龙江省
42	湖北沉湖湿地自然保护区	2184/2013.10.16	典型湿地生态系统和珍稀水禽	湖北省
43	东方红湿地国家级自然保护区	2185/2013.10.16	天然湿地生态系统和国家级重点保护动物及其栖息地	黑龙江省
44	湖北大九湖湿地	2186/2013.10.16	北亚热带亚高山沼泽湿地生态系统及云豹、林麝、白鹳等野生动物和珙桐、红豆杉、秦岭冷杉等珍稀植物	湖北省
45	山东黄河三角洲湿地	2187/2013.10.16	河口湿地生态系统和珍稀濒危鸟类	山东省
46	吉林莫莫格国家级自然保护区	2188/2013.10.16	鹤类、鹳类、天鹅等珍稀濒危物种及其栖息地	吉林省

（续表）

编号	名　　称	名录编号/加入时间（年月日）	主要保护对象	省份
47	张掖黑河湿地国家级自然保护区	2246/2015.10.16	我国西北典型内陆河流湿地和水域生态系统及生物多样性；以黑鹳为代表的湿地珍禽及鸟类迁徙重要通道和栖息地；黑河中下游重要的水源涵养地和水生动植物生境；西北荒漠区的绿洲植被及典型的内陆河流自然景观	甘肃省
48	安徽升金湖国家级自然保护区	2248/2015.10.16	珍稀越冬水鸟及其栖息地	安徽省
49	广东南澎列岛湿地	2249/2015.10.16	独特的海底自然地貌和近海典型海洋生态系统；珍稀濒危野生动物及其栖息地、重要水产种质资源及其生境；丰富的海洋生物多样性及复杂的生物群落	广东省
50	内蒙古大兴安岭汗马湿地	2351/2018.1.8	寒温带明亮针叶林及栖息于保护区中的野生动植物	内蒙古自治区
51	黑龙江友好湿地	2353/2018.1.8	东北林区森林沼泽生态系统和以原麝、紫貂、东方白鹳、金雕、丹顶鹤以及红松、钻天柳、黄檗、紫椴等为代表的珍稀野生动植物资源及其栖息地	黑龙江省
52	吉林哈泥湿地	2350/2018.1.8	以哈泥沼泽为主的湿地生态系统和哈泥河上游水源涵养区	吉林省
53	山东济宁南四湖	2346/2018.1.8	鸟类以及鸟类赖以生存的栖息地	山东省
54	湖北网湖	2349/2018.1.8	网湖湿地生态系统和白鹤、东方白鹳、黑鹳、小天鹅、白琵鹭等珍稀濒危动植物及其栖息地以及中华绢丝丽蚌天然养殖区	湖北省
55	西藏色林错湿地	2352/2018.1.8	黑颈鹤等珍稀水禽的栖息地、繁殖地	西藏自治区

（续表）

编号	名　称	名录编号/加入时间（年月日）	主要保护对象	省份
56	四川长沙贡玛湿地	2348/2018.1.8	长江、黄河的源头，大面积的高山草甸、高寒湿地及生物多样性和生态资源	四川省
57	甘肃盐池湾湿地	2347/2018.1.8	白唇鹿、野牦牛等高原有蹄类珍稀野生动物及其生态系统	甘肃省
58	天津北大港湿地	2425/2018.1.8	湿地生态系统及其生物多样性	天津市
59	河南民权黄河故道湿地	2426/2020.2.3	以青头潜鸭为主的珍稀鸟类的栖息地、饮用水源地及申甘防风林带生态系统	河南省
60	内蒙古毕拉河湿地	2427/2020.2.3	森林沼泽、草本沼泽以及珍稀濒危野生动植物	内蒙古自治区
61	黑龙江哈东沿江湿地	2428/2020.2.3	水鸟、水生动物、陆生动物及其生境共同组成的湿地和水域生态系统	黑龙江省
62	甘肃黄河首曲湿地	2429/2020.2.3	高原湿地生态系统、黑颈鹤等候鸟及其栖息地	甘肃省
63	西藏扎日南木错湿地	2430/2020.2.3	高原湿地生态系统	西藏自治区
64	江西鄱阳湖南矶湿地	2431/2020.2.3	赣江入湖口湿地生态系统	江西省

　　（本表资料来源于国家林业和草原局政府网，主要保护对象资料来自每块国际重要湿地网站，略有改动）

敬 告

　　为使读者对中国的国际重要湿地有更加直观具象的认识，本书转用了国内外网站和书刊上已公开发表的照片或绘图。作者和出版者充分尊重图片作者的著作权，本书出版前曾设法取得有关权利人的授权，但由于客观条件的限制没能全部做到，在此谨向有关权利人表示歉意。看到本《敬告》后，敬请权利人及时提供有关著作权利等证明材料，以便我们根据国家有关规定支付相应稿酬。

　　联系电话：0531-82098512

　　电子信箱：1843089963@qq.com